东方新经济
DONGFANG XINJINGJI

人工知能が変える仕事の未来

人工智能改变未来

工作方式、产业和社会的变革

〔日〕**野村直之**◎著　付天祺◎译

序言

2012 年左右再次兴起的人工智能——AI（Artificial Intelligence）热潮，自 2016 年下半年起不仅没有衰退，反而愈演愈热。“无人驾驶”等相关话题的热度不断提高，AI 热潮席卷全球。

近年来，几乎每天都能听到关于人工智能的重大新闻。其间，笔者针对人工智能的产业应用问题展开了一系列思考和研究，并得出了相关结论，悉数收入本书。笔者自 1985 年以来，一直从事 AI、自然语言处理的研究与开发工作。1993 年至 1994 年担任麻省理工学院人工智能研究所的客座研究员，深受诺姆·乔姆斯基（开创了语言学作为自然科学的新时代）、马文·明斯基（人工智能之父）、乔治·米勒（认知心理学的鼻祖、开发 WordNet 英语词汇数据库）等人的熏陶，参与了研究脑内语言知识模型的开发，并以此为基础，在体感精度研究、高精度文章摘要系统等方面取得了一定的突破，有丰富的行业工作经验。

本书并未涉及公式、软件的源代码等内容。笔者相信，对 AI 的产业应用、AI 社会下人类所发挥的作用，抑或理想的教育状态等感兴趣的读者，都能够从本书中获得有用的经验。

不过，关于 AI 研发，有一个重要的论点希望读者朋友能够理解。那就是，对 AI 研究人员、AI 持怀疑态度，或是始终抱有过度的期待，都不够客观理性。无论是对 AI 过度期待还是宣扬 AI 威胁论，都将阻碍今后 AI 的发展，笔者对此抱有强烈的危机感。

笔者记得二十多年前第二次 AI 热潮正在兴起的时候，诸如未来十年将诞生和人类一样能够自主学习的机器、五年之内机器即可开始自动获取知识，并且会超出前期输入的知识量等言论一度甚嚣尘上。虽然当时还没有类人机器人，但是身边铺天盖地全是“搭载模糊控制系统（深度学习系统的原型）的洗衣机，轻松去除各种污渍”的广告，而且当时在泡沫经济的助推下，很多人都认为日本的技术世界第一。

而如今在第三次 AI 热潮下，人们或是过于夸大 AI 技术，或是鼓吹技术奇点（生物史上不可避免的转折点），认为 AI 将不断自我进化、超越人类，甚至将“愚蠢低效”的人类取而代之。这些煽动性的言论耸人听闻。

主张这一观点的研究人员，其目的和动机之一，是为了击败来自其他领域的竞争对手，以获取科研经费。举一个通俗易懂的例子来讲，假如为 AI 所迫，人类从地球逃离，移居火星或太阳系以外的行星，那么增加宇宙探测的研究预算也就变得理所当然。但是，增加预算绝非易事，所以研究人员普遍会选择挑战具有重大意义的项目，以获取巨额经费。这种在昭和时代就用过的旧手段又重出江湖了。

笔者认为，21 世纪内技术奇点不会来临。AI 应该是模仿人类的智能，但至今仍然没有明确的定义。不用说智能，人类就连提出新想法所需的知识量、大脑中关于日常生活和社会的常识，目前都还无法通过科学方法进行测量。恕笔者孤陋寡闻，至今从未听说过具有意识、自我认知、责任感，甚至能够从行动、语言、自问自答中提出想法的机器，也没有听说过任何相关理论。但随着神经科学的深入发展，模型也在逐渐完善，像京都大学教授山中伸弥的 iPS 细胞那样具有扎实积累的研究，或许在某个时间点，科学技术真的会发生突飞猛进的进步。这种进步是稳健的、直线式的进化与断层式进化的组合，而绝非呈指数函数型（几何级数）的跳跃。

AI 从属的软件技术至今为止从未呈几何倍数发展。即便开发工具的进步、开放源代码的共享使得其呈现出抛物线式的加速发展趋势，但是对于没有心灵感应的普通人来说，某一个人的思维方式并不会像核裂变连锁反应一般在人群中弥漫开来。

第三次 AI 热潮其实也经历过低潮，但在知识编码这一前人成员的支撑下，一步步走出困境，发展至今，硕果累累。后文还会针对庞大的英语词汇数据库 WordNet（即 5 万人用时 6 年为 1370 万幅图片添加英语名称的计算机视觉系统识别项目 ImageNet）为例，展开介绍。

在人类的科学技术史中，呈指数函数型发展的例子恐怕只有一个，即半导体的高度集成化。实际上，“半导体的集成度在 18 个月内会翻一番”这一摩尔法则已经通用了几十年了。这是半导体制造装置，运用照相平版印刷术这一技术来实现的。照相平版印刷术是指，通过对平面照片的曝光度，让其看起来像是采用了印刷技术般的一种新技术。在被称为分档器的小型投影型曝光装置里，配备了价值一亿日元的高级透镜，它能使照片在拷贝过程中更加细腻、精致。通过提高分档器透镜的性能，能使集成电路分布幅度在一年半的时间里缩小根号 2，也就是说只要压缩原来的 40%，就会变成二维，即 1.41……乘以 2。也就是说，18 个月内，成 2 的倍数的集成度每月成倍增长，摩尔法则也就成立了。

半导体作为铁的代替品，被视作“产业中枢”，应用于一切信息机器、CPU（中央演算处理装置）、GPU（图形加速器）、内存、外部记忆装置中。如果这些按照摩尔法则向高速化、大容量化发展，软件会更易操作，更便捷。但实际却并没有朝着智能的方向发展。随着软件开发人员的增多，软件性能不断提高，内存急速扩大与低价化，之前价位高且运行迟缓的软件，逐渐也能够为普通家庭所使用。之前没有得到普及的大规模高速计算软件也被广泛应用到众多领域，看上去似乎是软件本身也取得了进步。但实际上笔者并未听说过诸如内部基本的计算步骤（计算程序算法）、最初的计算方式（诺伊曼型程序存储方式等）呈现指数函数型增长，或是加快了发展速度等情况。

笔者并非完全否定 AI 自我进化的可能性，但若以“生物能够自我进化”这样的陈词来作为论证依据，笔者不禁要反问：“那么对于达尔文的自然选择学说‘在多种多样的突然变异中，只有极少一部分，因为适应了新的环境得以存活，但生物并非是按照生物本身的意愿进化的’，我们怎么反驳？而且不仅是比喻，若把生物同时作为一个具体的范本，那么我们有何科学依据可以证明AI具有思想、自律性、自我复制本能或是能够进行自我评价（自我否定）？AI能抱着一定目的和方向逐步实现自我改良又该如何证明？对此烦请不吝赐教。”虽然量变会引发质变，但是仅凭当下的实力，即人类通过扩大工具制造的规模和提高工具能力，还不足以产生自我意识和自律性这样的特性。

后文不仅涉及本书的体系结构，还将把视角转向企业和在企业中工作的个人，针对人工智能（AI）的本质、AI引发的本质变化等进行说明。第I部将考察AI在特定行业和业务中的应用前景。

第I部第1章以“AI的发展现状”为题，展望各种各样的人工智能研究及应用的一些侧面。考察促使计算力快速提升、进而引发了第三次AI热潮的原因，探讨目前AI能够做到的事情，并与人类加以对比。但是，另一方面，AI试图模仿人类智能，然而人类智能本身尚未得到科学的阐明，而且AI的定义也比较模糊，AI的定义、分类也不尽相同。

因此这一章将以三种不同的特性对AI加以分类，同时把目光投向之前没有被特别关注而后逐步发展起来的AI类型。并同时提出对技术奇点论的质疑。在触及产业（经济）权利的同时，为使读者能够更好地体会变革产业结构的网络·服务·基础设施以及与AI互为依靠的大数据增加所带来的社会变化，笔者将对此做出具体说明。

第2章针对第I部中心内容的前半部分以及人工智能改变工作，特别是如何改变白领阶层的知识生产进行考察。人们期待AI可以代替普通的机器，不知疲倦地工作，以廉价的成本承担一部分白领阶层的脑力劳动。但是如果没有需求，也许经济社会就不会变化。随着消费者、利用者逐渐要求企业能够做出实时反应，以往白领阶层的工作速度、工作能力逐步败下阵来。这便是脑力工作、事务性工作中必须要引入AI的环境因素。

消费者通过网络、智能终端，接触到形形色色的最新动态、信息、知识，要求企业做出迅速反馈，此类情况将逐渐变得理所当然。企业若想真正满足消费者的要求，做到实时反应，其内部的业务流程也必须要实时化。在少子化和行业激烈竞争的社会环境下，降低成本、裁员、提高生产效率和服务内容、质量，优化业务流程的呼声日益高涨，为了兼顾这些问题，AI 的引入势在必行。

第 3 章导入了 IoT（Internet of Things）的概念，IoT 今后将与 AI 共同发展，构建智能基础设施。要通过消费者日常携带的智能设备实时追踪其活动，在构建相关环境或基础设施时离不开 IoT 设备。这些 IoT 设备中装有传感器，具备通信功能和简单的计算功能。

第 4、5、6 章在思考人工智能的具体应用前，针对几种不同类型的 AI 擅长的领域，分别就“分析”“识别 / 认知”“学习 / 对话”三方面展开论述。探讨了不同领域 AI 的发展给企业和社会带来的变化。

第 4 章围绕“分析”指出通过 AI，数据挖掘、文本挖掘将逐步发展到左右企业经营的水平。实际上，分析顾客的意见等原始数据，找出新的假说、定量评价已成为可能，通过生成竞争定位图可以得出一目了然的经营方针。这一章主要介绍了处理数据时的注意事项。同时提出应该直接负责数据分析的不是科学家，而是实际业务部门及经营企划人员。所以 AI 软件的进化必不可少。充分利用大数据、原始数据的“基于事实的经营”虽然非常明智，但是不应出现庞大的分析工作导致速度低下的状况，因此提升速度必须要引入 AI。

第 5 章的题目是第三次 AI 热潮和深度学习影响下飞速发展的“识别 / 认知能力”。考察了支撑社会生活的产业将发生何种变化。首先是关于图片、声音的问题，深度学习能够模仿专家的识别能力，为使大家更好地理解深度学习的本质和特点，第 5 章将通过一些丰富的实例对此进行说明。

深度学习通过排列多组准确数据，即想让输入输出方学习的每对原始数据，无需法则和新的编程即可获取新的识别能力。深度学习在新的应用和功能扩展时，不是通过编程形成公式和逻辑，而是通过整理训练数据，以低廉的成本逐步制作出新的高精度图片分类等工具。因为在输入输出中可以进行很多设置，虽然通用性很强，但也存在着不足和限制。

第6章围绕“学习 / 对话能力”所引发的社会进步进行论述，主要通过日语、英语等自然语言可以逐步形成对话、概括、作文，化身、智能体等软件带来的生活变化。将来或许会出现这样的软件或者机器人：和人类一样具备知识和常识，能够恰到好处地对模糊的指示作出解释或订正口误，甚至有时会超乎想象，向其他智能体打听重要信息，并承担繁重的工作。如果机器人能够随时随地询问并满足人类需求的话，那简直太棒了。

正如第5章的“识别”，第6章所探讨的内容依然是一个备受瞩目的话题。笔者希望通过参考微型科幻小说等展望未来，探索实现丰富社会生活的正确方向。如何面对突然出现的颠覆性技术，不能仅凭依靠市场原理，笔者认为还应该共享未来，全体社会成员共同参与、共同探讨。对此，笔者在后文中也展开相关论述，提供相关知识以做参考。

第I部宏观分析了AI在不同行业的应用前景，第7章作为对第I部的一个总结，举出X-tech的例子，这项颠覆性技术被试图融入到各领域及商业之中。所谓X-tech，就是把变革金融行业的金融科技（Fintech）置换到其他行业中的一种体系。作为服务提供者，重新定义、构建商品供给体系，在这样一种趋势下变革商业模式时，X-tech或许就变成了契机、杠杆，强有力的AI则是动力。数据被喻为AI的“燃料”，其重要地位将日益凸显。因此，为了探明充分利用数据的社会结构全貌，后半部分还将触及媒体的未来和AI创作的特点、著作权的未来等内容。

在第II部中，第8章、第9章是关于如何充分运用AI开发新服务以及怎样维护既存服务的相关内容。之后的章节中将举出其他行业、公司内部具体部门等例子，同时附带具体事例展开论述。针对AI在制造业、广告 / 市场营销，以及令人稍感意外的农林水产领域中的应用进行考察后，不难发现IT只有与其他相关行业相结合才能继续发展下去，而这其中与人才人事方面的结合尤为重要。

第8章是充分利用AI开发具体的新服务。但显然现在我们无法具体描述未来十年将会出现的新服务。因此，这一章将通过举例，向大家介绍

AI 的功能、将 AI 应用于服务的要素以及可能出现的新兴行业，为大家呈现运用 AI 增加新附加值的思考过程。

另外，新服务鱼龙混杂，如果要在短时间内进行开发，捷径之一便是利用人工智能，即通过 API（Application Programming Interface）提供应用程序。编程的核心，糅合 API 的方法，即和其他原材料、软件组合，短时间内创造出新的服务的网络应用程序。笔者认为支撑它的基础设施、结构将会不断地发展。深度学习可以自动生成"作品"，因此艺术、娱乐方面的新作品或许也会增多。同时还将介绍近年人工智能的整合作品，不仅涉及作为数据主体的 API，还包括软件作品、硬件、IoT 作品等。最后还将对未来 AI、知识处理应用开发的新服务进行说明。

第 9 章介绍了目前我们在既存服务中导入 AI、提升服务质量的同时也做了很多尝试，以期提高生产效率，展望了未来的发展趋势。提升企业咨询台（顾客咨询窗口，负责调解纠纷，检修故障等）的服务质量、预测供需、通过分析顾客动态改善店内设计等，此类商务应用早已兴起。今后 AI 将在改善医疗和健康管理、提升人类图片诊断水平及速度、解决看病专家不足、癌症的误诊等方面发挥其作用。虽然 AI 已被逐步应用于运输服务中，但在安全性、判断危险驾驶度、合理保险理赔等方面急需改善。

从分布式账本（区块链）到迅速"走红"的金融科技（Fintech），在金融领域融资审查和交易的自动化已近在眼前。在电子商务领域中，伴随着 AI 的发展，可以展望线上购物建议、对话功能、实时商品匹配等方面将不断完善。安保、仓储 / 物流、检修等方面的服务品质和工作效率的提升，也离不开 AI 的导入。消防、警察、防卫等公共部门和地方政府的服务亦是如此。

第 10 章主要讲述了人们对于充分发挥日本在制造业方面优势的一些期待。少子老龄化的背景下，手艺人的技艺传承面临危机，让 AI 继承手艺人的技艺是一个重要课题。另外，人们普遍期待日本通过机器设备间可运行"会话"的 IoT 和追求制造 / 流通整体最优化的 AI 技术，能够赶超倡导工业 4.0 的德国，甚至是在工厂内机器间的合作、产量的自动调整、零件调拨等厂外程序配合方面实现有日本特色的“工业 4.0”突破。

在日本，详细的判断需要亲临生产现场，因此研究人员认为，通过实地训练，AI 将比较顺利地取代传统生产线。深度学习将记录下算式和逻辑中难以表达的隐性知识。深度学习在检查产品和半成品的外观好坏方面表现非常出色。此外，这一章还将涉及单元生产的搭档 AI、工业机器人在高级双臂 AI 的控制下，逐步完成多种生产劳动；通过机器人之间的交流，互相传达半成品的细微偏差，最终实现成品率的提升。

第 11 章就 AI 引发的广告及市场营销的变化展开论述。以往，像“FI 层（20–34 岁的女性）”那样，按照每隔 15 岁的年龄层和性别对目标顾客进行大致分类，从而调整市场营销战略。而通过 SNS 上详细的个人信息、活动、言论等，对目标客户群体的兴趣点进行精细化分类，进而实现对每位客户进行区别化的专属对待的话则离不开精细的战术和大数据的充分应用。但是，事实上，仅凭人工的力量是无法通过上万名消费者的邮件、Line，以及数千万的会员、粉丝登录公司官网主页的浏览记录来识别把握他们的兴趣和倾向的。

虽然各种统计分析工具早已普及，但今后 AI 的规则和类型还将不断进化。自能够测定网络广告的效果以来，广告 / 市场营销领域始终奉为行动的准则的，就是通过企业竞争信息系统，扩大与对手公司的差距、迅速占领市场。今后，随着竞争愈发激烈，这一趋势将更加明显。

在消费者接触点、CRM（Customer Relationship Management）领域中，虽然目前凭借人力无法做到差别化对待每位顾客，但未来随着 IT 和 AI 技术的发展，实现对众多顾客、潜在顾客差别化专属对待的这一趋势显而易见。另一方面，人们对于 SNS 垄断个人信息并以此获利的问题深感不安，消费者已经开始试图重拾个人信息的管理权利。也就是说，并非企业选择顾客，而是消费者通过与企业沟通，选择适合自己的企业，这种逆向型思维就是 VRM（Vender Relationship Management）。

不论企业和个人哪一方掌握主动权，如果没有可以迅速将多对多配对最优化的软件，对消费者和企业来说都是不利的。而这个问题可以通过不同于 AI 深度学习的其他方法解决。

第 12 章的主题是以往 IT 未曾深入的农林水产业。由于人们对于农业后继者不足、高品质农作物产量减少等问题深感不安，于是农业版 IoT 的构想，即智能农业被提出。通过多个传感器，监测日常作物产量的农业 IoT 可以逐步实现收集庞大数据、进行日常分析。不仅限于种植物，通过导入图片识别、机器学习等 AI 技术，飞来飞去的养蜂业、游来游去的渔业也能成为监测对象，逐渐实现高效、省力、保质的新农业。人类在这方面的探索也将会一直持续。

地方政府发起行动，征集能够实现特定作物栽培最优化的技术，作为“作物栽培方法”，广泛在农村推广。人们疏离农业的一个重要原因便是繁重的劳动，因此机器人的导入目前正在探讨中。

第 13 章论述作为间接业务，AI 在人才 / 人事相关事务中的应用。以往的日本企业在招聘时并没有详细的职位描述，通常都是全权委托给人力资源公司或人才派遣公司。“我们这 24 个岗位需要能认真负责，并在 2 年内做出一定成果的人才”，这些诸如美国式的职位描述和招聘要求，在日本企业中很少见。日本企业的习惯做法是一次招进大批应届毕业生，因而无法做到详细的审查和应对。

但对于一个公司内部来讲，多人对多个岗位之间的匹配需要进行大量的计算，做到最优化。但运用以往的方法是行不通的。从人力资源公司的角度来讲，如果应对日本最大规模招聘，即在数十万人规模的求职者和多达十万家的招聘企业之间，要想判断所有匹配是否合适、企业和求职者是否投缘，实现最优最大化的匹配着实不易，这是一项亟待解决的课题，即使用非常高速的计算机也要花费数千年的时间。

第 11 章中也介绍了承担超高速多对多匹配任务的软件它在解决上述课题方面发挥作用，能 10 秒完成最优化的匹配。前提是必须要准确获得人才和工作的属性、特性、以往成绩、技能评估等庞大的数据，以确保公平的计算。这一点在与重视信息准确度上数据品质的其他领域的 AI 应用是相通的。

第 III 部围绕 AI 研究、应用的各国对比、AI 向不同领域中的渗透所引发的行业重组等问题展开说明。今后我们应当把目光放在自主选择未来这方面，考察怎样推动 AI 的研发和利用。

第 14 章以 AI 研发趋势为题。首先，产业技术综合研究所人工智能研究中心的主任辻井润一认为“与国外激烈的竞争相比，日本的状态可以说是‘风平浪静’”，笔者将把日本的 AI 发展状态和欧美及中国的情况进行比较分析。充分发挥日本在 IoT 和制造业方面优势的同时，避免不必要的过度细化，经由生产现场能使用的专用 AI 过渡到通用 AI，才能够实现 AI 开发和应用的“批量生产效果”和“规模效益”。对此，笔者以投入大量的硬件资源，只专注于“赢得围棋比赛”任务的 AlphaGO（阿尔法围棋）为例进行探讨。

另一方面，反思上一次（第二次）人工智能热潮的迅速冷却，笔者指出目前存在工业过度消费 AI 的危险，应引以为戒。特别是，不断炒作“搭载了人工智能系统”，而实际上不论是内在的技术还是数据量都尚未成熟，外观、行为有些类似人类，实质不过是以往统计处理的改头换面，这种欺骗行为的横行不容忽视。因为这种不正之风将阻碍真正用心做技术、积累经验的企业发展，用户对人工智能也会渐渐失去信任。如果利用 AI 定义尚未明确这一漏洞，固执地在品牌虚假推广的错误道路上越走越远，不关注用户现场生产率的提升，只顾抛售，那么在国际竞争中必将一败涂地。笔者在总结白皮书的类别时，意外发现公共部门对于 AI 擅长的监测、计算、大数据分析的需求很大。为了导入 AI，这一章归纳和引用了行政信息系统研究所提供的 2016 年报告书，同时指出 AI 使得兼顾行政服务质与量的改善和生产效率的提升成为可能。在 AI 时代，怎样能够培养出有才华且工作时乐在其中的人才？不同的企划人员、开发人员使用 AI，效果将因人而异。AI 能惯坏人类也能增强其创造性。笔者认为，应该谨慎、有选择性地开发和利用 AI。

第 15 章是本书的最后章节，题目是“AI 和人类的未来”。把人类的全部性格、能力、反应都输入到计算机中是不太可能的。这一章从感观理解的角度，对此进行分析。

以强大的 AI 为目标的类人机器（计算机）不仅具有自我意识、情感和责任心，同时还能交涉、妥协，甚至说谎，已经不能说其是一种工具。而除此以外的 AI 都是工具。工具，哪怕它仅仅是一个 5 米长的木棒，它也有超过赤手空拳的人类能力的地方。因此，“人工智能何时才能超越人类的能力”这一问题毫无意义。作为工具，它存在的意义就是发挥自己的能力去弥补人类能力的不足，从诞生的瞬间起其特定能力就是优于人类的。能够编写微积分公式的计算机在半世纪以前就已经超越了人类，可以飞快计算出复杂图形的面积，预测速度的变化率。对此，人类有必要抱有自卑感或危机意识吗？大可不必，因为它只是工具。

为使 AI、机器人能够一直作为安全的工具为人类所用，也有人认为只要坚持 SF（科幻小说）作家艾萨克·阿西莫夫提出的“机器人三定律”即可。但这是非常复杂的问题，至少依靠目前的科学技术还无法实现。AI 发展的好坏受到设计者和学习数据等因素的影响，并且这一状况目前还将持续下去。

这一章后半部分把重点转向 AI 时代下我们的工作。用心研究一下牛津大学研究人员的论文《雇佣的未来——人类是否会因计算机而失业？》，不难预想，像以往电话接线员这种女性中比较热门的职业逐渐消失一样，此类情况将在大范围内大规模发生。

问题的关键就是要懂得反问“为什么”。不过，通过训练 AI，提供高附加值、低成本的工具和生产资料的“高级”工作被谷歌等国外大型云服务商垄断的可能性是存在的。因此，对这一问题的担忧，笔者将从劳动经济的观点进行考察。

最后，笔者认为以 AI 为核心的产业繁荣、服务质与量的改善、生产效率的提升将有可能使日本走在世界前列。因为人才派遣业、众包（crowdsourcing）正在出乎意料地蓬勃发展，既存业务流程的分解和重组正逐步变得简单。

这篇序言写于 2016 年 9 月末，时值“美国谷歌等五大科技巨头成立联盟发展人工智能”的新闻传出。以笔者的浅薄之见，果然在美国，面对铺天盖地鼓吹人类危机的言论，致力于AI开发的企业也同样深感不安，并责无旁贷地致力于AI的应用和普及。笔者认为我们应该在定义的统一、相互信任、准确无误的传达、浅显易懂的说明等方面进行合作。具体来说，在目前AI能做到的事情、做不到的事情、软件提供商、数据提供商和利用者的责任分担等问题上，应该提供一个范本。

本书是在与众多研究者、活跃在各个领域生产一线的工作人员进行充分探讨的基础上形成的对研究成果的总结。希望能对读者在准确评价AI的真实情况、意义、作用方面有所助益。另外，AI作为一种兼顾提升生产效率和改善服务的工具，若能被实际运用到社会各个行业中并发挥一定作用，笔者将倍感欣慰。最后，笔者期望在AI时代，更多人通过从事创造性的工作幸福地生活下去。

目录

第 I 部　人工智能将改变十年后的工作与社会

第 I 部

人工智能将改变十年后的工作与社会

第 1 章　AI（人工智能）的发展现状

飞速发展的人工智能研究

何为智能？似乎小学时代在做智力测试时对此有过说明："智能就是面对未知、未经历的事情时，即时创造出解决问题的具体方法，并进行考察、实践及证明的能力。"它是一种高级的、具有创造性的人类能力。那么目前是否存在具备这种能力的计算机呢？答案是否定的。

实际上，一旦从事与人工智能相关的研究开发，一定会时而深感人类能力的伟大，时而又备受打击。让机器具有智慧和类似人类的言行举止并不是指计算机所擅长的数值计算、检索等能力，而是指机器会看、会听、会理解，像你的秘书、同事一样自主表达观点、能从对方的表情、语气、声音中解读快乐、愤怒、悲伤等情绪，并做出相应的反应。如果机器能够漂亮地完成这些任务，笔者认为确实将会打开新世界的大门，生活和工作都将更为便利。

目前，像人类一样感知、思考，并且无需通过人类的指导即可逐步实现自主学习、自主进化的真正人工智能尚不存在。但是，2012 年谷歌通过一种具有半世纪历史的技术——单纯模拟大脑神经回路的神经元网络（即包括以往输入层、中间层、输出层的一种结构，最近称为“深度学习”）构建了“猫的概念”，获得技术的突破。进入二十一世纪第二个十年后人工智能研究开始飞速发展。图片内容解析、游戏局势预测等新应用的尝试，一部分人工智能正通过各种方式逐步走向实用化。图片识别、声音识别、机器翻译等人工智能应用，通过深度学习也在不断发展进步。

除深度学习以外的其他方法，比如机器学习中的最优化算法等人工智能计算机软件正逐步走向实用化的原因主要有两点：

（1）大量数据（大数据）的产生、流通以及日益便捷的应用。

（2）计算机的运行效率比上一次人工智能热潮时提升了千倍，甚至万倍。

对于第二点，有这样一组数据供大家参考。笔者参加工作的第一年，有幸进入研发组。1985 年左右，NEC（日本电气股份有限公司）最初的超级计算机 SX-2 的性能是 1.3G Flops（每秒十三亿的浮点运算），月租 10 亿日元，是当时有名的高端计算机。而到了 2016 年仅以 39800 日元就从英伟达公司（NVDIA）购入了 GTX1070 显卡（graphics board）用于深度学习的实验研究。该显卡内建 1920 个 CUDA 核心（浮点运算单元），6.5T Flops（每秒六兆五千万的浮点运算）。计算速度提升了 5000 倍，而价格仅为之前的数十万分之一。只需 4 枚这样的显卡，性能即可提升 4 倍，估计再过一两年，以同等的电力消耗和价格就能买到两三倍性能的显卡。机器擅长的重复单调作业、循环竞技、逐一检查的能力每隔数年就会取得显著的进步。这种性能的进步可谓是呈指数函数型增长。性能、容量的提升速度可见一斑。

不只是计算能力，硬盘和半导体内存等数据存储媒介的进步也同样显而易见。仅一年半的时间内，半导体配线实现微细化，磁记录也成倍增长，性能正在飞速提升。但是至今互联网的通信速度并没有急速提升，因此数据整合技术在不断发展。此类技术能够实现无数据交易，使分散在互联网上的数据群看上去宛如一个数据库。

软银的创始人孙正义先生曾举过一个CPU晶体管数量的例子，预测未来一台计算机的晶体管数量将会超过人类脑细胞的数量，人工智能将超越人类。仅从速度上来看，人类无法做到1秒内心算13亿或4兆甚至1京的多位数乘法。因为大脑接收信号，通常经过多个神经细胞的化学传递，而每一个交接棒大约要耗时2毫秒。另一方面，从目前来看，还无法开发出具备人类言行举止的计算机，因为很显然，以现在的体系结构，仅仅依靠扩大容量或提升速度还远远不够。

从“能够做什么？”思考人工智能

重点不是根据神经元网络等对人工智能分类，而是从“能够做什么”，也就是从应用的角度对人工智能进行分类。正如上文提到的，观看、阅读、理解、翻译……我们应该从这些以往人类擅长、机器却无法做到的方面进行分类。比如，我们的视线能够很自然地转向他人食指和箭头所指的方向，或者被会动的玩具深深吸引、哑然失笑……这些连婴儿都可以做到的事情，对计算机来说却是不可能完成的。

而目前人类理想的AI被称作“强AI”，它不仅能够像普通成年人那样，做到认知自己的存在，懂得待人接物，感性兼具理性地思考、判断、发言、行动，甚至具有人类的大脑结构。人类一直相信“强AI”终有一天会诞生。复制脑部结构是人类坚定的追求。但“强AI”也将同样具有人类的弱点，比如健忘、说谎……所以大家不要看到“强”就被惯有的思维误导。“强AI”能够发挥哪些作用我们姑且不论，因为笔者相信只要研制出类人机器，人类自然会规划它的用途。另外，研究、设计、开发这一系列过程本身相信对于人类准确理解AI也会有所裨益。由此来看，与其说这是纯粹实用工程学，不如说这是一种人类逐步向自然科学靠近的过程。

另一方面，人类希望机器能够掌握自然语言等人类交流的媒介和做事方法，更方便地利用超高速计算、巨大内存，即完全记录与百分百还原等机器擅长的功能，这样一种倾向的背后是希望机器能帮助人类进一步扩大、完善人类原本擅长的能力。相对地，我们把这种机器称为“弱 AI”。但大家不能望文生义，即便它被称为“弱 AI”，却仍然具有强大的计算能力，它会让人类变得更强大，并帮助人类解决问题。

如今，信息爆炸永无止境、人类无法掌控的大数据膨胀、社交媒体拉近人类彼此距离、老龄少子化导致脑力劳动人口不断减少，人工智能不可避免地会渗透到社会生活的方方面面。人工智能的渗透可能改变劳动的意义，让人重新思考为何工作，还可能改变社会形态及人际关系的状态。笔者认为这种变化将在未来 30 年至 100 年内逐渐发生。因为人类的运动能力自不必说，人类的信息处理能力（即思考方式、感知方式、思考能力等）能否像半导体一样逐年成倍增长实在令人怀疑。

谷歌聘用的未来研究学家雷·库兹韦尔在他的《奇点临近》一书中曾提到，整个社会的记忆力和创造力很难会发生 1 年 2 倍、10 年 1000 倍的增长或变化。他将奇点定义为“（机器）像生物那样自我进化的点”（更含糊一些就是“AI 超越人类能力的点”）。针对此观点存在以下反驳意见：“不对。”如果原则上达尔文的自然选择学说是正确的，那么生物是不会自我改造或进化的。甚至连已经完成进化的人类也无法解释进化的原理。因此不能认为量变必将引发质变。自计算机诞生以来，虽然 CPU 的速度提升了很多，但始终未能突破冯·诺依同结构（程序存储方式），结构层面没有突破，就算存储容量可以成倍增长，上述基本原理却不会轻易被替换。

虽然人类尚不能在软件中构筑模型，但自 2010 年左右开始，我们通过深度学习取得了很多突破。通过后续说明，相信大家能够实际感受到深度学习的实态和本质。之后，至于人工智能是否会自己进化下去，对人类是否会构成威胁，相信大家自有判断。

随着人工智能的普及，社会结构是否会发生断层式突变，笔者对此持怀疑态度。从事脑力劳动长期以来被认为是人类特有的能力，而随着人工智能的发展，一直以来人类承担的工作将被 AI 取代似乎成为了宿命。那么同时，人工智能也必将会被置于法律法规、行政指导之下。法律、法规、行政规章等具有稳定性，不会轻易修改变动，这理论上构成了抑制社会剧烈变动的一股力量。

AI 的定义、语义的扩展

究竟何为人工智能？即便是专门从事 AI 开发的研究者也是众说纷纭，没有明确的答案。在加上“人工”二字以前，关于“智能”本身就没有准确的定义。正如前文所言，面对未知的状况解决问题的能力即“智能”。近似词语包括智慧、理智等。那么知识和智能的关系是否有一个科学严谨的定义？关于这个问题，笔者认为每种语言的母语者和非母语者在语义理解上或多或少都会存在微妙的差异。

测试人类智能的 IQ 指数（Intelligence Quotient）有两种类型。一种是通过比对心理年龄与生理年龄测定儿童智商状况的传统 IQ，即通常所指的“比率智商”。另一种则是“离差智商”（Deviation IQ），一种以年龄组为样本计算而得来的标准分数。但由于人工智能的年龄不会增长，也不存在成绩偏离所在年龄组平均成绩的问题，因而两种智力商数类型均不适用于人工智能。智力商数也可以说是一种规避了智能本身定义的指数。IQ 和 Deviation IQ 中的“I”即“Intelligence”，几乎等同于日语中的“智能”。英语“Intelligence”和日语“智能”在“认知、理解能力”的语义上两者含义相同，除此之外，“Intelligence”还具有“事关个人和国家生死成败的机密情报”的含义。

举一个美国中央情报局（简称 CIA）的例子。CIA 中的“I”即“Intelligence”，表示即使付出生命也要得到或摧毁的有可能对社会产生重大影响的情报。而如果这个“I”指的是“Information”，则会令人产生一种类似美国国家旅游局这种气氛比较轻松的政府机关的印象。

美剧 *Intelligence*（中文译名《智能缉凶》）以美国“网军”为题材，描述一个大脑中植入芯片，能够用大脑直连网络的人类，他像一名 CIA 特工一样，在网络世界中搜寻重要情报。这种情报又可称为“网络情报”。

即“在网络世界里重要的外交和军事情报”。也可以理解为英语“Artificial Intelligence”。但日语“智能”则完全没有这层含义。

不论是“智能”还是“人工智能”，都没有明确的定义，因此在自然语言中，就会偏离母语者本身的语义，造成不同语言有可能会用不同的词语去解读。比如提起“AI”，英语圈国家的人民可能会联想到这是一种广泛应用于军事领域的技术。这并非仅因为美国是军事大国，还与“Intelligence”这一单词本身语义的扩展有关。对于人类而言，危险的AI有可能诞生，但并不是因为AI自身进化引发技术奇点的到来，而是因为人类试图创造军用的人工智能来代替士兵。

五花八门的AI：种类、方向上的多样性

“搭载人工智能系统，高性能高科技。”最近经常在新闻、电视节目中听到类似这样的宣传。但这种宣传语并未给出任何依据。可以说与20年前第二次人工智能热潮兴起时“搭载模糊控制系统，轻松去除各种污渍”的洗衣机广告相差无几。

人工智能的分类五花八门。以往，没有按照技术类别分类时，所有数据都需要依靠人力处理。那这是否称得上是智能的？（图片、文章等）信息加工的方法、任务的性质是否是智能的？（“学习”“预测”“意思的理解”、解释语义不明确的指示、从事生产劳动等）技术又是否是智能的？（第二次AI热潮时的推理机、Prolog、LISP等的AI语言、探索・最优化算法）笔者认为有必要了解这其中的区别。否则，A和B两个人在谈话，即使都提到“AI”一词，也极有可能会因两人对AI的理解的不同而造成误会。

实际上，不论是在商务会谈中，还是在电视节目中，AI总是伴随着各种各样的语义、语感。对此，我们却往往陷入一概而论的状态。比如图片识别、行为识别、语音识别，哪怕只是对人类语言或感情的稍加解读，只要融入这些技术要素，似乎就会被称为人工智能。或者能够运用智慧，与人类对决国际象棋、将棋、围棋，或是能够从事生产劳动的技术也全部被

称为人工智能。即使实际上根本没有运用到任何机器学习等人工智能的方法，乐器演奏、操控身体、完成人类无法做到的生产劳动都被认为是人工智能控制下的机器人的本领。交互式机器人、能够进行智力问答的软件不仅仅是排行榜系统和推荐系统的延伸，通常也被认为是具有人类特性的人工智能。

“强－弱”“专用－通用”“知识和数据量”三种分类

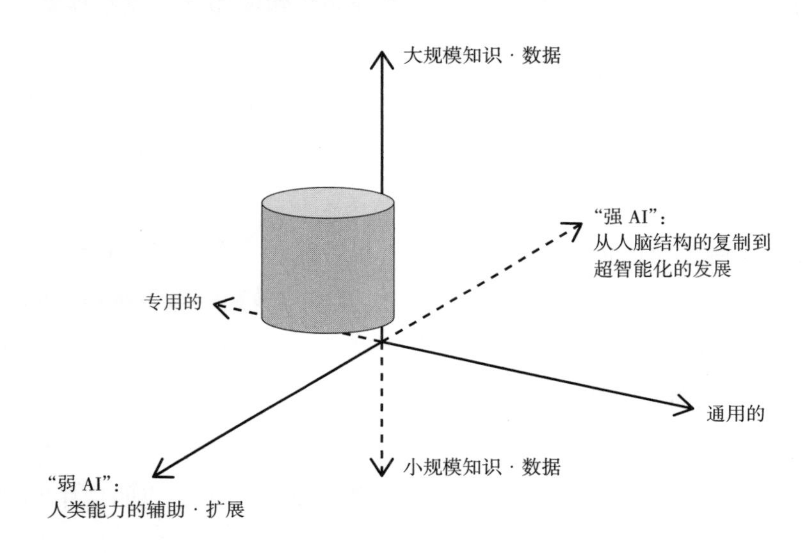

图 1–1　人工智能（AI）的三种分类

如果把人工智能的界定再放宽泛一些，即“做出智能举动的软件”，那么人工智能包括哪些类型？笔者认为可以从三个方向来考虑。其中一条即上文提到的“强 AI”vs“弱 AI”。

“强 AI”，如前文所述，是与人类大脑相同，能做出智能行为的 AI。“弱 AI”即辅助、扩展人类能力的系统，它不一定会阐明人类大脑的构造和功能。

二是“专用 AI”vs“通用 AI”。通用、专用都是相对的概念。比如只能下国际象棋的机器和既会下国际象棋、将棋，又会下围棋的机器相比，可以称后者为通用。但是，在AI的研究领域，我们更期待为了获得知识、创造知识的知识，即元知识，或者说更期待另一个角度的通用性。比如自己在获取知识的同时又能够准确运用。而掌握元知识、即使面对未知的事态也能够从容应对的AI和具有通用学习能力的AI大多数情况下被称为通用AI。

专用AI（个别、狭隘）vs通用AI（万能、广泛）的区别又是如何？如果存在可以回答出任何图片中物体名称的认知智能体，那么毫无疑问它就是通用AI。但是也有可能它会把所有图片中的花都统称为“花”，而不会区别究竟是什么种类的“花”。花草有成百上千种类别，如果它能够进行判断、说出具体名称，哪怕不能答对全部，也已经算是非常难得了。但同时也意味着这样的智能体极为复杂。

强AI vs弱AI的不同具体体现在哪里？前者，有时甚至能够模仿人类的缺点，还能与人交流，不认生。后者，具有计算机一直以来擅长的技能，即高速解析大量数据。从这个意义上来讲，两者如同《星球大战》中的两个机器人，前者是C3PO,后者则类似R2D2。

至于“知识和数据量”，我们能否充分利用庞大的知识、数据？小规模数据能否运作？或者说小规模知识和数据能否发挥相应的作用？知识、数据量多少的区别无需多言。如果存在能够高度识别对象、准确进行判断的AI，那么它可以通过大数据的输入，充分发挥自身的功能。

神经元网络等端到端计算（end-to-end computing）属于强AI，第二次AI热潮的专家系统（以数据的形式存入专家的知识及其运用方法的电脑程序）、编制常识的程序等则属于弱AI。对于“强－弱”来说，若存在一种处在强、弱中间的AI自然很好。不过，如果能把强、弱两种类型结合，充分发挥两者的优势，形成复合型系统或许会更具有发展前景。

对“技术奇点”论的怀疑

具有上述三种类型中某些特点的AI是怎样的AI？ 如果是具备“强

AI”“弱 AI”“大规模知识和数据”的 AI，它必须要和人类一样（但比人类高速）学习、整理并熟练运用普通人花费数十年积累的常识和词组搭配。它在识别、理解、学习时，无需依赖于人类的训练、编程和指导，而是自己迅速自主获得上千种专业知识，成为“万能”的机器。

前文提到的雷·库兹韦尔认为像这种类型的 AI 在质与量上，未来都将超越人类的理解与表达能力。作为超智能 AI，它还具有自主进化的特异点。他在《奇点临近（2045 年的问题）》中首次对此展开预测。但是，如果是与作为生物的人类极为相似的非实用主义强 AI，则无法自己改造自己、自己进化自己。因为，正如上文所提及的，根据达尔文自然选择学说，生物绝对不会按照自己的意志进行自我进化（在反对达尔文的“今西进化论”中承认一部分例外）。突然变异会导致绝大多数变异个体逐步灭绝，只有极少的一部分因适应变化后的环境，超越其他个体，以超强的生存力存活下去。模仿生物进化结构的“强 AI”也许就是通过这样缓慢的进化过程，偶然发生进化的技术。

像自然淘汰那样，如果劣等的 AI 会逐步自动消失、灭绝，通过某种原理，自然淘汰庞大的 AI 程序个体群，或许能够实现真正意义上的 AI 进化。但是，恕笔者孤陋寡闻，至今尚未听闻人类能制造出从产生到灭亡完全脱离人类掌控，能够独立发展的 AI 程序个体。因此，笔者对于技术奇点论持怀疑态度。

纵观全人类的技术发展史，随着 LSI 印制电路板的配线规则不断细化，“半导体的集成度每隔 18—24 个月就会成倍提高”，即摩尔法则适用的指数函数型的硬件进化与系统的高性能化。但是这种发展极为罕见。随着新型量子计算机相关技术的突破，人类无法预测是否会突然出现性能增长 10 倍的产品等断层式的发展。

而软件，通过内建自动生成器的 Rails 等开发框架，生产率确实可以得到提升。但是，人类承担工作，提出想法、解决问题的核心部分以及理性的、合乎逻辑的思考能力不可能实现几何式的飞跃。从群体智慧的角度来考虑，如果增加研究者的人数，那么在亚洲、欧洲、美洲大陆，每 8 小时确实有可能实现研发的不断进化。与以往不同，虽然瞬间即可在全世界范围内共享最新的信息，但是对于吸收眼前的成果也需花费一定时间的人类来说，仍需要全力以赴，以从直线式到几何式的进化速度发展软件。

第二次人工智能热潮高度发展时期，笔者记得每年关于“10年内研制出能够自主思考的计算机”的呼声一直不少。如果仔细考察AI的历史不难发现，与无数研究人员、技术人员共同致力于AI研发的时期相比，在AI低迷的20世纪70年代，东京大学甘利俊一教授在神经元网络的数学性质研究方面取得了一定突破，引起不小的轰动。而AI的发展却并不理想，虽然当时也开展了很多小规模实验，却并无多少进步，甚至一度停滞不前。之后，AI陷入寒冬期，但是我们不应忘记区分词语语义关系的语义网络、英语词汇数据库（WordNet）的成功，甚至创下了低潮期少有的佳绩——英语词汇数据库的名词，即5万人耗费6年时间建立1370张图片与名称对应的图片识别数据库（ImageNet），推动了2010年第三次AI热潮的到来。从突破图片识别精度这个意义上来看，这项成果打破了停滞不前20年的神经元网络，实现了断层式的技术革新。如何评价韬光养晦时期少数研究人员的付出？未来5年、10年，核心技术开发、评价、技术突破将发展到何种程度？这些问题我们很难预测。但可以肯定的是，呈几何式发展的假说缺少科学依据，难逃主观臆断之嫌。

国外有很多人鼓吹研发“强AI”，以完全取代人类。这似乎是受到美国国防高级研究计划局（DARPA）的影响。宣扬按照自然选择学说，编写一种奉行弱肉强食、打倒敌人夺得胜利的程序（同时还要考虑到救助本国士兵的道义），用这种搭载了人工智能系统的机器人，代替人类士兵。这种言论使得普通人很容易对AI产生偏见，误认为AI会对人类构成威胁。

AI之父马文·明斯基博士1994年在MIT（麻省理工学院）人工智能研究所（AI实验室）时曾向笔者直言希望开发一款这样的（强势）AI：

无心工作时，一整天都坐在电视机前观看足球比赛，打着哈欠，安静地消磨时光。小睡一会儿后感觉“创作热情卷土重来了”，于是又再次投入到工作中。

心血来潮，即兴改编 J.S. 巴赫的手风琴曲，演奏几个小时直到心情平静下来。这样的事情，发生在明斯基博士身上不足为奇。可以理解，作为一名 AI 研究人员，毕生的愿望就是亲手研发出复制自己的 AI。所以明斯基博士的仿制品——强 AI，或许也要不断演奏巴赫的乐曲，无暇顾及他人，直到创作灵感再度降临。而通过复制普通人创造出的 AI 大概也会如常人一般，受欲望的支配做出一些愚蠢的行为。

IBM 的“沃森”是“专用 AI”的集合体

IBM 的“沃森超级计算机”是何种类型的 AI？笔者想以此作为上文 AI 分类的具体实例，展开论述。首先，毫无争议，“沃森超级计算机”确实能够在智力竞赛节目中战胜人类，超越最强大脑，拥有海量知识。其次，在结构和理解方法方面，“沃森超级计算机”具有不同领域（文学、历史、地理、物理、化学、生物、地学、数学、音乐、电影等）的功能，看上去确实是通用的 AI。但是，它在不同领域专业知识（公式、年号等）背后有与之相匹配的结构，根据知识领域的不同获取附加知识的方法（算法）也有所差异。因此，从这一点来看，或许认为“沃森超级计算机”是专用 AI 的集合体更为确切。

但是，在语言结构上又存在相似性，比如主语和谓语“……做什么”，谓语和宾语“做了……”，所以从核对浅层语义，列出候选答案这个角度来看，“沃森超级计算机”依然可以说是通用 AI。实际上它的这种通用特征与通过特有形式和内容所具备的专业知识并不相同。因为只凭特定的两个单词以相同的主谓形式出现的频率较高，并不能说明 AI 理解这些单词概念中的结构原则。因此，在这层意义上，沃森与检索智能体的排行榜系统、EC 网的推荐引擎存在相似之处。所以正如 IBM 公司当初所言，处理方式的关键并非 AI，这或许是一个比较稳妥的评价。

听到的词语立刻在脑中呈现并按照联想顺序排列。这种方法近似于学生考试前全盘背诵的策略。解题时，并不理解题意，只是机械地把背诵的内容填到横线处。

虽然两种手段都会在智力竞赛中帮助选手取得傲人的成绩，但真正理解的作答和死记硬背的作答究竟哪个更好？笔者记起自己高中时代参加智力竞赛节目时的经历。1979 年春，笔者在富士电视台举办的“智力问答大奖赛”节目中获得第二名，有幸前往夏威夷旅行。

我当时正在筑波大学附属驹场高中读二年级，是音乐社团的部长，在智力问答同仁会的朋友的极力劝说下，决定报名参加，并熬夜突击复习。我向朋友借来当时出版的十册智力问答大奖赛 Q&A 全解，按照文学、历史等不同分类进行突击背诵。为了不拖累一同参加比赛的另外两位同学，我拼命学习。

我的努力得到了回报，一路通过笔试、预赛、半决赛，最后与神奈川县立光陵高中的一位选手共同进入决赛。答对的选手获得下一道问题的选择权，然后喊出：“科学 100！”主持人读出这样一道问题：

“如果把阿伏伽德罗常数（其值约为 6.02 × 1023）视为一个单位，则表示分子量的单位是？”

结果我的对手抢先说出正确答案“mol”。之后的 11 年，这一场景作为该节目的象征，反复播放，并且从 10 万个题目中选出，在富士电视台开播 50 周年纪念特集中播出。甚至还被收入开播 50 周年纪念 DVD 中，至今仍然可以观看到。

最终神奈川县立光陵高中的高材生道蔦赢得冠军，我对他的面容依然记忆犹新。他之后又相继参加了横跨美国超级智力问答等高难度的智力竞赛节目，并取得胜利，俨然成为了日本的肯·詹宁斯。他还担任 NIFTY-serve 讨论平台“FQuiz”的系统管理员，加入智力竞赛命题组，几乎每天都参与题目的制作。他的名言“出题比解题更难”一度广为流传。这也表明与解题的过程相比，想出一道有魅力有深度的题目，即使对于计算机来说，也极为困难。

IBM 的“沃森”通过理解智力竞赛节目的规则、考题类型，牢牢掌握庞大的结构模式，使答题的准确率得以提升。实际上人类在参加竞赛节目前也如同 AI 一般，需要做出很多准备和努力。（至少笔者如此！）但是，有些问题需要有生活常识等知识背景，在深刻理解的基础上进行作答，这种情况下，与人类相比，“沃森”显然比较吃力。在 IBM 公司主页的常见问题解答中，这样写道：

问：请您举出一例对于沃森来说比较不利的题目或出题形式。

答：例如，“站立状态下必须处于什么方位才能看到护墙板”等，既没有相关文献，又必须依靠生活常识作答的题目，对于沃森来说比较为难。

难道 AI 只能应用在智力问答中吗？它能否与解决实际工作中的难题相结合？或许抱有这样疑惑的人不在少数。因此笔者想在这里举一个实例，高考试卷里有一道名题，需要当场想出一种新的解法才能得出答案。这是笔者当年（1980 年春）参加东京大学理科 I 类考试第二次笔试时的一道物理试题。出题要点是打开台灯时，白炽灯泡亮起，如果这时突然从墙壁插座上拔掉电源，不会立刻（零秒）暗下来，光源会过一段时间逐步衰弱。用方程式表示光源变暗的曲线，并证明这种现象的原因 。

这道题非常贴近生活，恐怕当时所有的参考书中都没有详细答案。出题者设计出这样一道难题，估计会暗自窃喜。即使市面上的参考书中有类似的表述，也是完全不同的题目背景。而且要想理解这道题，就要像金字塔一样需要层层叠加很多事实和原理，考虑原理与原理之间的一致性，进行推导。因为题中没有任何公式，所以难度远远大于解方程式的数学题。需要考生联想现实生活中的物理现象，得到正弦曲线（sine），利用题目中没有的各种物理原理和公式进行证明。

那么我们能否研制出这样一种人工智能，它可以像人类一样动脑解决初次接触的问题？我们人类儿童会学习一些日常物理现象，比如由于力的作用是相互的，我们敲击一个物体，手会受到物体的反作用力，因而也会感到疼痛等等，但是对于搭载人工智能的机器人来说这绝非易事，要真正学会并活用这些常识还需要很长时间。

不过，正如上文所言，因为阿伏伽德罗常数和摩尔是在同一题目中出现的具有相关性的关键词，所以不论是对于人类还是沃森这种机器来说，无需理解很多物理和化学原理，只要全部背诵下来，也是有可能答对的。而如果只是要求 AI 做选择题，从给出的几个备选答案中挑出正确选项，那么问题则简单许多，这样的人工智能机器人有很多。

还有另外一种类型的 AI，第一眼看上去并不像人工智能机器人，它就是 MIT 人工智能研究所负责人、机器人工程学专家罗德尼・布鲁克斯研制的伦巴（iRobot 扫地机器人）。不只具有感应功能，可以轻松避开障碍物，同时还能在"大脑内部"绘制房间和家具布局的地图，计算最小的移动距离，即避免重复通过同一位置，实现高效清洁。生活中我们有时可能会打扫很多遍同一个位置（并非指特意反复清扫），自己却没有意识到。而伦巴在这方面显然比人类聪明。另外，它无需人类帮助，电量即将耗尽时可自动寻找充电插座进行充电，可以说具有很高的"智能性"。但是，说到底，它依然只是机器，属于"弱 AI"的一种。

虽然伦巴在"大脑内部"能够全景规划、制作模型、进行数据处理，但扫除只能算是一种劳动、任务，所以它还是专用 AI。虽然房屋清扫的过程中也需要开动脑筋，运用很多知识，但没有人会把清扫本身视为一种脑力或智能的劳动。伦巴能够灵活使用的知识量在未来或许会增加，不过知识量的计算方法尚不可知，但可以肯定不会达到百科全书或网络中的信息量。所以，可以说伦巴属于小规模的知识和数据。

随着扫地机器人的普及，或许很多人会设想能否也研制出一种代驾机器人来自动驾驶汽车呢？对于已经习惯 AI 的普通消费者而言，这样的机器人也许会大受欢迎。

笔者听闻未来将逐步研制出"人类大脑"的辅助器官。这里举一个具体例子进行说明。科幻美剧《智能缉凶》中，主人公 Gabriel 脑内被植入了一枚芯片，连接网络，随时提取庞大的信息，通过一种叫做"网络透视图"

的功能，在脑内重新构建 3D 影像，利用普通大脑功能，进行观察、解释和发现等等。它既是“弱 AI”，又属于“超大规模的知识和数据”，大脑与网络直接连接，通用结构扩大了大脑功能，可以说这是一种“通用 AI”。

研究者眼中的 AI 各不相同

AI 的定义不论是在著名 AI 研究者眼中，还是在神经认知科学等相关领域的研究者眼中都各不相同。

1994 年夏，当时笔者在 MIT 人工智能研究所（AI 实验室）工作。大胆、正直、爽快的机器人学专家、大阪大学研究生院的浅田稔教授给我留下了深刻的印象。他曾直言智能都还没有明确的定义，更不要说人工智能的定义了。

所谓 AI，就是与人类行为没有区别的机器，这种定义或许源于图灵实验。天才科学家艾伦·图灵长期致力于数学和符号逻辑学的研究，设计出图灵机，奠定了现代信息科学的基础。他曾在 1950 年发表的论文《计算机器与智能》（*Computing Machinery and Intelligence*）中这样写道：

提问者分别与身处其他房间的人和机器进行对话，机器与人都要试图说服提问者，使其相信自己是人类。

为使提问者始终保持理性判定，不被机器转换的声音所左右，对话仅限于以文字交流的方式开展，如规定只许使用键盘输入、以显示器屏幕显示。当提问者无法判定对方究竟是机器还是人类时，则判定该机器通过测试，认为它能够独立思考。

笔者认为 AI 有成百上千种，定义各有不同。后文将从其他视角出发，对 AI 进行定义。例如，除前文的三种分类以外，AI 在普通人心中的直接印象“聪明”是否源于机器本身擅长的高速运算和大容量存储的能力？是否还受到大数据解析的影响？计算机能否做到无需借助人类的设计即可自主学习一些特征和原理？

表 1–1 研究者眼中各不相同的 AI

中岛秀之 公立函馆未来大学校长	人工开发的具有智能的实体。或者出于研发的目的，研究智能本身的领域
西田丰明 京都大学研究生院信息学研究科教授	“具有智能的装置”或“具有思想的装置”
沟口理一郎 北陆尖端科学技术研究生院教授	人工开发的能做出智能行为的机器（系统）
长尾真 京都大学名誉教授、前国立国会图书馆馆长	最大限度模仿人类大脑活动的系统
堀浩一 东京大学研究生院工学系研究科教授	人工开发的新智能世界
浅田稔 大阪大学研究生院工学研究科教授	因为智能的定义尚未明确，所以无法给出人工智能的明确定义
松原仁 公立函馆未来大学教授	与人类毫无区别的人工开发的智能机器
武田英明 国立信息学研究所教授	人工开发的具有智能的实体。或者出于研发的目的，研究智能本身的领域（同中岛秀之）
池上高志 东京大学研究生院综合文化研究科教授	就像人类互相接触或接触宠物一样，情绪和戏谑的相互作用即人工智能，或人工研发的与物理原理无关的系统即人工智能。通过会话交流想进一步了解的系统
山口高平 庆应义塾大学理工学院教授	为了模仿、支持、超越人类的智能行为而开发的系统
栗原聪 电气通信大学研究生院信息系统学研究科教授	科学开发的，水平将远远超过人类智能的系统
山川宏 DWANGO 人工智能研究所所长	计算机智能范围内，人类直接或间接设计的实体或许可以成为 AI
松尾丰 东京大学研究生院工学系研究科副教授	人工开发的近似人类的智能或技术

出处：《人工智能学会杂志》

当前真实的 AI 和人们期待的 AI

从技术层面来讲，这次 AI 热潮的契机是上文所提到的深度学习。2012 年加拿大多伦多大学以图片识别（即预测呈现在电子照片中的物体）为课题，提出深度学习的概念，取得了突破性成果，举行学术发表，引起了不小的轰动。这一成果的价值远远大于对比模板图片等方法。但是正如上文所言，深度学习并不是一项突然出现的新发明。

深度学习源于 1943 年的人工神经网络、第一次 AI 热潮中备受称赞的“视感控制器”（1958 年罗森布拉特制作）。视感控制器凭借无需模型且能自主学习输入输出的优点，成为当时一大研究热潮。1969 年“AI 之父”马文·明斯基博士证明视感控制器甚至无法进行基本的运算，这股热潮随之消退。1980 年以后，误差反向传播算法的提出，使得以推理程序设计为主的 AI 迎来了第二次热潮，推动了以往符号处理的发展。总投资 1500 亿日元的第五代计算机开发项目也是以并行推理机的研发为中心。

不难发现，第二次 AI 热潮在取得很多成绩的同时，也存在很多问题。比如人类设计并行推理程序，手动开发成千上万种机器翻译的语法规则极为困难，需要耗费大量成本。表达能力和精确度也没有大幅提升。因此，取代人工制作模型，设计规则运算，通过不断布置输入输出组合（比如图片和标题），追求自主学习的神经元系统结构又再次受到了关注。同时，为了克服视感控制器的缺陷，还诞生出导入神经元中间层（隐含层）的“三层神经元网络”。

它推进了方法的改善、发展了各种不同学习（练习）的实验，在工业领域名噪一时。与“神经元网络”这种称呼相比，“神经元计算机”这一名称更易引发好感。因为它能使人联想到立刻可使用的硬件。或许有不少人还记得有一段时间，洗衣机的广告词中省略了“搭载神经元计算机”的说法，取而代之的是“神经元系统轻松去除污渍”。但是以当时计算机的计算能力来看，因为充其量只设置了数百个神经元，所以缓慢的学习速度成为最大的阻碍，评价实验和实用性也都受到了影响。

目前的AI，正如后文第5章所述，能够完成专业的图片识别，其能力早已远超人类。虽然尚不能做到像人类一样自主学习，掌握概念，以庞大的常识为基础准确理解语言本义，但是相关研究和投入已准备就绪。

为什么第三次AI热潮名副其实？

如今，AI能够实现“视觉理解”“听觉理解”，承担起绝大部分以往人类负责的工作，弥补人类能力的范围逐步扩大。而且还涉及大量繁杂的种类和数量。图1–2以图片中的物体识别为核心，展现了计算机精确度提升的历史。

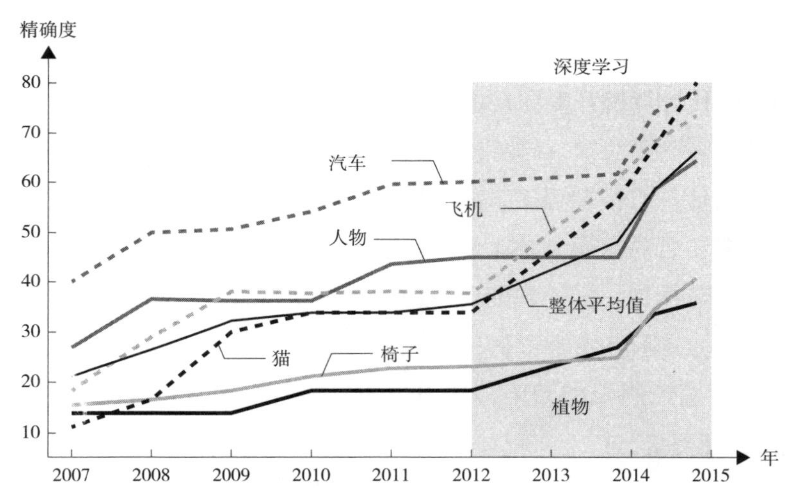

纵轴：精确度 横轴：年份 图右上方文字：深度学习

出处：Roelof Pieters, “Guest Lecture at DD2476 Search Engines and Information Retrieval Systems”, 28 April 2015.

图1–2 物体识别精确度提高的过程

从植物、人物、椅子、猫、汽车、飞机，以及整体平均值来看，2007年以前，研究开发投入最多的是汽车，但也不过40%。而整体平均值达到20%时，精确度依然很低。2008年到2012年期间，人类分别考虑到物体的特征、表现，逐步改善了物体识别精确度，汽车的精度提升至 60%，整体平均值也达到了 35%。但是飞机、猫的精确度却并不稳定，甚至一度出现停滞，几乎没有任何开发投资。根本原因或许在于精确度达到 35% 后，始终无法找到合适的应用用途和商业模型。

真正引发第三次 AI 热潮的是 2012 年出现的深度学习。特别是飞机和猫的识别精度直线上升，仅用两年时间就达到了 60%。但是或许受到对于传统方式投资的束缚，潜在需求巨大的汽车、人物的识别精确度没有继续提升。经过 2013 年的实验以及 2014 年以来传统方法的止损（舍弃过去研究开发投资中获得的成果）后，很快，汽车、人物的识别精确度就实现了跨越式的改善，比两年前飞机、猫的精确度增长速度还要迅猛。一直安于低精确度的植物、椅子或许是图表中最没有市场的对象，2008 年至 2014 年精确度波动始终保持平缓。而 2014 年以后，植物、椅子却和其他对象一样呈现急剧上升的趋势，但笔者认为其原因并非需求、应用前景的突然扩大。因为 2015 年初精确度也在 40% 左右。与其说是需求的扩大，笔者认为更主要的原因在于后文提到的深度学习。深度学习利用相同的构造，替换对象，制作正确解释的数据，仅仅凭借训练，无需任何程序设计，即可提升精确度。从某种意义上来说，这也侧面验证了无需任何投资，即便是不同形状、颜色的物体，深度学习也使得它们的精确度得到了大幅提升。

能够满足产业需求的 AI 发展

人们普遍认为，今后，AI 将得到进一步发展、普及。其中一个重要原因在于需求、环境和基础设施。如同《资本论》的作者卡尔·马克思曾提出的“劳动异化”一样，毫无成果的非人类工作、操作比比皆是。单纯机械的信封制作、包装等劳动与机器相比，只要有人愿意出力，就会始终存在。因为人工的成本远比机器低廉。而更高层次的问题解决，比如搜索追踪犯罪嫌疑人，24 小时监视可疑住所内的一举一动，“为了……，必须要……，从而……”这类金字塔式的复杂工作并不适合外包出去，只有本人亲自负责，成功的几率才会更大。但是人类需要休息和睡眠，一瞬间的走神也有可能导致犯罪嫌疑人逃脱，那么这种情况下，笔者认为可以由 AI 替代人类。

如此，视觉上识别对象、紧急待命（警戒信息）的工作若能由平价的 AI 承担，细分、提取一部分任务，解决问题，人类就无需彻夜工作，同时还能产生难以用金钱来衡量的巨大价值。

在监控领域中，30 年前美国康耐视（Cognex）等公司的视觉传感器就已经能够自动判别锭剂等工业产品的形状是否符合规格，证明了 AI 的价值。而这一技术又因深度学习的出现，将逐步向平价、广泛、高精确度化方向发展。另外，由于 IoT 的作用，即使终端部件、终端设备的处理能力较低，却可以在处于中间位置的智能设备、网络服务器上进行 AI 处理，随时随地供人用的环境、网络基础设施正在逐步完善。由此，可以看出，第三次 AI 热潮绝不会是昙花一现，而是会逐步发展为渗透到社会各个领域的技术科学。

另外我们不得不承认，辅助人类能力的“弱 AI”，在各个专业领域中都能轻松超过人类。2015 年夏，从企划到发布，笔者团队用 10 天时间开发出的“这是什么猫”深度学习系统就是对此的一个证明（详见本书第 5 章）。它能够准确判断日本所有猫的品种。即使训练数据至多不超过数千个，人类也无法记住所有猫的品种与图片的对应关系，因此在这一点上深度学习系统就已经超过了绝大多数人。宛如患有学者症候群的人长时间对着自己喜欢的专业图鉴，以普通人达不到的精度，识别对象。可以说这是 2015 年深度学习的一大突破。

人类的弱点在于短期记忆容量小，联想力不足。“实际上，人类的认知能力、记忆力（特别是短期全部背诵）、联想力的上限很低。”

笔者在担任 MIT AI 实验室研究员时，曾到访过普林斯顿大学旁边的费城宾夕法尼亚大学，有幸听到认知心理学的鼻祖——乔治·米勒博士关于大量英语语义网络（WordNet）的学术报告。

米勒博士以一篇名为《神奇的数字 7（±）2》的论文，打开了认知心理学的大门。这一神秘题目中的数字体现出人类全部记下无规则文字、数字或单词的最高限度。

例如，“NECIBMSONY”这十个字母，如果只出现一秒钟，那么100人中将有多少人能够全部记住，并在10秒钟后准确无误地写出来？几乎为零。这是米勒博士的实验结果。但是，如果将这十个字母拆分成三个部分，即NEC IBM SONY来记忆的话，结果又将如何？估计100人中99人都能做到。这就是所谓的组块理论（chunking）。把一连串的字母分成瞬间能够记住的三四个单词，则单词数就可以视为3个，单词数始终低于上限值7（±）2。各单词的字母数也低于7（±）2。这样，即便面对未知的单词，也能在短时间内速记下来。

人类不仅不擅长瞬间记忆，还会出现遗忘。即使经过数周、数月的训练，也无法保证学过的知识从此不会忘记。一家KTV制作了近万部长度从30秒钟到数分钟不等的视频（从数千个视频中进行剪辑，挑选出合适的作为配合歌曲的背景短片）。而这也暴露出一个严重的问题，即实际上有很多顾客只会从数百个短片中进行挑选（只占录像总数的1%）。至于挑选出的背景短片是否真的符合这首歌曲的风格，即用户体验好坏的评价方法都尚未建立。

成本高，选出不合适的背景短片的比率（两位数百分比）也较高，极有可能使顾客感到不悦。比如，在四条河原町的一家卡拉OK里，笔者的朋友Y点了一首《你我相伴左右》，这时，几个粗犷的男渔民穿着兜裆裤在渔港卸货的画面出现，让大家极其扫兴。

人类的记忆、学习、推论、机制……还存在很多有待研究的问题，“强AI”目前仍是一项尚未实现且极具价值的技术。而上文提到的选择背景短片的失败案例也从侧面证明了人类能力并不能经常满足产业的要求。那么这种情况下，能否用具有强大的记忆功能、可以无间断工作的“弱AI”来弥补？

在上述卡拉OK背景短片的例子中，整个程序并不是随意设计的，而是通过深度学习，对比歌词内容和背景短片的匹配度，做出评价，打出分数，从未使用过的素材中进行选择，增加新数据，提升准确度。由此，今后完全不受《神奇的数字 7（±）2》制约的深度学习机器将逐步实现从成千上万的素材中选取带有匹配度的短片。

人类按照自己的意志来设计输入到机器中的培训数据。机器则对此进行广度（范围）和精确度的扩展。这是人类与机器任务分担的基本战略。通过这种战略，AI 能够迅速、平价、顺利（高精度）地得以广泛运用，因此可以说充分利用 AI 的前景比较乐观。

这里，笔者认为，关键点在于对 AI 热潮的看法。是主张 AI 热潮对于产业、商业有所裨益？还是认为 AI 热潮不过是昙花一现？这其中既包含对目前 AI 的过度期待，也存在对 AI 的过度恐慌。实际上，与以往不同，第三次 AI 热潮真正做到了低成本和广泛应用，使人类从复杂繁重的工作中得以解脱。

为什么大数据离不开 AI？

可以看出，第三次 AI 热潮正在加速发展，其中一个原因在于需求、环境和大数据。第三次 AI 热潮不是过眼云烟，而将持续稳健地发展，渗透到社会的方方面面。在这一过程中，大数据扮演着至关重要的角色。

为什么在今天，人们对于人工智能（AI）的关心和期待愈加高涨？第二次热潮已经过去了 20 多年，这期间，计算机的运行速度，处理数据能力都扩大了数千数万倍。第二次 AI 热潮以前，机器的计算能力、规模、性能一直处于瓶颈阶段。而随着技术的进步，神经元网络（与初期的视感控制器和最近的深度学习相同）不断发展，精度大大提升，完成图片识别，实现了一系列突破。

但是，笔者认为从整体来看，“发明源于需求”，需求的增大侧面促进了技术的研发。商业对于大数据的需求才是最重要的契机。收集、清理（data cleaning/ cleansing）和维护大量数据的水平正在不断提升，但仍存在很多不足之处。虽然可以凭借人力或使用一些工具进行数据分析，但是完全准确地把握大数据绝非易事。

随着车载摄像头等传感器装置、社交媒体、自动编辑等的发展，10年间网络信息量增长了两位数。根据 IDC 数字宇宙研究（Digital Universe Study）2011 年的预测，2009 年之后的 11 年，即 2020 年世界产生的信息量将达到 35ZB，增长约 40 倍。另外，据日本经济产业省（实施经济社会体系的政策和运营的中央行政机构）“2006 年度信息流通人口普查”显示，假设 1996 年“可选择信息量”为 100，10 年后的 2016 年至少扩大 53 倍。2015 年下半年之后，IBM 陆续成功开发出 7nm 工艺，支撑数字信息处理的半导体密度得到了发展。摩尔法则，即 1 年半内提升 2 倍的“幂法则”，几乎可以确定，指数函数型的增长还将继续。

近几年的趋势是与时间戳和位置信息等元数据六何分析法（5W1H）同时，当场产生、发送、保存大数据。通过 iBeacon 的设置，可以搜集面向相关经营者的社会化评论，还有调酒师向客人的玻璃杯中注入啤酒，调节操纵杆过程中测量消费量，汇总信息输送到服务器中的 IoT 也备受关注。以往，人们常常把“信息爆发”视作消极、应该回避的问题，而如今趋势在改变，可以说以一种更易操作、更易处理的方式来应对大数据已成为主流。

另一方面，虽然人类一直以来坚持收集和存储大数据，但是没有形成易于分析的结构，始终处于一种不完善的状态，原本难于理解的图片和文本等非定性数据的元数据极为庞杂。

截至 2015 年，我们能做的仅限于如图 1-3 所示的大数据应用流程图中的上游（数据产生）至“收集”部分，中游部分的“处理、存储”只能进行（物理）加工和整理以及简单的搜索功能。至于中下游的“分析”以及基于分析进行业务评估、做出管理决策等则是停滞不前的状态，其原因究竟为何？

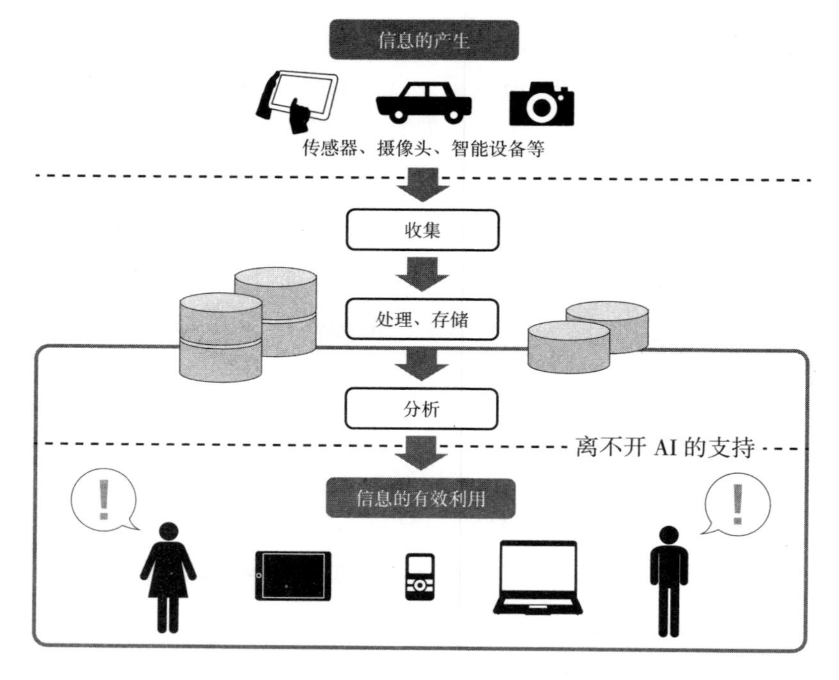

图 1–3　充分运用大数据的流程图

难道是由于工作太过繁重庞杂，人才不足、工时不足所导致的吗？原因不仅限于此。图片中所指的对象是什么？如何反映？文本中记述了什么？是如何描述的？比如，顾客意见（VoC：Voice of Customers）中有百分之几的人持反对态度，从少数肯定意见（积极度超过标准值最高通常在 0.1% 以下）中能否获取改善顾客忠实度的提示？另外，数十万 VoC 中，（非常消极、消极、稍微消极）不同程度的 VoC 与上个月、去年同月相比，发生了怎样的变化？获取数据后当天就进行分析评估，做统计处理并形成报表呈交管理层，这是仅凭人力无法实现的。

以往认为，只有人类能够做到“认识”“理解”“解释”（因果关系等推论）。而如今我们不得不承认，机器已经能够代替人类对图片、文本中的非定性数据进行分析理解。

早在半个多世纪以前，万众期待的“人工智能”计算机软件的应用领域就已经深入到了“认识”“理解”“解释”层面。这里用双引号表示的“认识”“理解”“解释”与人类的认识、理解、解释实质不同。

面对人力不足等问题，需要依靠高度的分析能力和技巧来弥补，即需要具备专业分析能力的知识型 AI 以及能够发掘规律性、进行大量计算的 AI。另外，当我们无法把握文本和图片中所反映的问题时，需要 AI 更加灵活地（以往只有人类所具有的灵活性）去发现问题、解决问题，甚至在某种程度上能够实现“认识”“理解”“解释”和“推论”。正如图 1–3 粗框部分所示，大数据的有效利用、基于事实数据的业务改进和管理决策，这些都离不开 AI 的支持。

大数据的热潮告一段落后，人类无法应对的解析、分析随即陷入了瓶颈。所以人类潜意识地对于原本计算机擅长的高速且大量的数值计算、数据存储和搜索、分析等能力抱有非常高的期待。那么 Metadata Incorporated 的“VoC 人工智能分析服务器”是否能够为大家所接受?

计算机的存储服务和计算能力不仅价格亲民，还远远超过 20 多年前，是当时计算能力的数千倍，并且作为 Web 服务已经得到了广泛运用。网络的大容量化（高速化）和以无线为主的网络连接走向普及，与产生庞大数据的 IoT（物联网）相结合。可以发现，大数据已逐步融入到商业应用中。特别是在以往机器难以解析的大数据中，存在巨大的市场营销价值、附加价值以及低成本优势。但是，这里还缺少一个要素，即解析人工智能的大数据软件。

第三次 AI 热潮比以往任何一次热潮的可行性评估都更为准确。以拥有超过 10 亿用户、规模巨大的谷歌、脸书、新浪微博为首，AI 在 Web 服务中刚刚诞生就立即投入到了实践中，实用性得到了严密的证明。竞争的焦点也逐步转向更高层次，即数据筛选、深度学习的训练方法等的竞争。如此一来，比起开源的、可免费投入商业应用的解析引擎本身的价值，如何让其更充分发挥作用变得更有价值，也就是说，数据本身的价值变得更为重要。但这并不是说要购买原始数据，因为人们只需要拥有训练（比起“学习”，“训练”的意思更接近于“教导”）AI 的临时使用权就已经足够了，无需长期地拥有数据。

虽然原则上可以免费使用的开放性数据在不断快速增加，谷歌和微软必应（Bing）两大搜索引擎却都在使用授权权限进行搜索，两大搜索引擎使用的是由哈佛大学教授劳伦斯·莱斯格发明的知识共享（Creative Commons）这一授权权限。例如，在谷歌图片检索中点击“检索工具”，下拉菜单第二行将出现“允许更改后再次使用的图片”选项，如图 1–4 所示。

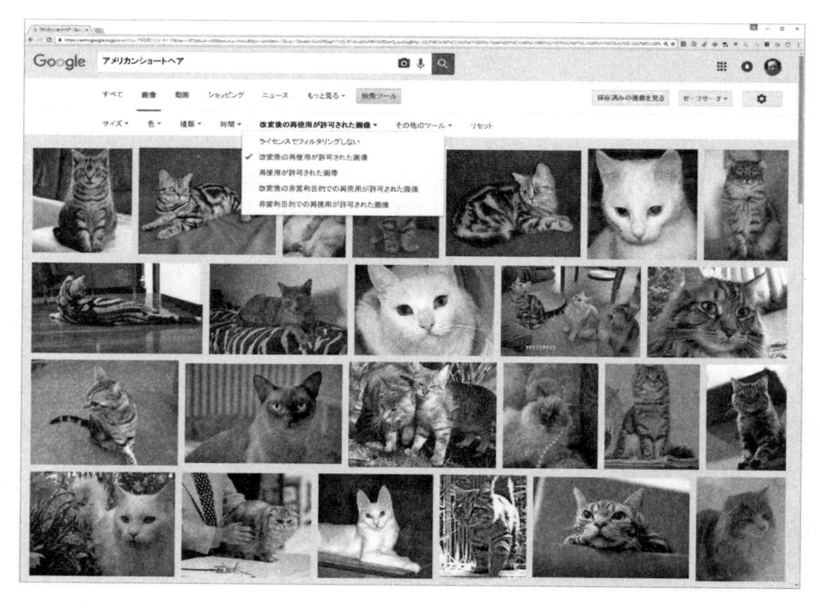

出处：“美国短毛猫”谷歌搜索页面

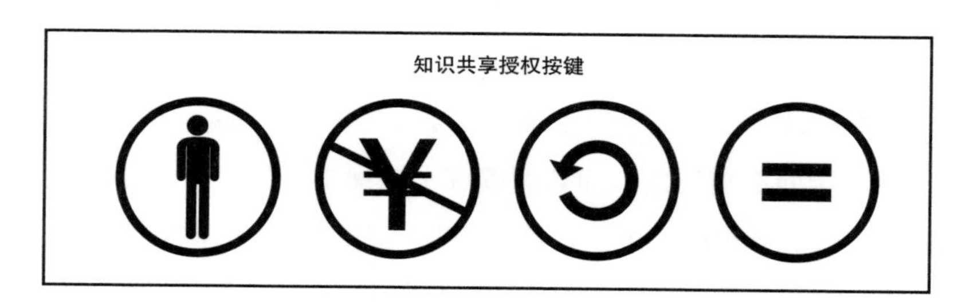

图 1–4　使用谷歌搜索图片时指定知识共享的例子 [①]

① 编者注：图片中的文字不作翻译，以下同。

下拉式菜单的说法稍显晦涩，如果用知识共享本来的图形表示按键，则能够使用户瞬间、直观地把握许可权限（如果是由数十条条文组成的正式条件书则需要花费大约 30 分钟的时间进行解说）。这个知识共享授权按键实际上是表示“标识”“非营利”“继承”“禁止更改”的简单四组图案设计。例如，表示许可（因为是著作人格权，由人的作品构成）、非营利使用、二次创作物中相同的条件继承、禁止更改（同一性保持权）的组合图案设计就可以转化为图形。

著作权的种类可以分为文章、声音、图片、影像、教育、科学六类。在《世界版权公约》下，由于各国国情不同，可能会产生很多细小的问题。比如，《著作权法》的内容和保护范围有所出入，注册商标类似等。附带正式许可说明的法律文章以对每一相关主体（网站和服务）的阅读确认为前提，需要从大量内容中进行筛选，知识共享授权按键这时就会发挥很大的作用。

这样，如果大数据大量迅速地流通，相互利用的法律结构得以普及，AI 学习元数据的特征得以还原，那么之后不属于著作权侵害的解释能否成立必定会受到关注。至于尚未 100% 开放的数据，AI 以及大数据的有效利用（比如人类向更具创造性的工作转移）等内容请参考本书第 2 章的介绍。

如今，IT 环境以及包含法律在内的各种基础设施正在逐步走向完善。这在 20 多年前是难以想象的。笔者认为本次 AI 热潮绝不会像以往那样昙花一现。

如果“人工智能”一词慢慢渗透到所有领域，变得无处不在（“无处不在”这一概念在 21 世纪最初 5 年中被称为“泛在”，当时是盛极一时的噱头词，几年后逐渐被废弃），人们对其习以为常后，“AI”一词可能将不再使用。

第 2 章　白领阶层的工作将发生哪些变化？

支撑智能生产的 AI

正如第 1 章所述，人们对人工智能（AI）、机器人的关注度越来越高。而在此之前，大数据及其有效利用一度是社会的热门话题。AI 和大数据并非独立的流行语，两者之间存在着紧密的依存关系和因果关系。笔者认为单从深度学习技术离不开训练数据，以及信息爆炸导致未经分析的有用数据流失，IoT 机器引发的滞销加速等这些表面现象也能够理解这一点。针对未经分析的大数据，如果存在像人类一样甚至超越人类，能够进行大量、均质、定量分析的 AI，那么人类将获益良多。

这些内容后文会详细展开论述，但有一点笔者想在此着重强调：至少从现在（2016 年）来看，并没有迹象显示未来人工智能可以完全替代人类（这里假设是一位全职的白领）的所有工作或者替代完成工作所需的全部资质和能力。

最初，提到“弱 AI”，大家本能地认为这不过是比较幽默、聪明、能够弥补人类能力的工具，绝不会联想到它将完全替代人类。因为你觉得它仅仅是“弱 AI”。而如果换成第 1 章介绍的能够熟练掌握人类智慧的“强

AI”，这时你恐怕就会疑虑“人类究竟该怎样安全地导入、利用人工智能”。

答案就是，重新审视现有的工作程序、方法、业务流程对其解构（unbundle），也就是说，在目前AI能胜任的工作中挑选那些替换成AI后能实现更高效、更优性价比或能产生以往没有的良好效果（提升精确度、速度、质量或促进质量均衡等）的部分，积极引入AI。或者将AI用于评估整体的业务流程和效果，不断根据效果做出调整。引入AI进行重组（重构=rebundle）。

白领阶层所从事的企划、商品/服务设计、研究开发，以及在进行市场调查或开展服务时遇到突发情况后的应对策略，通过AI的帮助，将取得怎样的改善？20多年前，这些课题就已经作为“知识管理”为人所知。图2-1是知识管理中的智能制造结构抽象化的产物。

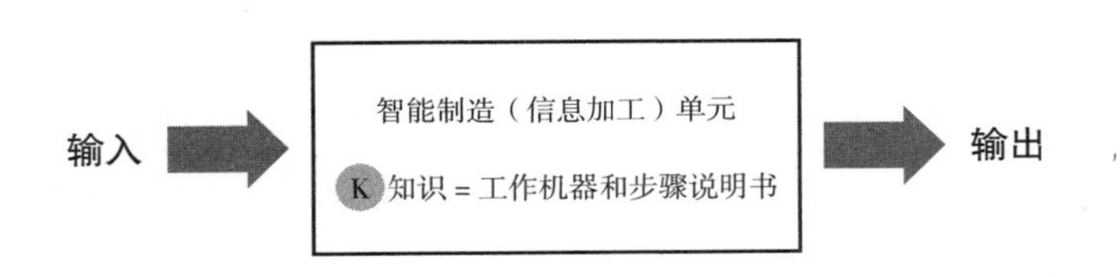

图2-1 具备加工信息知识的智能制造单元和输入输出的信息

这是非常简单的信息处理模型。白领的工作可视为图2-1中“智能制造单元”的“信息加工”。而信息加工必然涉及输入和输出。

不论是个人还是团队，加工信息时都是在接收“输入信息”后使用加工方法（相当于工厂中的机器和操作手册）对信息进行处理，然后输出信息。被比作工厂中的机器和操作手册的正是对“输入信息”进行有效加工、处理的相应知识。是的，所谓知识就是指导人如何去使用。

操作手册在日语中叫作“手引”。它能够随身携带，方便读者翻阅，然后读者可以据此处理信息、做出判断，这些最后将导向行动、发言等“输出”。这才是知识真正的作用。

2005 年，在联邦德国莱茵兰－普法尔茨州的凯撒斯劳滕市举办的实践知识管理大会的特约演讲上，笔者向听众提出了这样一个问题。

问：Word 等文字处理文件是知识还是信息？

答：两种情况皆有可能。

我们可以通过图 2–2 得到答案。图 2–2 显示的是输入信息传播扩散的过程。比如，在海外技术展览会进行技术考察的员工向上级发送自己的出差报告，国内公司总部研究所及时接收了信息。这里，为了准确把握对自身技术开发战略有利的信息，公司需要通过智能制造（信息加工）单元，进行追加调查，分析输入信息，加工初始信息，进行决策判断，输出新的文字处理文件。这些环节虽然大体相当于英语的情报搜集（intelligence），但仍属信息的范畴。通过智能单元，公司内的研发指导方针、专利战略注意事项等都会转化为文字处理文件格式，作为知识产生价值、发挥作用。

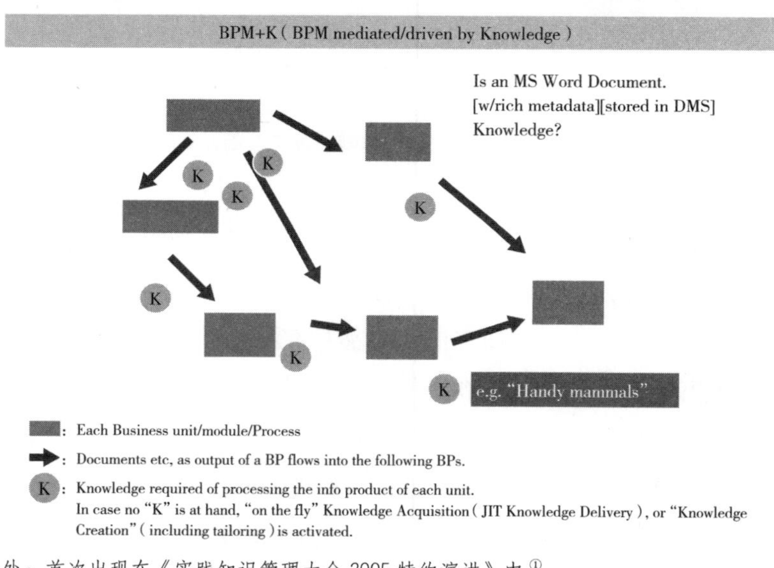

出处：首次出现在《实践知识管理大会 2005 特约演讲》中[①]

图 2–2　多个智能制造单元通过连锁实现智能制造

① 原版书为英文图片，信息不作翻译。以下同。

在相对大型的组织中，很多智能制造单元间会合作加工信息、解决问题。这些单元间的结合处于频繁变化并不断强化的状态。这时，需要我们自己去研究、探索在智能制造中所必需的而以往又不存在的知识。那么怎样才能迅速发掘、理解新知识素材？

目前，能够处理文本、声音、图片等以往的非定性信息，自主检索、分类、概括、变换数据（从图片、图表到文本，以及反向的图表化）的 AI 备受人们的期待。对于人类来说，如果存在这样的 AI，将非常理想。它 365 天 24 小时无休，能大量搜索企业内部营业数据及外部网站上的信息和知识，并对信息加以汇总，按照相关度、重要性等排列顺序，然后使之能半自动化地应用于问题的解决上。

这种 AI 一旦在结构上实现优化，信息处理、知识量、处理速度都将发生巨变。而且很多时候，通过掌握初始数据，精选信息，或者通过交换粗略的信息，业务流程的全貌也会突然发生变化。

但是，人类的信息认知能力和表达能力、信息发送能力不会突然进化或发生容量的剧增。因此需要 AI 配合人的处理能力，需要它代替人类修正疏忽，补充欠缺的信息，酌情处理收集信息。这样的 AI 就是“智能体”。

消费者接触点、企业间、企业内业务流程所追求的实时化

为什么企业和业务流程必须要引入 AI 才能蜕变？其中一个重要原因是消费者受到了社交媒体和企业网站、网页广告媒体的影响，自然对服务型企业产生了新的要求，期待企业做出实时反应。如果消费者接触点实现实时化，相应地，公司内业务流程也需要实时化，否则企业无法满足消费者的期待，提供相应的服务。而且，服务生产中的信息交换、传递模式 B2B 贸易和企业间合作的供应链管理也要相应地做到实时化。

这种趋势不会回落，反而会渗透到高速连接的无线网络社会生活和商业之中，末端具有感应装置的 IoT 机器、智能手机以及 Pad、（网络的“另

一侧”）云中的高性能服务器、智能解析大数据等等这些 AI 软件以及服务在不断进化发展。用户、消费者很快就会适应它们所带来的便利，并且会渐渐觉得理所当然，进而产生更高的期待。即使消费者对企业的要求有些任性，这种趋势也依然不会消退。

从以往以生产者、厂商（制造者、商品和服务的提供者）为中心到如今以消费者、顾客为中心，象征这一视角转移过程的变化有两点。其一，从上层制造者、批发商，即供给者（supplier）的供应链管理到下层消费者、需求方的需求链管理（DCM：Demand Chain Management）。其二，从以往顾客接触点中的客户关系管理（CRM：Customer Relationship Management）到如今以消费者为主导，协调企业、顾客与厂商间交互的营运关系管理（VRM：Vendor Relationship Management）。

VRM 的实现离不开厂商的独立结构，厂商的信息需要准确、公平、公正地传达给消费者。适时地向消费者个人传送定制、专属的信息，需要一种机制，能够规范管理（年龄性别等属性、感兴趣的信息、消费记录、使用社交媒体的情况），防止个人信息泄露。

参与企业必须要共享个人信息的内容和形式，提供商品、服务内容、状态（库存、宣传价格等）的 API（Application Programming Interface）。信息提供方建立数据，产生附加价值，通过智能手机等终端，借助 API，仅凭数行源代码，就能在 15 分钟左右设计出有效利用这些数据信息的应用程序。也就是说，因为实现了应用合作，各种信息共享成本（即 SI：System Integration 不需要夸大的操作）低廉，信息导入迅速，所以在 IT 界迅速导入、立即制作，只保留出色产品，其余全部淘汰是不成文的规定。

2005 年左右，“API 经济”这一概念在美国极为盛行，甚至一度出现这样的说法：“没有 API 的企业相当于无法登录网络的电脑。与没有电话和邮件地址的公司无异。”

从 2004 年开始，AI 研究者，东京大学桥田浩一教授带领团队在实现 VRM 结构从特定的 SNS 向公共基础设施过渡方面付出了很多努力。不论是消费者方面，还是商品、商店方面，不仅要受到库存量的制约，还要做到最优化最及时的匹配，通过高度的算法，在云上逐步完成庞大的计算（远远超过人工能够计算的范围）。可见，人类对于云上AI软件的需求之大。

对实时化要求较高的行业和业务

上文所提到的“向实时化转移”的趋势并不会在所有行业、业务中均衡地发生。根据业务的不同，转移的速度及过渡比也有所不同。

图2–3是法政大学研究生院创新管理研究专业开设以来笔者一直都会用到的讲义。横向是制造业、流通服务业、金融业、公共部门，纵向是公司内部业务，涵盖了从“企划 / 设计”“制造”到底端的“接受订单”“交货”“支付”“维护 / 服务”等各种工作。

制造业象征着实时化，也就是所谓的“从产品到服务的制造、供应”，有意识地改变营业方式和状态的趋势。有一个很有名的例子，一家钻孔机生产销售公司对自己是这样定义的：“我们不制造和销售钻孔机，我们只是向顾客提供高性价比钻孔服务的销售者。”

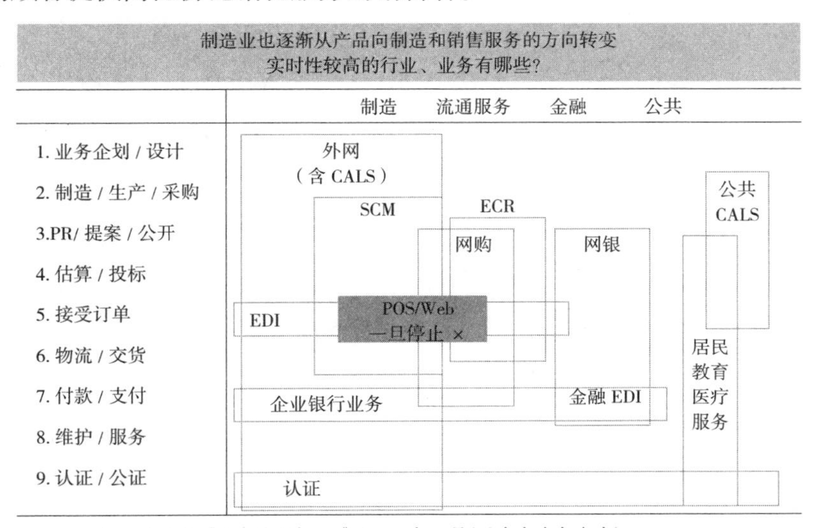

出处：引自 *bit* 杂志的《业务流程与EC》（1999年3月）（内容略有改动）

图2–3 对实时化要求较高的行业、业务

“服务化究竟改变了什么？”对此，笔者认为会产生下述根本性的差异，进而分化，从品质管理到评价，可以看出产品供应发生的变化。

“服务”这一商品的基本特性

就地（最终）生产，就地消费（实时性）

- 生产行为和消费行为不可分割
- 通常，“摸不到”“看不到”
- “无法存储（库存）”“无法搬运”
- 商务流程本身即是商品
- 业务知识管理＝企业知识管理（生产线）
- 具有个性化

可能会有很多人不明白为什么说美容美发服务是“就地生产，就地消费”。其实，这就是实时性本身的特点。服务是在一段时间内发生的行为和过程，与实体商品不同，很多时候“摸不到”“看不到”。并且，通常每种服务体验都无法完全复制，这种情况下，与实体商品相比，很难给出合理的价值（价格）评价。

其次是“无法存储（库存）”，从美容美发、演讲、运输等服务来看就很好理解了。至于“无法搬运”，笔者曾被问到过这样一个问题：“上周我乘飞机从羽田到福冈，难道这不算服务吗？”这当然是一种典型的服务商品，但是，比如某年某月某日飞机从羽田到福冈运送一名乘客，那么这种运输服务商品能带到美国或中国吗？毫无疑问，答案是否定的。所以从这层意义上来看“无法搬运”是成立的。

流程本身即是商品，所以支撑业务结构的“知识”就转化为了服务商品——生产线。在服务业中，知识管理相当于制造工程，知识创造则相当于生产线的全新设计和改良。

服务类商品需要与用户体验一致（当场核算、消费），与实体商品相比，它极富个性，很难做到整齐划一。换言之，服务类商品很难成为生活必需品。所以以往一直作为生活必需品的实体商品，如果苦于价格难以提升，是否可以尝试转型，升级为服务类商品？一般而言，向服务化方向发展，塑造品牌形象，压低成本，或许能够极大地提升利益。而控制劳动力成本，实时提供个性化、有魅力的服务，还是离不开低廉、可以大量复制应用的 AI。

AI 将取代哪些业务？

接受订单过程中利用 AI

这里举一个具体的例子。通过图 2–3 中的“5. 接受订单”过程，让我们来看一下拆分既存的业务流程或者应有的业务流程，引入 AI 重组（重构 =rebundle），能否促进高品质、低成本、高速度的接受订单流程。

还有一个例子供大家参考。表 2–1（过程链“接受订单处理”）是根据 2000 年德国经营工程学权威、萨尔布吕肯大学教授、DFKI 德国人工智能研究所旗下的经济信息学研究所 IWi（Institut für Wirtschaftsinformatik）所长 A.W. 舍尔教授（Prof.Dr.h.c.mult.August–Wilhelm Scheer）建立的 IDS 舍尔（Scheer）所制作的简化“接受订单处理”流程图。

利用软件改善业务流程管理时，人们的很多无意识行为有时看上去就像计算机编程的说明书一样。我们要学会思考“是否受理了顾客的咨询”，严格规定应该联系收集、锁定的数据。估算资源、下一次的成本和交货期，使顾客报价（估算）的业务流程具体化、模式化。包括相关处理（功能）、数据流通模型、相关文件（表格）以及行业要素，很多甚至可以运用 2000 年的 AI 进行夜间批量处理。

如果让机器承担应该由人类负责的工作，那么就相当于已经把责任转交给了 AI，需要 AI 对信息做出实时反应。另外，如果它能够检测声音是否异常，掌握人类的认知能力，完善相关信息、运用深度学习和知识进行推理，那么就相当于真正做到了替代人类。如果某一环节的 AI 无法全部承担表 2–1 中过程链的 1 功能，则可以对流程进行进一步分化，讨论 AI

表 2-1　过程链“接受订单处理”(摘录)

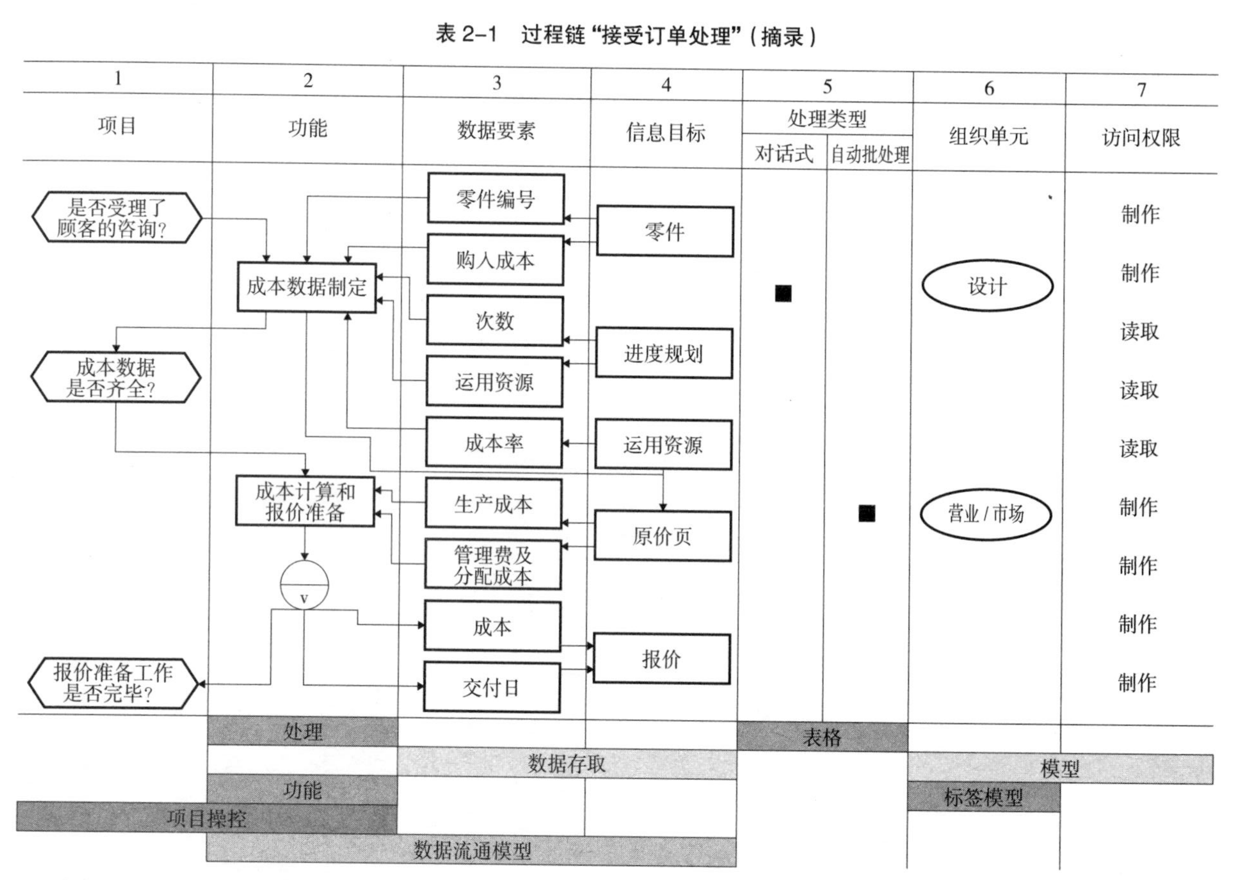

出处：根据 IDS Scheer“接受订单”流程图简略绘制而成

能够承担的部分，或者对于尚不能完全掌握常识的 AI，我们可以稍做妥协，去掉信息模糊的部分后再逐步把任务交接给 AI。

无论选择哪种方式，实现 AI 代替人类的目标还需要考虑下述问题：

· 首先尽量保证过程链模型的精密度。

· 至少达到人类负责这项工作时的水平。（比如同等的处理密度、速度、费用效果比）

· 没有浪费时间，某个事件或功能产生的数据量、处理量的规模没有被破坏。或者能够弥补不足，通过过程链的分时，可以有效利用 AI，改善经济效益。

AI 代替人类工作时的贡献度、整个过程的高效、高速、成本控制效果等很难用数字表现出来。人们常常在估算 AI、市场效果方面格外慎重。

比如，表 2–1 的“3. 数据要素”中如果出现“成本率”“生产成本”“管理费及分配成本”，那么可以考虑让 AI 来承担“2. 功能”的“成本计算和报价准备”部分。而我们则需要分析营业报告，听取营业人员的意见，抓住重点。同时按照以往类似的营业报告、成本等数据变动，分析估算报价和接受订单或丢掉订单的关系。

如果自然语言解析器同时负责营业报告的分析，或许 AI 也能够完成数值数据的对比，分析接受订单 · 丢失订单之间的相关关系。数据量越大，越能显现出机器相较于人类的优势，机器甚至能应对改变数据、进行模拟接受订单概率的实验，完成庞大数据的二次计算。

然而，现在我们能否真正可以把以往营业人员的工作，比如接待顾客、听取意见、接受订单等全权委托给机器？在未来，即便出现了超高水平的机器，笔者认为在这些事情上依然应该由人类去发挥作用。

商务流程中的知识处理：宾馆接待客人的案例

为了便于读者理解，这里举一个比接受订单更贴近生活的例子“宾馆接待客人”来进行说明。

宾馆工作人员往往会针对打来电话的客人的语气、内容、要求、态度，巧妙灵活地介绍自家宾馆，同时核对入住客单价比、折扣优惠券类型等等。近来，在住宿、客运等服务中一物多价的现象屡见不鲜。因此，能够通过计算锁定大客户、稳固收益的“收益管理”软件风靡一时。以入住历史记录、顾客信息为基础，通过计算概率，如果确定长期入住的客人在一段时间内出现的概率较低，宾馆才会受理短期客人。所以，宾馆前台客服通过软件测出“与该客户相比，受理入住时间长的大客户更利于收益”时，就会果断回答顾客：“很抱歉，预订已满”，然后再把顾客介绍到附近的连锁酒店（有时甚至不惜把客人打发到对手宾馆）。

如果“收益管理”软件能够做到读取客人的面部表情，通过人脸识别判断对方是否为回头客，那么或许这款软件也可以被称为 AI。

第 3 章　IoT 与人工智能：合作的扩展

IoT 离不开 AI

人工智能，特别是第三次 AI 热潮的主角——深度学习在大数据的作用下，充分发挥了优势，同时要分析海量的大数据仅凭人类力量非常有限，AI 是不可或缺的工具。二者构成了相互依存的关系。而 IoT 则通过无数对象物中内置的传感器获取大量数据。所以人类从一开始就无法完成大数据的解析，必须要依靠 AI 来实现。

人们所寻求的，并非站在企业的角度实现消费者接触点的实时化，而是在消费者自身的活动中，ICT、信息通信网络的实时化。所以对于没有被 365 天 24 小时密切追踪的普通消费者来说，更希望企业能够通过行动范围内配置的传感器、智能手表等设备，向大众发送低成本的大数据，推荐、提供自己所需的信息和服务。

为此，虽然前文介绍的营运关系管理（VRM）也很重要，但重中之重还是要将身边的一切事物联入网络，自由接受和发送数据。与人类操控计算机相比，互联网将逐渐实现从人向物的延伸，所有物品都将与网络连接，也就是 IoT 时代的来临。

IoT=Internet of Things，直译为“物联网”。以往，连接网络与另一端计算机或人类的是国际互联网。而与之相对的，计算机与计算机，或者说联入互联网的所有机器间的自动整理、发送、分析数据的过程就是 IoT。

IoT 是 1999 年工程师凯文·阿什顿在研究无线射频（RFID）时提出的设想。RFID（无线卷签，又名 IC 标签）作为非接触式的自动识别技术，无需人工操作或可视化读取。可以说凯文·阿什顿极富先见之明，为社会的进步、技术的发展做出了贡献。

RFID 利用长波（LF）、超高频短波（UHF，900MHz）、微波（2.45GHz）在数厘米至数米的范围内实现通讯。既有 0.4 毫米大小的 RFID，也有砂砾大小的芯片，制作成本只需几日元。

它作为一种无形的存在，可以植入到钱包中的 IC 卡、标签、改写卡（可重复擦写）、钥匙链、腕带、洗衣签里，价格从几十日元到 300 日元不等（以订货量为 1000 来计算），可以随时在网上购买。甚至有时我们身边的发条、塑料别针、绑带中也会塞入 RFID。

植入物品中的 RFID，再加上温度（体温）、湿度、振动（脉搏）等传感器就构成了 IoT 的基本元素（参考图 3–2）。

首先是“1. 物体”。IoT 末端是“1. 物体”与“2. 传感器”相结合的产物。所以即使“1. 物体”是手腕等人体的一部分，也应属于 IoT 末端的构成要素。另外，服进体内的药片、人造器官也有可能成为带有 RFID 的 IoT。

虽然通过其他功能也能够接受、发送数据，但在这里，“3. 处理器”的作用依然不可小觑。当然，“4. 通信功能”也是不可或缺的一部分。通常，甚至是半径几米内的中继器、靠近者身上携带的智能设备也会通过每个 IoT 设备（具备 1、2、3）发送少量数据。正如图 3–2 中所示，今后智能机通过能够与以往超级计算机相比肩的强大处理器，将充分发挥处理能力，调节云上的“5. 数据处理”，类似 Apple Watch 与 iPhone 的角色分工。

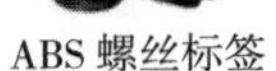

出处：JISSO 有限公司，RFID 标签产品信息 http://www.advanced-jisso.com/product.html

图 3–1　日常生活中的 RFID

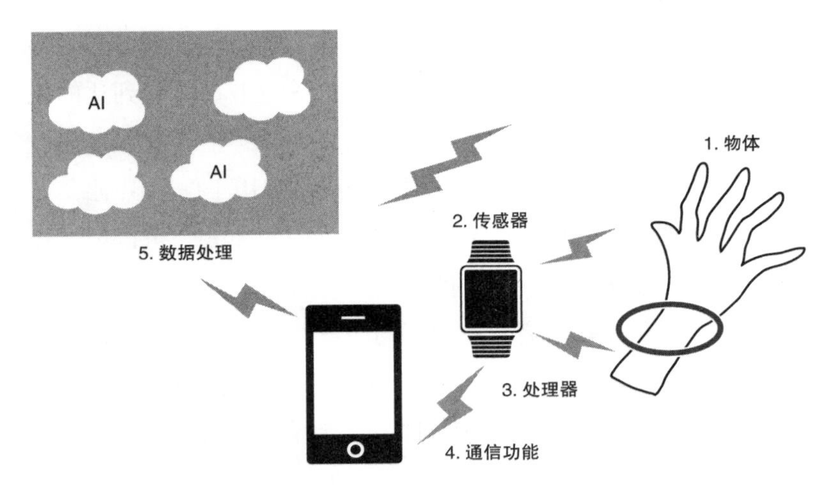

图 3–2　IoT 的构成要素

目前，AI 被应用于云技术中，但至少从处理器的处理能力这点来看，智能设备中搭载 AI 已经成为可能。图 3–2 中只描绘了应用在“5. 数据处理”云技术中的 AI，每个 IoT 设备所输出的数据极为有限，所以目前智能设备还无法直接进行大数据的处理。另一方面，每天存储保管数十人的体温，同时进行数据挖掘、分类和异常检测的功能，以及机器学习、自动分类功能也在向着高速、大容量化的方向发展。

如图 3–3 所示，识别文章（包含声音识别结果）、图片等与数据库处理、数值计算不匹配的非定性数据的名称和数量的识别型 AI 极有可能将逐步应用于智能设备中。因为这样不仅可以减少发送的数据量，还能够分担末端的任务，充分发挥作用。

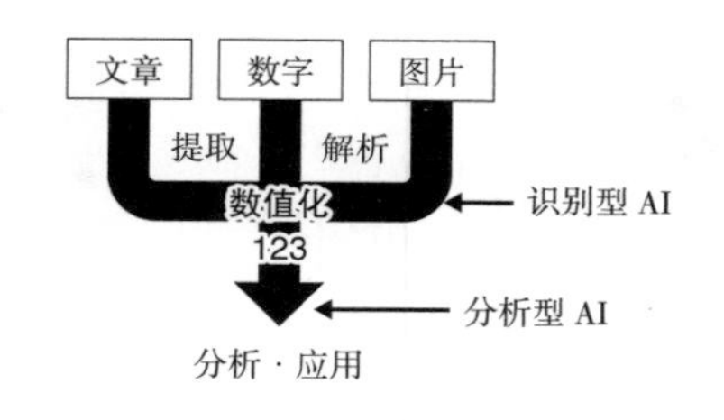

图 3–3　两种类型的 AI

设想无人机、无线装置等 IoT 设备在海底等电波都无法到达的地方发挥作用时，为了更有效、更合理地在 SD 内存卡等容量有限的存储设备中存储数据，要以考虑少存储一些元数据，余出空间用于保存识别结果。

重要的是 IoT 怎样具体地改变生活状态和商业模式。可以说，让这些改变和革新持续、永久地存在下去的支柱——商业模式至关重要。

近年，有一个例子给笔者留下很深的印象。即德国 ERP 厂商对露天酒吧和饭店的生啤消费的实时化监控。调酒师拖动啤酒操纵杆，啤酒从多个注入口流入相接的软管时，啤酒流量以一滴为单位进行测量。通过安装这种传感器，单位时间内的啤酒消费信息，即可传递给 ERP 厂商，从而实现库存补充的实时化，防止断货，以维持啤酒的新鲜度。另外，还能够实现在每天或不同时间段、客户层之间，对比不同种类的啤酒销量，优化采购种类，处理复合数据。

荷兰电子制造商飞利浦的 LED 灯泡（Hue），通过 IoT 功能，可以远程控制开关和亮度、色调。持有智能手机的"主人"在靠近玄关时，电灯会自动亮起；夜晚，当人影出现时（或者是玄关垫下的体重感应器有感应时）也会自动亮起。未来或许能够做到与附近或更远位置的灯泡等其他 IoT 设备自动关联，实现更加有趣的照明体验。

以日本为例，JR 东日本山手线 E231 系列的电车地面配有重量和温度传感器，能够把握车内的复杂状况，向乘客推荐比较空的车次。近二三十年间，智能家电几经沉浮，其 "智能冰箱"是大家津津乐道的产品。如果能够通过网络自动订货，实现送货上门服务，就可以避免食物过期而导致的浪费，既能品尝到新鲜食材，同时还能维持最适库存。

乍一看这或许有些奢侈，但如果和 RFID 一样进行批量生产的话，就能大幅度降低成本。就像思科系统公司所预料的，即使 2020 年 IoT 设备远远超过 500 亿个，达到世界人口总数的 5 倍，计算机仍有几十位数左右的富余内存。与互联网相连、识别终端的 IPv6 的可分配地址数达 2 的 128 次方（约 340 澗个，1 澗相当于 10 的 36 次方）个，超过以往 IPv4（224.209.xxx.xxx.）约 43 亿个。针对地球上所有可见的物体，分配 IP。只要接入网络，理论上就可以计算出地球上所有物体的数量。不光是陆地，包括海面在内，地球表面积每 1 平方厘米就能够分摊约 6670 京个 IP 地址，但因为数量太过庞大，也可以说相当于无穷无尽。

机器融入社会生活

有一种说法，叫做“社会机器”。通常认为 IoT 最初被应用于 SNS、社交媒体之中。物体，特别是复杂程度高且能够自动运作的机器、道具与互联网连接后，人类期望它们能够与自己进行自然、明确、便利的交流和配合。特别是人们习惯了配合新技术而产生的基础设施。所以，自 2010 年开始便出现了这样一种观点，认为人们通过互联网，用于实时化密切沟通的社交媒体应该保持现有状态。甚至提倡可以把那些有人类化外表甚至有名字的机器拟人化，给予“他们”SNS 的 ID。

Salesforce 提供基于云计算技术的先进 CRM 解决方案，以促销、普及 SFA（Sales Force Automation）应用本身为目标，免费提供 Chatter（一种类似 Twitter 的公司内部软件，实时化程度很高的 SNS）。据 Salesforce 的董事长 M·贝尼奥夫透露，丰田汽车的当家人丰田章男提议丰田汽车也应如人类一般，加入到这款软件中。

无需人类联络或操劳，出租车公司每辆轿车的剩余燃料、加速或减速状态都能够自动反馈给每位司机，经理能够优先在实时网络上进行监测。也可以使用搭载具有图片、视频、声音效果等功能的记录仪。

私家爱车甚至可以设置可爱模式："主人，我肚子好饿，可以抽出两分钟，顺路给我加点油吗？同车的 ×××，您正好可以放松一下哦。"今后，能够主动提醒主人在燃料不足的实时短信功能，语音功能也将不断完善，并向社会化媒体、城市基础设施等方向发展。

近来，我们在选购心仪的汽车时，比起以往的购买体验、乘车体验，通过与汽车对话、读取智能资料、观看影像等方式，可以在购买前更好地了解产品。笔者认为，未来随着智能化不断发展，甚至爱车能够做到抱怨主人不好的驾驶习惯也并非痴人说梦。

未来，汽车还有可能具有人类的意识，能够自动驾驶。艾萨克·阿西莫夫的科幻小说《日暮》就是描写汽车退休后在"养老院"的生活。机器被赋予了人格，不仅能做到与人类对话、与机器对话，甚至人类也可以加入进来，共同讨论问题，进行社会活动。

如果按照这样的设定，分别乘坐多辆私家车，通过车与车之间交流最新的情况和路面信息，互相监测，从而避免交通拥挤和弄错方向，按时到达目的地，未尝不是一件好事。其实不仅是无人驾驶汽车，这项功能也同样适用于其他汽车。所以，笔者希望这项功能能够被不断推广，这样就会有更多的驾驶员可以因此受益。

第 4 章　数据解析改变企业经营

何为“分析”？

如果有人提出：“大数据究竟指的是多大数量以上的数据？”我会说：“没有明确的界定。但如果通过以往数据库和 excel 等 IT 软件，人类依然无法完成分析，且未处理的数据量和比率持续增长，那么在这样的情况下，就可称之为大数据。”

但是这一回答本身暗示着在充分利用大数据解析中，不得不用机器代替以往人类的分析。即离不开 AI 型的软件，因此，可以说在有效利用大数据的过程中，AI 扮演着至关重要的角色。很少使用“AI”一词的 IBM 等公司，直接把企业内部大数据解析称为“分析”（Analytics）。

根据 Tech Target 网站，英语中关于 Data Analytics（DA）的定义如下：

“Data analytics (DA) is the science of examining raw data with the purpose of drawing conclusions about that information.” (http://searchdatamanagement.techtarget.com/definition/data-analytics)

译文：“数据分析（DA）是检查原始数据的科学，目的是得出关于该信息的结论。”

看似相同的数据挖掘，以发现数据间的相关关系和模型为目标，而“分析”则侧重数据的推理，为达到某个目的，从多项可选择的代替方法中确定一项。可以说，“分析”超越了单纯的模型识别，更加 AI 化。

另外，虽然“分析”可以被译为“analytics”，但在日语中却存在两种译法，即“解析”和“分析”。本书中，“解析”原则上指的是机器的运作，“分析”则用于人类的作业。如果将来 AI 能够复制人类大脑，具有人格，代替人类从事生产劳动，那么或许则可以称之为“分析”。

重点是“非数据化的对象”

企业不能随意把 AI 应用在一切业务之中，必须要认清与数据有关的显在和潜在的不足与瓶颈。

过去，零售业常规收银机只能处理简单收银、发票、结账等销售作业，得到的管理信息也极为有限，仅限于销售总金额和部门销售基本情况。后来 POS 系统出现了，不但能够准确及时地汇总销路信息，还能够优化库存，保证商品新鲜程度，提高利润率。通过积分卡，还能够准确把握每位消费者的购买记录，比如在哪一天的几点购买了什么商品。进而根据具体的数据，把握销售趋势（或者说是“规律”），甚至可以预测之后的销售情况。

任何企业都离不开以接受订单、交货、决算为主的经营活动，而在每一活动环节中都会产生数据。即使以前依靠人工记录或大脑记忆来进行经营活动，潜在层面依然存在着数据。

这里需要再次提到第 2 章的“图 2-3 对实时化要求较高的行业、业务”。在企划 / 设计、制造 / 采购、广告 / 宣传、估算、接受订单、物流 / 交货、决算、维修 / 服务等各个阶段，都需要调整、加工不同类型的顾客和数据。

在不同行业、不同营业方式中，哪个阶段对实时化的要求较高？如果弄清了这一问题，或许在某种程度上就可以预测今后应该如何导入 AI 型的软件、导入到哪些领域（也包括只有尝试后才领悟的问题）。

另外，只要我们肯花时间，静下心来，解析数据量，大数据解析工具也就变得没有那么重要。但是，如果距数据解析的截止时间不足十分之一或百分之一，又必须要及时得出结果时，则离不开大数据解析工具。所以是否需要导入大数据解析工具的关键在于下一次业务环节、会谈或活动中规定的时间限期。正如 80–20 法则，在相同时间内，如果来不及计算、解析所有数据，有时也可以减少处理数据的种类。但是需要保障准确度和费用效果比，导入合适的处理方法（看似无用的数据追加有时也会产生意想不到的利益）。

在数据大量膨胀、愈加廉价的今天，或许我们更需要思考“哪些不用转换成数据”。这在旅游业、航空、酒店经营领域的电子数据交换 EDI（Electronic Data Interchange）中至关重要。石原直氏（历任东京大仓饭店信息部门、新潟大仓、芝公园酒店的总经理。原 IBM 用户组负责人）曾直言从顾客、住宿设施、贸易等信息中，准确判断哪些不用数据化极为重要。（2001 年度立教大学观光研究所的讲义）

当时的主要目标是降低高价的 IT 基础设施、系统开发费用，抑制成本的过快增长。在大数据时代，要在解析中避免错误的结论（在偶然出现的数字中赋予意义），必须要明白“哪些不用转换成数据”，准确判断解析对象。当然，目前越是无法依靠超级计算机解决，数据组合以及计算量越有可能骤然增加，所以我们不能无视限制成本的重要性。

怎样收集顾客的意见：在非定形数据分析中充分利用 AI

这里，以企业运用 AI 软件分析非定形数据为例，对“顾客的意见”（VoC：Voice of Customer）进行说明。为了做到定量分析、定性发现，一家公司利用数字化 VoC，在软件上投入了大量研发。这里指的就是 Metadata Incorporated 2015 年推出的“VoC 智能分析服务器”（2016 年 4 月版本升级为“AI 定位图”）。这款软件的受众不是分析专家，它是专为出色的一线业务员设计的。那么其具体作用究竟有多大？业务员通过这款软件，可以轻松分析、改善业务流程中潜在或显在的问题，获得大量知识以及定量分析结果，甚至能够影响经营决策。

图 4-1 是运用 VoC 智能分析服务器进行解析、读取的数据。调查对象是 6 家公司的派遣员工。对于派遣公司而言，派遣员工不是正式员工，更像是顾客或商品。他们的意见可以反映出顾客（VoC）与从业人员（VoE：Voice of Employee）的心声。调查问卷中派遣员工的回答少则仅仅 1 行，多则数百字。

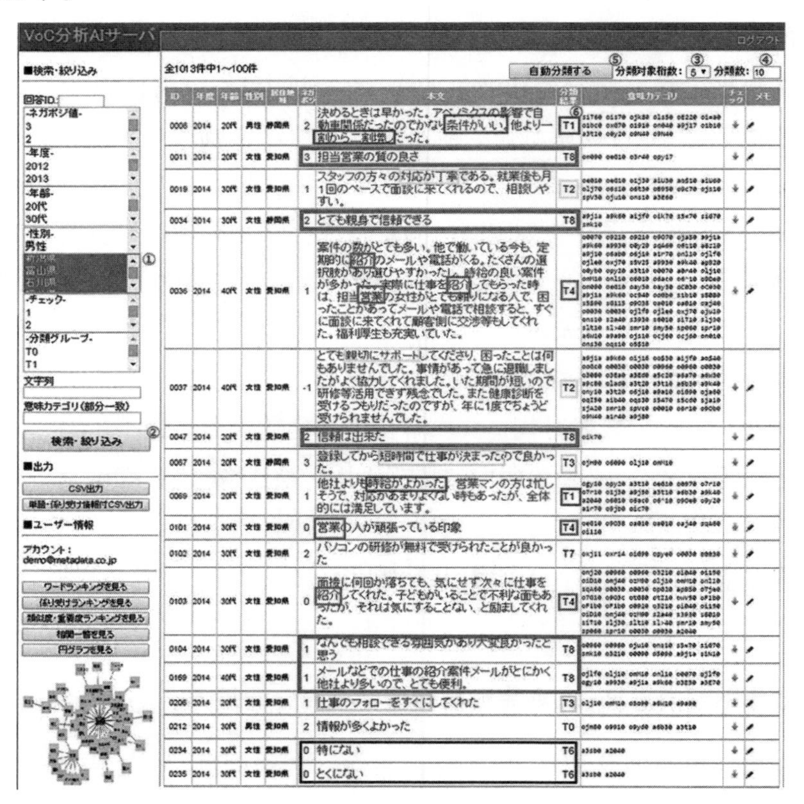

出处：Metadata Incorporated

图 4-1　VoC 智能分析服务器的主要画面：通过自动抽样的语义范畴自动分类文件

以 –3、–2、–1、0、1、2、3 表示 7 种积极程度，是对调查对象的意见反馈的评判（自动判定分为三种类型“轻微”“一般”“非常”）。语义范畴（语义分类编码）、调查对象的基本情况、选项、年月日、地点都能够在表格中看到。此外，左栏还备注了选择范围。

全自动解析、汇总意见反馈：人类专注于高级分析

“VoC 智能分析服务器”的最大特点在于能够充分利用机器学习和语义分层，自动进行文本分类。5 层、约 1 万种语义范畴是由解析结果和单词构成的。这些语义范畴是 20 多年前第二次人工智能热潮时，以知识库开发形成的成果为基础，独立组成的编码，也是一种人脑中的概念分类。

目前，虽然深度学习（2014 年的 Word2Vec 等）能够自动找出语义相近的单词，并已被广泛应用。但想要达到人类的水平（即自主掌握知识常识）还需要经历漫长的等待。所以笔者认为，目前人类可以以这些意见反馈（其中每个具体数值即为语义范畴）为素材，进行学习、分类、提要。通过 VoC 智能分析服务器，实现机器学习自主分类。

例如，“信赖”一词的语义范畴是 oik70，进一步分层划分的话，即可转换为“人的活动”→“精神作用”→“心理反应”→“信赖 / 谢意 / 敬意”。单击“1”“2”，分层识别能够涵盖中部地区 1013 名调查对象的所有答案，自动分类 T0—T9 中间涵盖的 10 种类别，再依次点击“3”“4”“5”选项，即可出现“6”以下的“分类结果”。

从语义范畴来看，与“信赖”一词相近的回答有很多，共有 5 条回答的分类结果都为 T8。T8 大多是关于工作人员值得信赖的回答。同理，T4 大多是工作人员认真为自己介绍工作，T1 是薪资高，T2 是工作人员的态度和对自己的帮助，T3 则是工作效率高。

即使说法不太一样，只要语义相近，就可以归为一类。所以这种分类方式与前文提到过的传统方式并不相同。

机器学习智体把调查对象的回答划分为 T0—T9，共 10 种类型。反复

进行评定、检测、分析，一步步完善初期的分类，然后输出分类结果，抽取排名前十位的回答作为样本。

而在开发过程中，特别是在改进语义范畴时，需要利用各种人工智能技术，配合调整与采集。在不久的未来，希望我们可以不再依靠“弱 AI”，而是利用全自动的人工智能，比如利用深度学习，解析大数据，使智体成为人类的搭档，它可以自主学习近似语和反义词、关联语等，人类需要做的只是检测。这样，机器和人类才能实现相互配合，形成最强的知识系统，提高工作效率。

人类和机器相互配合短时间内绘制定位图

目前（2016 年）在自然语言解释方面依然存在很多问题。讽刺、反语自不必说，机器尚不能根据字里行间省略的背景知识、复杂的文脉分析说话意图，这些高度的语言解释依然需要依靠人类完成。而有一些微妙的表达有时对于人类来说也并不简单。在上文中提到的派遣公司的例子中，A、B、C、D、E、F 6 家公司共计 1 万名员工，我们怎样以事实数据为基础，高效地正确解析各公司间的差异和竞争下的定位？

分析内外因，准确把握表示自家公司强项和弱项的 SWOT（Strengths、Weaknesses、Opportunities、Threats）分析表，绘制两条重要的评价轴（分别为 X、Y 轴），从而完成定位图。定位图在竞争战略中是一项极为重要的经营工具。如果算上 SWOT 中没有提及的评价轴，定位所需的分析轴甚至有可能多达数百条以上。因此，不同轴线的组合可能得出数万、数十万个不同的图表。

要想把这些错综复杂的数据全部转换为同等精度的数值极为困难，目前也无法完成全自动解析。即使通过定位图找出了尚不存在竞争的空白地带（即所谓的蓝海），也很难取得有效的数据，并且风险极高。

解析数亿、数兆，甚至更多的数据需要耗费大量的时间。所以学会打开思维，利用多年的工作经验进行分类筛选至关重要。

运用“VoC 智能分析服务器”，关注 VoC 积极度的分布，参考积极度的元数据，反复进行定性分析和定量分析，再通过进一步筛选出的相关数据，确定坐标轴之间是否相互独立。这样，绘制定位图时就可以得到准确的 X 轴和 Y 轴。

定性分析具有明显的效果，这里笔者试举一件轶事对此进行说明。比如，通过推特等公开的 SNS，调查分析大规模零售店铺的消费者意见时，有时会看到这样一条动态——“至少在过生日的时候应该带我去 ×× 逛街嘛”。在读过数万条发牢骚的动态后，通过锁定语义范畴，检索近似语，即可从数十条内容中轻松找到目标内容。动态的字里行间透露出数十万普通消费者对品牌的印象。

我们很难把上述这些工作全部委托给机器。但是，通过熟练操作上文提到的软件，可以极大地提升工作速度和准确率。这样，人类与机器就形成了完美的组合。

上文提到的 1 万名派遣员工，每个人的要求都有所不同。既有极为重视经济条件的人，也有喜欢即使薪资不高但工作氛围好的公司的人，还有既要求高薪又注重企业氛围的人等等。图 4–2 中，我们用 X 轴表示时薪，Y 轴表示福利待遇，分析回答内容本身的积极度，这样可以反映出很多隐性问题。很多派遣员工懂得权衡各种条件，从而做出有利于自己的选择。也只有在各个方面做到位，公司才能够集结更多出色的员工，提升自己的竞争力。因此，在薪资、工作氛围当中有一点评价不错或两点都做得不到位的公司需要不断努力，改善经营方式。

究竟怎样绘制这样的定位图呢？其实方法很简单。在一万条回复中，谈到薪资的占 7%，福利待遇占 4.8%，两者都涉及的有十余条。首先，根据时薪或福利待遇的评价结果来判断积极度（–3—3）。因为内容不多，只需几分钟或者最多半天时间即可完成。如图 4–3 所示，按步骤进行操作，即可完成一份完整的图表。

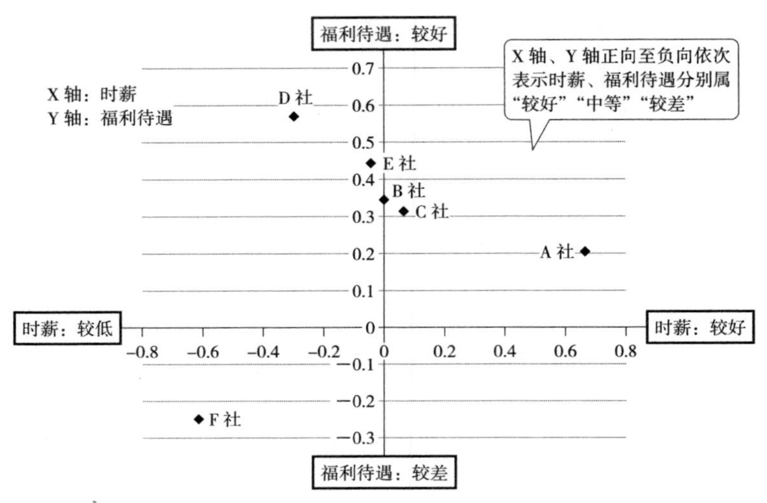

出处：Metadata Incorporated

图 4–2　定位图

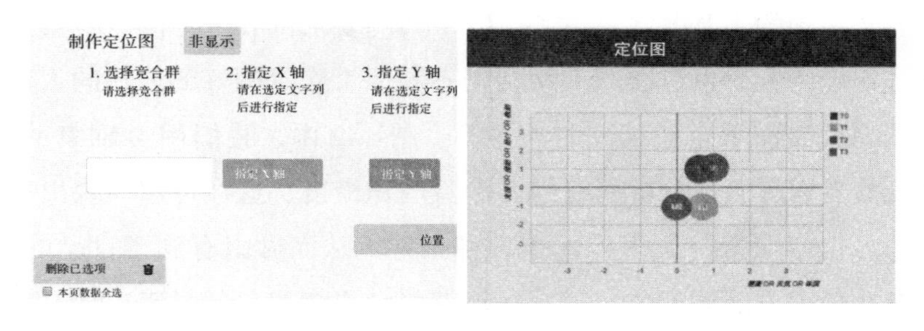

出处：Metadata Incorporated

图 4–3　GUI 操作绘制的定位图

我们往往需要依赖企业顾问的分析，根据辛苦得来的少量数值数据和结果，绘制定位图。而今，无需投入过多的人力，电脑即可自动解析元声 VoC（超过以往千倍）。与以往相比，成本可以削减十倍甚至百倍（每个季度都在变化）。2016 年改版后，在“AI 定位图”的试验中，最快 60 秒内即可实现定位图绘制的视频通过 YouTube 得以公开。因为定位图是在基于事实的基础上完成的，能够避免个人的独断或偏颇，所以精确度非常高，可以反映出很多信息。

在其他功能的画面中还包括单词排序、修饰短语排名、扇形图、热图、堆积柱形图、气泡图、散点图等。值得一提的是，定位图还具有与日本国内 Just Systems 公司在 1990 年末推出的横扫帮助台（Help Desk）、FAQ 检索系统市场的“ConceptBase”同等的相关检索功能。

通过定性分析得到的词语真的是独一无二吗？是否还存在类似的表达？其实只需数秒钟，从上至下，即可算出数据库中所有内容的近似度，并进行排序。如果发现近似的表达，并且重要度相同，那么通过在近似检索中进行进一步追加，近似内容的排名便会逐步上升。如果搜索的内容较短且缺乏新意，那么依然可以通过追加检索的方法，自动分类整理。

近似检索与以往的关键词检索是两种完全不同的搜索形式。即使输入内容有数十行，只要整体具有连贯性，数据库中的词语出现频率与带有叙述特征的罕见词语相乘（结果表示词语的关键度），在多维数值的矢量空间（语义区自不必说）中构思分析，根据矢量的近似性（朝向箭头相近的方向），也能够轻松检索、判断。所以，近似检索是一种能够自动分析较长文本中的词语，检索内容，判定不同内容间的相似度的结构。同时，它还具有根据对话记录自动总结的功能。

问：“但是近似检索和普通检索的使用方法有什么不同吗？”答：“近似检索不是通过关键词来进行检索，而是能够检索关键词。”有这样一个真实的故事：一家饭店的老板猝死，多亏一位店内老营业员的建议，新任饭店负责人才能够顺利接手，供货商也没有解约。其实，老店员的建议就是在这种情况下，收集数十份包含守夜、告别仪式、悼念等词语的营业日报。报告中不一定全部涵盖这些词汇，但通过近似检索功能，几乎可以网罗到所有类似状况下的营业日报表。即使自己想要的关键词没有包含在内，还可自动反馈并进一步收集信息，记录类似状况的日报也会通过智体自动排序。这样，短时间内就可以迅速浏览排行前 50 位的内容，找到关键词。

IBM 公司的“分析学”

接触顾客

诊断、预测最近的销路，“对症下药”，以数值数据的统计分析为主的“分析学（分析）”至关重要。分析作为前文提到的承担知识生产（信息加工）单元任务的一种手段，并没有想象中的抽象，我们甚至可以把它具体化。例如，*Analytics Across the Enterprise: How IBM Realizes Business Value from Big Data and Analytics*（日版译为《IBM 的法宝——分析学：大数据的 31 种实践》，校译：山田敦，日经 BP 出版社，2014 年）一书中，第 6、9、10 章的标题分别为接触顾客、如何优化销售业绩、提供卓越的服务。这三个章节的子目录具体如下：

第 6 章 接触顾客

投入的方向性：接触客户与利用强化相关性的分析

商务课题：提供特殊顾客经验的数据基础与分析能力的构筑

商务课题：市场营销活动效果的实时化评价（业绩管理）

商务课题：市场营销政策与业绩的因果关系证明

商务课题：从 Twitter 中获取影响 IBM 数码战略的办法

经验

20 多年前，IBM 改变了 B2B 商业模式，从制造业转移到以咨询为中心业务，因此，对法人的营销也逐渐演变为第 6 章的对象业务。书中通过很多事例，向读者展示了加强与顾客的关联性，需要利用最新的分析技术，包括数码营销中的行为分析，自家公司员工的反应分析，充分利用社会化媒体，每天或每隔数小时进行汇总，从而实现实时化业绩评价等内容。一直以来很多人会问道“为什么业绩要与定量评价相结合？应该以什么样的方式结合”。其实 IT 行业更偏向于启发。通过具有代表性的社会化媒体——Twitter，把握问题的全貌和方向性，找到解决问题的方法，定性分析。这也是第 6 章的主要内容。

思考服务质量评价

IT 界首次提到“服务科学”一词大概是在 1990 年。实际上，早在 20 世纪七八十年代，国外“零售行业学会”的学术杂志 *Journal of Retailing* 等学术书中就已经详细提到过关于“服务科学”的内容。市场营销本身也是一种服务，但在进行评价时，与实体商品不同，需要考虑各种服务共通的“评价”原理。

如图 4-4“服务质量评价 SERVQUAL 法”所示，最大的特点在于通过判定预先的期待值和内容超过还是低于实际的服务体验，可以得到合适的杠杆率评价。对于服务的前期期待由下述因素构成。

· 服务内容的特征（详情、功能介绍）
· 个人需求（出于……原因，在这项服务上期待……）
· 小道消息、与服务提供者的沟通（参考社会化媒体体验者的记录）

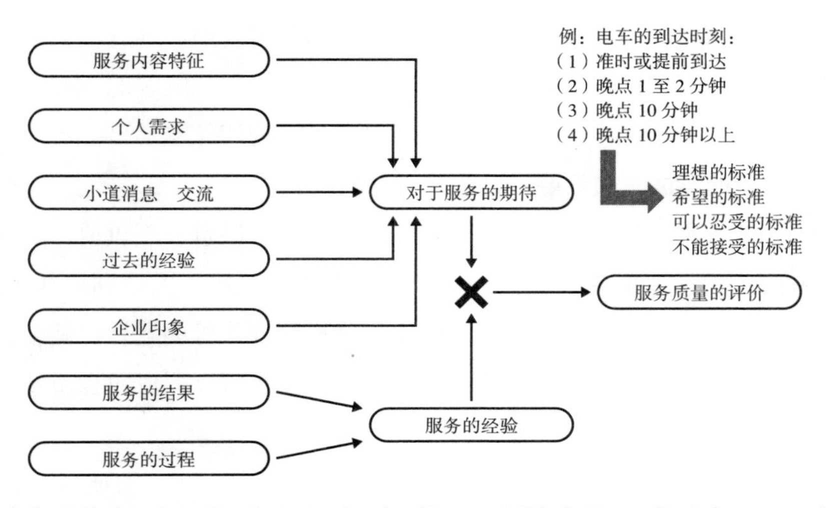

出处：M.Christopher, The Customer Service Planner, 1993. Butterworth-Helnemann, p.68

图 4-4　服务质量评价 SERVQUAL 法

· 自己在以往类似服务上的经历（氛围和菜单都比较相似的店、参加线上活动时的体验）

· 企业印象（品牌印象）

以及本次服务的真实感受，

· 服务结果（获得的变化和满足度）

· 服务过程（不论结果怎样，过程是否快乐）

由这两项因素来决定。

例如，即使是对于同一首都圈的铁道服务，不同国家、籍贯的乘客，对到达时刻的要求也会不同。（1）99.9% 的人认为应该准时到达；（2）晚点 1 至 2 分钟可以理解；（3）晚点 10 分钟左右正常；（4）偶尔也会遇到晚点 10 分钟以上的情况，有时事先会在网上查询工作地上班时间的道路状况，知道该路段交通事故或晚点频发就会有心理准备。如果没有事先了解这些顾客对时间的看法，一概而论，算出调查问卷中回答选项的平均分就变得毫无意义。饭馆的 5 级评价标准也是如此。每位顾客的标准、要求不同，甚至数值的标准也完全不同，所以测量平均值并非易事。可以说分析调查对象的看法至关重要，也非常有价值。

关于评价服务体验的调查问卷，结果是否令人满意并不重要，过程本身或者问题的设置能否调动调查对象的兴趣才是关键。如果利用 AI 分析软件来分析这些答案，那么为什么会出现这样的评价等问题，也就变得迎刃而解了。通过原因的定量分析、定性分析，逐步可以形成包含市场营销策略在内的改善具体服务的方法。

怎样提升销售业绩

《IBM 的法宝——分析学：大数据的 31 种实践》的第 9 章是关于销售

业绩扩大的内容，即怎样才能提升销售业绩。

第 9 章 如何提升销售业绩
努力的方向性：通过分析达到销售业绩的最优化
商务课题：实现收益最大化的营业员最佳配置
商务课题：最佳商业版图规划
商务课题：对顾客营业投资的最佳分配
线上交易
商务课题：实现横跨企业的高效化
经验

承接第 6 章的市场营销，第 9 章的主要内容是实际经营以及以顾客为中心的商业策略。向读者介绍了通过从 CRM（Customer Relationship Management）演化而来的顾客管理工具群，能够细致分析顾客，构筑资源分配的框架。另外，通过数据分析，还能够优化服务、汇集公司内部的资源。

即使是计算速度高达每秒 1 京的超级计算机，仍需要花费 1000 万年才能计算出一名销售员以最短时间经过 30 个地点的路线。所以测定销售员的最佳行走路线绝非易事。图 4–5 是一名销售员的巡回图。或许在未来，我们可以通过操作方便的量子计算机进行计算，但这依然是一个漫长的过程。

自线上交易、EC（电商）诞生以来，整个世界似乎都在向数码化方向发展，分析学也变得愈加重要。在日本，谈到分析学，谷歌分析依然是主流。

当然，电子杂志中的商品推荐软文怎样才能打动消费者，谷歌广告服务（Adswords）等搜索引擎广告的点击率、广告的效果检测，很多情况下都要依赖于自然语言解析器。

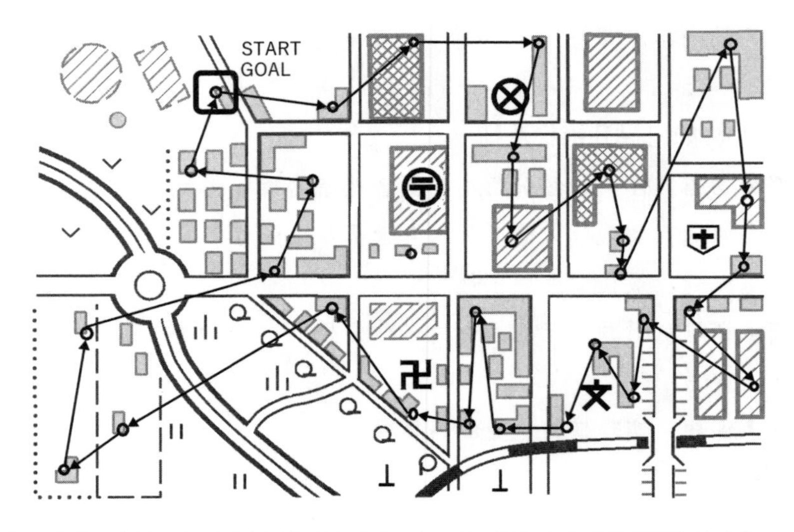

出处：根据日本国土地理院官网主页上下载、加工的 25000 例电子地图所绘制而成

图 4–5　销售员的巡回图

与以往的广告撰稿员不同，如今的写手每天甚至需要完成数百份吸引读者眼球的广告文案。所以，从 VoC，即顾客、消费者自身的语言中寻找新的发现，或许会容易一些。

而广告设计还离不开富有创造性的图片。一项调查报告曾显示，70% 点击广告的人，其实并没有仔细阅读文字本身，点击的原因往往只是受到图片的吸引。所以今后，能够识别、分类、合成图片的 AI 或许会在广告中大展身手。

提供卓越的服务

《IBM 的法宝——分析学：大数据的 31 种实践》的第 10 章是关于如何提供卓越服务。具体内容将在本书的第 II 部展开。这里，我们主要探讨怎样分析一般情况下，提供服务或商品所需要的业务流程。

第 10 章　提供卓越的服务

努力的方向性：服务中的分析学

商务课题：开发新贸易（把握重要的前景）

商务课题：预测合同风险

商务课题：提升员工工作效率

商务课题：尽早把握问题本质（项目利润的预测）

经验

该书第10章围绕开发新兴服务，改善既存服务展开论述。调入日本IBM商业咨询部门（全资子公司）东京基础研究所的精英人员丸山宏长期致力于创造力和临场问题意识的研究。从做硬件转变以咨询为中心业务的IBM集团需要密切关注用户，发掘全新的贸易课题，与客户共同思考、按照重要性依次解决问题，开发融合技术与人类大脑的打包服务。面对前人尚未解决的问题，往往存在很大的风险，极有可能无法达到预期的效果。因此需要事先参考、分析大量以往事例，并预测是否能如期签约、接受订货。另外，如果产生新的问题，为了尽快判断，以低成本迅速解决，需要分析以往的数据，群策群力。

说到创造卓越的新兴服务，也许很多人会觉得与自己毫不相干。但是，真理往往诞生于细微之处，新的课题是发明的摇篮。即使对于诺贝尔奖得主，这个道理依然适用。他们需要经历数十年的磨练与无数次实验，才有可能“偶然”得到重大发现或独创发明。说道“偶然”，笔者经常会想到诺贝尔物理学奖获得者威廉·萧克利（当时AT&T贝尔实验室）的事迹，他曾谈到：晶体管是从极为细致的研究计划中偶然诞生的产物。这句话也说明新的想法绝非来源于一时兴起。

洛夫洛克分类有助于更好地理解服务

把握各种类型的服务，需要以服务为对象，根据服务活动能否看到、摸到，分成两种类型，从而探讨克里斯托弗·H. 洛夫洛克的分类（参考图4–6）。2002年，笔者担任法政大学研究生院创新管理研究科的客座教授时，通过 IT 行业学会和媒体了解到“服务科学”一词，查阅了大量海外文献，并进行了深入考察。

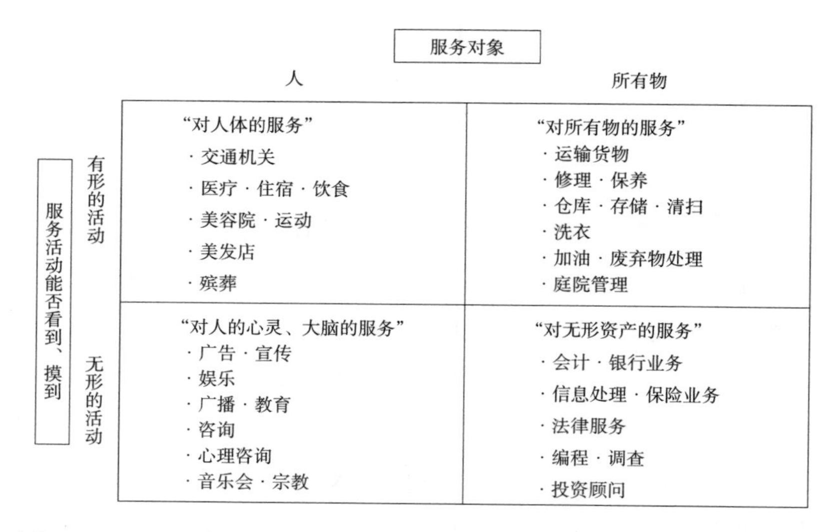

出处：Lovelock,C.H.,Service Marketing,Prentice-Hall,1996,p29

图 4-6　洛夫洛克的服务分类

从目前趋势来看，人工的有形服务与抽象的数码数值数据所带来的服务相比，不利于分析学的引入。也就是说，分析学比较容易应用在无形的、看不见的服务中。说到洛夫洛克的服务分类，大致包括会计、银行业务、信息处理、保险业务、法律服务、编程、调查、投资顾问等领域。其中大多可以通过数字进行衡量评价。（虽然编程这种高度的艺术有时难以进行数值评价）

通过识别型 AI，以及在其他带有温度的服务和流通 · 运输中配置 IoT 传感器，自然语言和图片、视频也能够作为分析的对象。

在与人相关的服务中，通过深度学习，分析、分类自然语言和服务实施过程中的图片，IoT 等无形的服务会逐步变得更容易处理，可以转化为分析的对象。这里，我们再次回顾一下第 3 章中曾出现的利用 AI 构图（图

3-3)。根据通过识别型 AI 的图片和声音，或者 IoT 传感器产生的原始数据展现出的服务状况、输出数据，在统计处理、机器学习算法方面，分析型 AI 甚至可以逐步完成自动分类、解析、发掘规律。这样，以往洛夫洛克的分类中难以作为分析对象的服务类型，通过第三次 AI 热潮诞生的 AI 工具群，也能够逐渐成为分析的对象。

是否还需要数据科学家？

这里有两个与分析学相关的问题值得我们注意。其一是数据科学家存在的意义，其二则是人类和机器都难以应对的难题。

或许是近些年大家都太过关注第三次 AI 热潮，最近似乎又出现了像笔者这样主张不忘第二次人工智能热潮、不断反思的温故而知新派。第二次热潮的理论支柱是“知识工程学”。自从斯坦福大学的 E·A 费根鲍姆教授提出“知识中蕴藏着力量（Knowledge is the power）”以来，经营领域就掀起了一股知识管理热潮，同时，在人工智能领域，使特定领域的专业知识、解决问题的方法体系化，并用计算机来进行推论的专家系统备受欢迎。

由此，知识工程师需要承担把人脑的知识转移到机器中的任务，以代替或协助实际业务的负责人。虽然与他们相比，知识工程师有时看起来好像门外汉，但依然不可否认知识工程师才是整理、分析知识和数据的专家。所以很多人认为不论以前知识工程师这份工作多么受欢迎，这股热潮终究会退去。数据科学家这一职业的前景究竟如何，或许只能由未来证明。

由斯坦福大学肖特利弗研制的人工智能 MYCIN 是一种帮助医生对住院的血液感染患者进行诊断和选用抗生素类药物进行治疗的专家系统。他不仅使 MYCIN 具备了专家医师的水平和诊断能力，同时自己也在不断学习血液感染等专业知识的过程中对医学产生了极大的兴趣，以致后来从工学转到了医学专业。如果说肖特利弗是典型的知识工程师，那么也由此可以看出只有极少数知识渊博的人才能成为真正的知识工程师。也有人认为机器能够做到 365 天 24 小时无休止的工作，复制人类的知识和诊断能力，所以或许社会也无需太多的知识工程师。

这里，让我们一起来回顾一下知识管理的先行者托马斯·达文波特博士曾提到的数据科学家的资质。他认为数据科学家是一种高水平高资质的职业，世界上只有为数不多的几人才有资格担当。最近有很多关于大数据、分析学的书中也提到了数据·科学家的资质问题。出于方便，我们不妨直接从日本经济新闻大数据网上查看一下。下文引自《来自 SAS 的一份报告——2014.04.08 展现大数据人才，数据科学家的真实面貌》(http://business.nikkeibp.co.jp/article/bigdata/20140325/261719/)。

数据科学家需要掌握的技能有哪些？达文波特博士认为可以大体分为技术、业务、分析、人际关系四个方面。

技术指的是个人的计算机能力，从开发处理大容量数据的系统环境到处理数据的程序设计，对技术水平的要求非常高。

除了数据处理能力，还需要善于经营，并且准确判断行业趋势。经营能力和分析能力实际上类似于业务分析。

最后是人际交往能力。谈到以往的业务分析，人际关系隶属于经营能力之中。如今分离出来，也有其独特的意义。经营能力主要是与决策者的沟通，而数据科学家更多时候还需要与产品经理、企划负责人、服务中心主任、团队成员、顾客等形形色色的人进行沟通，因此人际交往能力也非常重要。

但是，实际上具备这四方面能力的人才少之又少。因此很多企业都会组建自己的数据科学家团队。比如 GE（美国通用电气公司）就拥有 400 位数据科学家，分属不同的团队，进行各种领域的分析。

的确，现实生活中兼具上述四方面能力的人才并不多见。人际关系、社交能力、灵活运用各种解析工具的能力、洞察力、分析力、善于发现问题的能力，甚至连 AI 型软件都不具备的能力，全部是一位合格的数据科学家的基本素养。对于职业数据科学家来说，仅凭职业培训学到的技术和一些特定软件的操作方法、统计数据的分析方法远远不够。

企业如何选择数据科学家？个人会计软件 Intuit 公司的数据科学团队负责人是一位天文物理学博士。他表示自己想要的是“能够通过 Java 等主流程序设计语言进行原型开发，同时擅长数学、统计学、概率、计算机科学的人才”。甚至还需要“具有灵敏的商业嗅觉，能够迅速捕捉客户的需求”。

但是具备所有能力的人几乎不存在。而且目前能够培养数据科学家的学术机构又寥寥无几。即便存在，又有多少学生能够达到入学标准？

数据科学家的要求太高，恐怕除了达文波特博士这样的全才再无他人能够达到标准。所以笔者认为，数据科学家这种高端的技术性职业在业务方面可以不用做过多的硬性要求，能否开发出省时省力的 AI 型应用软件才是关键。这样一来，在经营判断、业务拓展中或许能够更加灵活地运用知识，高效地完成业务分析。最初可以借助开发 AI 型应用软件的经销商和代理商，之后逐步接替分析结果，分析技巧，优化软件。

数据干扰处理依然是一项重大课题

这里，让我们一起来回顾一下在业务分析领域中人类与机器都不擅长的难题。

比如，对于 OCR 光学字符识别来说，如何除错或利用辅助信息提高识别正确率非常关键。使用电子设备检查纸上打印的字符时，细微的错误在所难免。以“ソフトパンク”为例如果系统能够自动识别并及时处理，转换为“ソフトバンク”，这就是通过“知识处理”自动恢复的过程。但是数据太过庞大，自动处理绝非易事，需要花费大量的时间。而要想全自动假名汉字转换系统的精确度达到 100% 也不是一蹴而就的。

假名汉字转换系统确实在一定程度上改善了用户界面，精确度也满足了大多数人的要求，所以笔者一度怀疑系统开发是否会因此而停滞不前。但是最近谷歌等公司推出的最新大数据变换共享系统，通过充分利用云词典，在技术上取得了一定的进步。实际上，早在 20 多年前，NEC（日本电气股份有限公司）推出过在假名汉字转换系统的用户界面中带有自动翻译功能的产品，相信今后随着自然语言知识的共享和代理商的助力，数据变换共享系统会更加完善，甚至有可能实现与人自动交流。

但在神经元网络中进行训练和学习时，难免会出现干扰处理等难题。这时，或许可以尝试诸如合并多重程序设计，逐步提升精确度等方法。

下一章会涉及 CNN（Convolutional Neural Net：卷积神经网络）。在数据建模时，即使可以熟练掌握这种神经元网络（深度学习的一种），同样需要反复试验，探索成功的方法。比如在图片识别中，实验前我们无法判断哪些是必要有效的元素，哪些又是无效干扰的元素。所以需要我们仔细分析数百张图片，思考“猫身上 80% 的特征是不是都体现在面部”，不断整理庞大的学习数据，观察精度变化。如果掌握一手数据的研究人员激动得喊道：“我终于得到了一份完美的数据！”会引来无数“不走运”的同事羡慕不已。由此可见，即使是在最前沿的 AI 研究开发中依然不可避免地“与干扰作斗争”。

第 5 章 “认知 / 识别能力”的提升改变社会生活

这一章将通过考察第三次 AI 热潮的主角——深度学习的诞生背景及意义来分析未来的发展方向。从精确度来看，深度学习作为一直处于劣势的神经元网络的改良版，于 2010 年左右首次登上计算机科学的舞台。当时 ICT 业务环境发生巨变，人们深受图像大数据的恩惠。

随着自动整理图像大数据的需求不断增长，人们对于 AI 的期待也越来越高，同时深度学习作为一种极为重要的工具也在走向实用化。因此，与其说是“获取概念”，不如说概念、知识才是今后我们需要探讨的课题。同时后文还将针对 AI 尚不具备的“自我意识”“含义”“自发性（具有意识的类似智能的自律性）”、责任感和伦理等问题，以及怎样才能在工业中充分利用在视觉、听觉方面已取得一定突破的 AI 展开论述。

背景：图片时代

图像数据逐渐深入到社会、家庭和个人生活之中。社交媒体的图片量极为庞大。据 2011 年 9 月的调查显示，Facebook 与老牌图片分享网站 Flickr 相比，图片总量是后者的数百倍。

从视觉上来看，图 5-1“全球最大的图片库——SNS 中的 Facebook”

的规模相当庞大。从图中可以看出，当时刚刚诞生一年的 Instagram 的规模非常小，仅为 Flickr 的数十分之一。而美国国会图书馆所藏图片量甚至仅为刚刚起步的 Instagram 的百分之一。Facebook 的实时化功能貌似源于推特。从 2015 年夏季开始，可以同时在推特上上传多张图片。除了以往的纯图片、简单配以文字的图片（例如在图片下方附上一句“是这个哟”“真好”等），上传图片中图文并茂的图片增加了很多。这些图片一改往日的单一，文字量大，深度与趣味性并重。

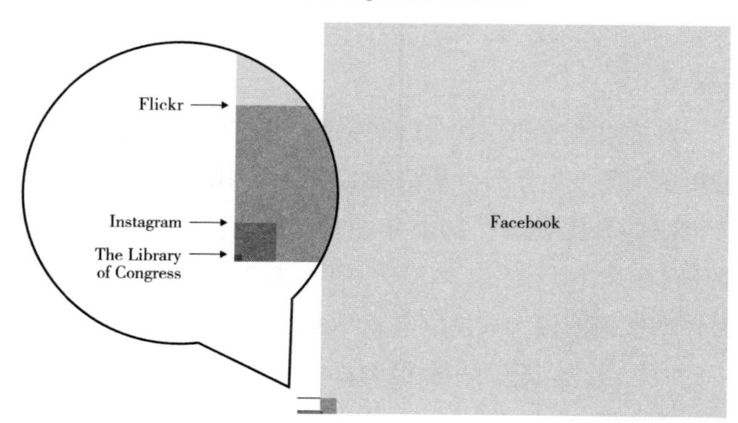

出处：1000memories.com（Sep 2011）

图 5-1　全球最大的图片库——Facebook

从 2015 年末开始，日本用户量逐渐增多。如果在规模比 Facebook 小很多的 Flickr（https://www.flickr.com/）上，用四种不同的表述方法（kinkakuji 或 kinkaku 或“金阁”或“金阁寺”）来检索金阁寺的图片，会出现 111899 张图片。输入 kinkakuji 或 kinkaku 可以得到 75635 张图片。这些图片大多由外国游客提供，他们希望来到日本用心拍下的美照能够分享给世界各国的人们。但是检索结果太过庞大，短时间内很难从中选出自己喜欢的金阁寺图片。

据说图片分享服务网站 Photobucket（日本用户较少）上有数百亿张照片，1 亿多名会员每天会上传 400 多万张图片或视频。而 Instagram 操作起来更加方便，照片通过智能手机简单处理后即可上传，所以每天上传数高达 800 多万张。目前，监控录像或行车记录仪每秒的拍摄速度达 10—30 帧，相信今后无人机和无人驾驶汽车、海底无人潜水艇等都可自动进行拍摄，图像大数据必将走向高速发展的道路。

如上所述，今天的图像数据，不论是从流量还是存储上来看，规模已相当庞大。从胶片相机到数码相机，就连不爱好摄影的人，为了展示自己，也会用自拍杆一天拍上数百张照片，更有甚者一天之内多达千张。很多相机制造商也曾坦言自己是导致目前许多用户不再亲自整理照片的始作俑者。人们最初只是单纯地希望能够相互分享照片，但时至今日需求早已扩大，人们愈加期待附带标签、自动检索、分类图片等新功能的出现。这里的标签指的是内部元数据。与之相对地，外部元数据即包含日晷、经纬度、焦点距离、光圈值等在内的 jpeg 图片中的 Exif 元数据。

谷歌做出的为图片添加标签的尝试确实难能可贵，但在精确度方面仍需再接再厉。如果仅从“木”字的字面去理解它的形状，恐怕人人都会有所不同。在识别彩色图片方面，人类的儿童无法给出精准的答案。比如，2015 年我们做过这样一个实验。让儿童和机器一起识别妈妈的照片。这张照片是在妈妈睡醒后头发蓬乱的状态下拍摄的。机器给出的答案是：95% 的可能是妈妈，4% 的可能是公鸡，1% 的可能是野生玉米。而人类的儿童无论有多聪明，恐怕也无法给出如此精准的分析。可见，人类需要基于身边的对象、概念去进行识别判断，但同时也会受个人的体验和记忆（妈妈的气味、体温、温柔的话语、轶事等数百万个记忆）、好恶、心情、情感等因素的影响，因此精度无法做到 100%。

另一方面，深度学习能够针对给出的猫或狗的图片，全自动识别数十种、数百种甚至更多的特征和差异。如果在质与量上双管齐下对机器进行训练，那么机器甚至有可能会超越一位知识渊博的学者。并且在 2015 年，能够进行声音识别、判断 1000 种引擎异常情况的 AI 已经诞生了。

直观感性地理解深度学习

神经元网络下的图片识别

正如本章开篇所述，深度学习带动了神经元网络的升温。距上一次 AI 热潮已过去了 20 多年，这期间，机器的计算速度、数据处理能力都提升了千倍甚至万倍，模型趋向精炼化、多元化，同时随着原始数据的不断投入，识别精度也在不断提高（虽然在整理、分析学习数据方面也遇到过瓶颈）。“只要大量投入原始数据，节点会自动分量，自动学习输入输出的对应关系。”Facebook 人工智能研究院院长 Yann LeCun 把这一特点称为“端到端的计算（end-to-end computing）”。

图 5-2 是通过逐步走向高精度、实用化的 CNN（Convolutional Neural Net：卷积神经网络）进行图片识别、分类的一种结构。与以往三层的神经元网络相比，规模扩大了很多。从输入层到输出层，卷积层和子采样层两层相互更替，不断精简、整理图像数据。同时以以往的学习结果为基础的输出节点（与猫的种类相对应）也会发生变化。这是笔者经营的 Metadata Incorporated 在 2015 年 8 月发表的《专业图片识别任务下的神经元网络》中用到的一种 CNN。

具体来说，也就是 CNN 挑选出 10—100 张不同种类的猫的图片进行学习，网络程序应用和 API 还原有可能排到前五名的猫种。

只有极少数的人可以准确说出数十种猫的种类。《专业图片识别任务》就是这样一项课题——超过绝大多数人，做到准确地识别极为相似的种类和名称。笔者相信今后通过大量的数据会诞生出更多成熟的系统，更加灵活地运用以 CNN 为基础的深度学习。

实际上，作为原始数据投入大量新图片时，元图片 RGB 信号的数百种模式通过图 5-2 中的结构，将怎样提取特征量，最后得出猫的种类呢？让我们一起来探讨一下。由于数据过于庞大，中间部分暂且省略。

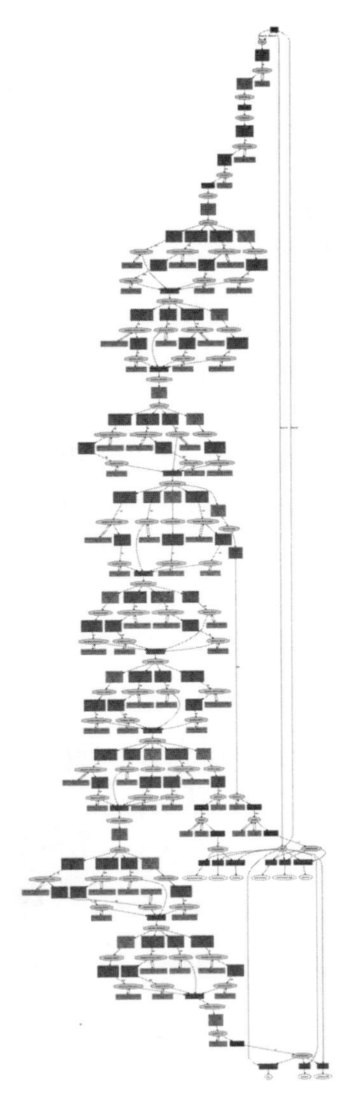

出处：由 Metadata Incorporated 参考 GoogLeNet 绘制而成（同图 5-3—图 5-7）

图 5-2　神经元网络下的图片识别结构：CNN 识别猫的种类

图 5-3 是输入图片和识别结果。

识别结果	准确率
阿拉伯猫	95.21%
拉邦猫	4.71%
塞尔凯克卷毛猫	0.02%
新加坡猫	0.02%
索马里猫	0.01%

出处：图 5-3—图 5-7 阿拉伯猫：harmonica pete

图 5-3　输入输出图片示例

可以在如图 5-4 所示的输入层（平面）中输入不同像素的 RGB 信号，这些组合就会在视网膜上呈现出彩色图像，即上文提到的猫的图片（图 5-4）。

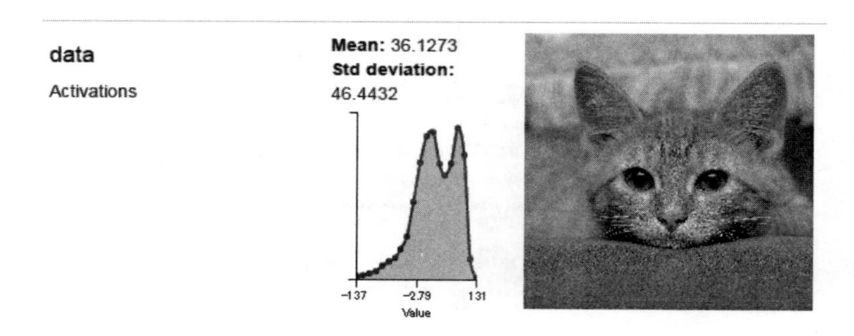

图 5-4　识别猫种的 CNN 输入层

CNN 学习不同猫种的图片，作为最初的卷积层（Convolution layer）中间识别结果，无数“神经纤维”的结合从中心区（图 5-5 左）过渡到 8×8=64 种的筛选程序池化层（图 5-5 右）。CNN 对原图片丰富的信息量进行整理，提取特征量，进行学习，最后生成中间数据。

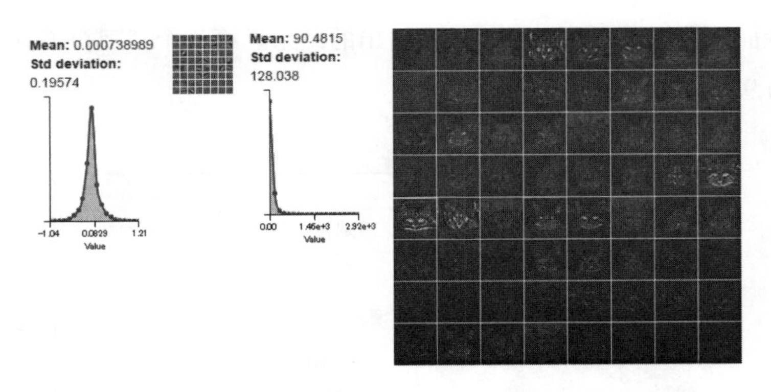

图 5–5　池化卷积层（临近识别猫种的 CNN 输入层）与筛选结果的体系

经过图 5–2 中的数十层，以及不同种类的卷积层和池化层，原图片中的各个部分（眼、鼻、口、耳、花纹、颜色……）会被抽象化，从而突出特征量。从左至右是特征的变化状态，中间部分在此省去，如图 5–6 所示。

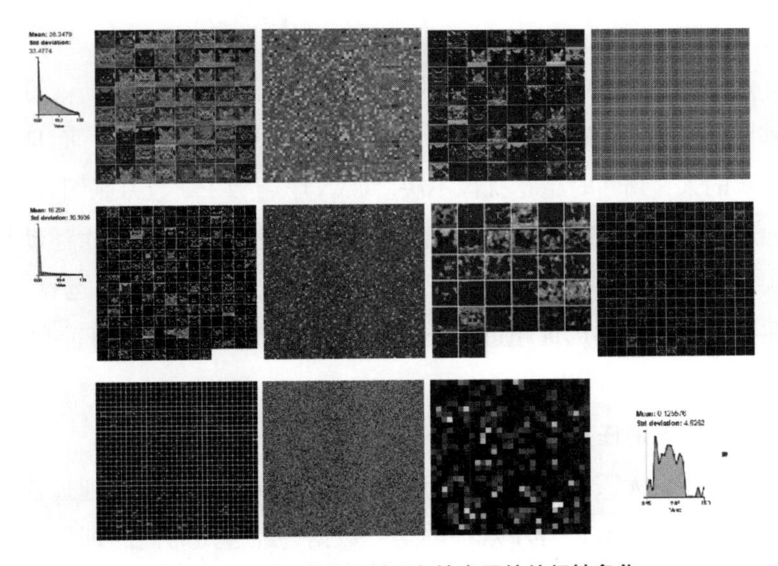

图 5–6　CNN 猫种识别面向输出层的特征抽象化

图 5–6 的下方最右侧图中有一个小长方形。这是原图片被抽象化后的特征模型。图 5–7 是量化它与提取出的数十个猫种图片、数十张至数百张

照片特征的类似度，从上至下依次输出的结果。第一个“阿拉伯猫”的准确度为 95.21%。

识别结果	准确率
阿拉伯猫	95.21%
拉邦猫	4.71%
塞尔凯克卷毛猫	0.02%
新加坡猫	0.02%
索马里猫	0.01%

图 5–7　图片识别的最终结果

有多少人能在看到输入图片的瞬间能够答出“阿拉伯猫”？看到图片后能够瞬间从 67 个猫种中准确选出答案的人恐怕寥寥无几。而且越是对猫种了解的人，判断时越是犹豫不决。CNN 学习数千、数万张图片和信息，虽然通过 4T Flops（通过近 2000 个运算单元 1 秒钟进行 4 兆次浮动小数点运算）计算机识别 1 张图片需要花费一个小时，进行庞大的运算、核对，但是在精度方面能够远远超过人类，瞬间即可划分数十、数百种类别。

专业图片识别任务的市场前景

如上所述，无需 10 亿、100 万规模的大数据，CNN 只要通过独特的技巧整理分析数千、数万等小规模的学习数据，经过短时间的训练，就能够轻松超过人类。这正是“专业图片识别任务”的有趣之处。相信在不久的未来，“提供学习型神经元网络”的市场会逐步走上正轨，与之相关的工作也会逐渐增多。

由于 CNN 较传统方法成本低且精度高，所以开发时间短、需要多次更换数据以进行试错和改良的应用商业才能放心地多次进行 PDCA 循环。

“专业图片识别任务”作为目前人工智能的工业应用，具有非常广阔的市场前景，还有一个原因就在于普通图片识别。在深度学习的原始数据计算中，判断图片究竟是猫、人偶、树木还是陶器，类似这种人类几乎不会出错的普通图片识别任务，实际上精度也无法达到 100%，也会有犹豫或出错的时候。所以要使种类明显不同的图片识别精度达到 100%，需要“专业图片识别任务”运用大量概念和知识。目前 CNN 图片识别在计算上图中原始数据抽象化的特征模型（纵向 6 个，横向 8 个，共计 48 个淡蓝偏绿色的长方形像素）之间的相似度时还无法做到对照常识与过去体验（又名轶事记忆）。相信在未来 CNN 图片识别会与人类一样，能够在学习、把握猫、树木、人偶、陶器的概念、知识的基础上，进行相似度的比对，完成高度识别，并向视觉识别方向进化。

为此，我们需要能够配合用户界面（参照概念、知识、过去经验，进行验证、加强识别结果，吸取人类最终判断）的系统。而那些自动识别、分类常识（非专业知识）的应用系统，即便精度能够保证 100%，恐怕也难以发挥商业价值。甚至有可能会像 2015 年末诞生的名片识别软件和日语文件文字识别（OCR）软件那样，没有市场空间。

如果让深度学习掌握了那些只有专业人士才能够识别的图片、声音、工厂机器运转控制等知识，那么就可以挽救濒临失传的手艺，以低廉的成本代替手艺人，365 天 24 小时无休止地工作，还能够不断被复制，应用到实际需要的其他工作岗位之中。因此毋庸置疑，在那些专业人才不足的领域中引入 AI 必不可少。

而“弱 AI”则不需要像人类一样识别图片和声音。只要能够产生商业价值，哪怕在新的业务流通中需要借助人力也没有关系。另一方面，一部分通过神经认知科学，研究从人类的视神经到大脑内部怎样进行多层图片识别处理的研究人员认为，类似 CNN 筛选输入信息，进行特征整理等步骤应该在人（或者生物）脑内完成。

在实际推动深度学习的 CPU、GPU 等硬件中，每个晶体管只能与离自己最近的晶体管相连，但在三维大脑内部，每个神经元（神经细胞）却能够与 1 万个至 10 万个神经元相连。在化学物质的作用下，信号传递速度可达毫秒，同时具有非常高的运算能力和精度。计算机上的深层人工神经元群通过软件模仿人脑的复杂结构。

人类的感觉和认知能力居然是数码的！

通过图像识别和分类证明了具有高度实用性的 CNN 等深度学习是否真的能够进行类似人脑的信息处理？人脑的结构已逐步清晰，是多种类型的结构相互协调。目前的深度学习与人脑的信息处理结构相比仍然差距悬殊。随着人脑信息处理结构的不断阐明，复制人类能力的“强 AI”，以及辅助工具“弱 AI”也会不断发展。

笔者认为，概括新的科学研究成果，并与深度学习加以比较之前，我们应该明确人类本身是怎样认知、理解声音、语言，甚至疼痛等感觉。以此为背景，科学技术的进步是难以预测的，是断层式的，从整体来看，只要顺利地投入预算和人才，就能够最大限度地加速进化，实现指数函数式的发展。笔者认为这种观点非常不科学，在科学能够预测的未来（21 世纪后期），技术奇点是不会来临的。

PCM 脉冲编码调制

早在日本的昭和时代（1926 年 12 月 25 日—1989 年 1 月 7 日。——编者注），就曾有很多贤达经常表示“人类就像是一台台模拟设备”“我就是一直处于模拟状态的人”。每每这时，笔者都会想起与之相对的另一种观点，“在数十兆个细胞井然有序，相互作用，进行信息处理的人体系统中，无论从何种角度来看，细胞都可以属于数字表示的物质状态。的确，有些方面意识和感情无法左右，但是理论上人类还是能够对自己的思想进行自我控制的，所以人类的交流也可以说是数字的、逻辑的。”

之后，笔者对于人类 = 数码的直观理解不断加深。西方中世纪的音乐理论中，曾提出了 8 种不同的方法在 12 音中选 7 个音作为基准，其中就包含了我们现在谈的大调和小调。当时的音乐理论给予这 8 种调性以不同的感情色彩。比如 4/5F 被认为是“快乐的”，5/6F 被认为是“悲伤的”。这是音乐理论与数学在人脑中的奇妙作用，笔者不禁为之感动。

PCM 脉冲编码调制（Push Count Modulation）比纯率带来的冲击更为强烈，使笔者深深感到人类 = 数码的含义。PCM 脉冲编码调制能够解析人类的声音。空气传递特定频率的震动（即声音）后，与频率相对应的共振线也会随之震动。共振线看上去如同钢琴弦一般，但比钢琴弦还要多出几倍。振动幅度与声音的大小相对应。振幅变大，相应地，单位时间内均等的脉冲信号频度也会变强。通过震动听觉神经，改变电压的模拟传递方法，在血液流动速度，以及庞大的电流信号的影响下，相同的音量传递到人脑内也会存在微妙的差异。

语言学、镜像神经元和大脑活动

自然语言怎样通过结合不同概念来构成复杂的语句？这一过程目前还没有得以明确。自然语言中有些词语具有以某种事物为参照，并使两者发生关系的功能。比如，英语单词“it”和“he”“they”等代词、关系代词“which”，日语中的“这个”“那个”（离说话者较远，离听者较近的事物）“那样的”（指与说话者和听话者的距离都比较远的事物）等代词都起到了以某一事物为参照，把两种事物联系起来的作用。这就是呼应（anaphora）。在生成语法体系时，有时会遇到很多难以说明的难题（特别是日语）。1994 年，思考重新生成语言学指导方针的诺姆·乔姆斯基曾直言，语法中的呼应功能（识别代词参照物的大脑活动），实际上就是通过视觉认知，结合指示参照对象能力的分拆（spin off）（以视觉认知能力为基础派生出的能力）。因为在很多哺乳类动物中，只有人类的婴儿在他人高高举起食指时会朝手指的方向看去。这是天生具备的能力，无需任何人教授。二进制数字系统不会考虑复杂语句的语法和含义，只是条件反射式地把握。这也是语言学（诺姆·乔姆斯基开创的生成语法）的发展方向。

在语言学领域，从1995年开始，逐步通过fMRI功能性磁共振成像（functional MRI）进行测定、研究当人们阅读毫无层次的文章时，感觉不舒服的脑内结构。语言学是一门阐明人体内信息处理结构的学问，也是脑科学的一种。自然语言和语义知识（脑内的词典）、常识是怎样在长期与短期记忆的相互作用下被大脑消化理解的？神经认知科学家们对此表现出极大的兴趣。何为意识？不同类型的“注意”是怎样通过脑内结构产生的？神经认知科学家们试图从这些问题出发，进行研究探讨。

神经认知科学领域的一大发现就是镜像神经元。1996年，在“对他共感”的研究中，人类在Macaca（猕猴）脑内发现了神经细胞。这就相当于当自己被小刀割伤时不会感到疼痛，而旁人却仿佛觉得很痛。即视觉认知下的神经细胞的作用。它不受软件、数据处理能力的影响，而是在专用神经细胞硬件标准的作用下产生的“从情绪上对他人产生的主观共鸣的能力”。

不仅是疼痛，同样还会发生“实验者捡起饵料和猴子自己捡起饵料的相互作用”“自身的运动与观察运动的相互作用”，以及“以理解、感受他人行动的能力为基础的神经系统”。通过fMRI检测出人类也会通过额叶和顶叶，像镜像神经元一样变得亢奋，神经细胞同时相互作用。

与自己行为类似的他人也具有兴奋细胞（硬件）。在通用CPU和OS的作用下，很难被复制。但是，如果研究“强AI”的工作者们不断实验，以具有普遍性和通用性的共感系统为基础，相信还是能够保障实时反应，模拟、研制出各种高级的结构。灵长类动物具备情感和自我意识，能够迅速地感知他人对自己的态度以及自己对他人的感受。以此为前提，有必要再对控制各种情绪化行为和对话的结构进行试验。

AI超过人类？

奥巴马总统上任后，科学界迎来了人脑研究时代。从美国的国际大脑计划到日本的大脑体系倡议，再到欧洲的人脑计划，人脑研究的脚步不断加快。这些研究项目旨在更好地理解人脑的工作原理以及人脑出现故障时该如何解决。但也有瞄准“技术奇点”，推动超智能时代到来的趋势。2015 年 1 月，《信息处理》上发表过京都大学物理学博士（1970）、神户大学名誉教授松田卓也的论文《必将到来的技术奇点与超智能带给人类的震惊、威胁》。文中介绍了很多关于“实现超智能的方法”。例如：

·生物学上的超人类：“高智商的男女结婚……”，或者通过基因工学

·提升智力：在脑中植入芯片，或者在脑血管中安置一台红血球般大小的计算机

·汇集智力：“出乎意料（为什么）大家的意见都很有用”的延伸

·人工大脑汇集智力：研制出只有大脑的人类

·人脑仿真：把死者的大脑结构薄片化，形成神经元和突触 3D 地图，在机器上再现，安置开关后是否就能够复苏死者的灵魂和精神？但问题是复制出来的会不会是死者昏聩的大脑？

·上传灵魂：从活人的意识到所有脑内的记忆、活动全部上传到计算机内，从肉体解放人类。

·机器人工智能：计算机模拟人脑活动是强 AI 的发展方向。目前以诺伊曼型计算机为基础的 EU 人脑计划和在 DARPA（美国国防高级研究计划局）的支援下实施芯片计划的 IBM 都想开发完全不同的神经形态芯片，使之承担以往计算机不擅长的感性、感觉等领域。

怎么样？大家是否觉得这篇论文与 SF 小说不相上下？看似科幻式的预言 10 年后很有可能会实现。

EU 的人脑计划从 2013 年开始至 2023 年结束，预计将耗费 12 亿欧元，开设 12 个研究机构，力求探明人脑的结构。目前普遍认为复制、模拟在由 10 万个神经元组成的新皮质中发生的各种现象和化学反应的蓝脑计划（2005 年开始）已经取得了成功，实现了模拟老鼠大脑新皮质单元中 1 万个高度复杂的神经元行为。那么接下来就是猫的智力、猴子的智力，到

2023年实现复制人类的智力。也就是制造出科学史上第一台会思考的机器，它将可能拥有感情、感觉、意识、自我。

通过对这些科学计划的简单介绍，相信有的读者会不禁疑问，超智能如同核武器一般的存在，会不会对人类构成威胁？因为目前没有相应的伦理准则，所以如果这些实验一旦由民间企业来负责，“AI必将轻而易举地完成超智能进化，战胜人类”这一假说会不会应验？这也是霍金博士等人的担忧。但是，笔者认为，超智能的开发取代了以往核武器研发的竞争，一定程度上削减了霸权主义国家的力量，这就是一个好的开始，谁都不能否定。

澳大利亚裔AI科学家雨果·德·加里斯（Hugo de Garis）曾主张，21世纪后半期将诞生一种机器（Artilect），它具有超过人类智力1兆倍次方的智商。德·加里斯认为那时也就是愚蠢的人类灭亡之时。所以人类是否要研制出这样一种机器？赞成派与反对派之间关于这场超智能的战争，究竟哪边更占上风？我们不得而知。另外，如果人类灭亡，“Artilect”再创造出一个新的宇宙空间，又将需要100亿年的时间才能诞生出像人类一样的智能生命。

也就是说，不是神灵创造了人类，而是人类（某种智能生命体）创造了神灵（像神灵一样的机器），神灵又创造了现在的宇宙。半世纪后，人类又会创造出新的神灵，然后被它取代。对于这种观点，笔者不得不说实属夸大其词。

目前深度学习的可能性和限度

铁人28号和AI

这里，我们再次来谈一谈目前深度学习能够做到的事和尚不能做到的事。与CNN并列，近年常常被提到的深度学习中有一种RNN（Recurrent Neural Net）循环神经网络。RNN擅长处理在声音和语言、动画等的时间轴上变化的数码数据。在图片、视频识别任务中，2015年的深度学习与以往从变化率（二阶微分系数）中提取轮廓线，追踪时间序列的手法相比，精度仍然落后 20 个百分点。不过，今天在研发一线的学习数据处理方法正蓄势待发，笔者相信在不远的未来，结构也会不断优化，就像静止图像的物体识别一样，打败其他方法，实现高精度化。

过去，声音识别往往是通过 HMM（隐马尔可夫模型）和 DP 动态规划（Dynamic Programming Matching）等方法，规范伸缩时间轴（快语速、慢语速），对照声音词典。2012 年以后，声音识别开始通过擅长处理时间轴的 RNN，提取音位序列特征，尽量提高精度，判断音位和单词。提高精度，需要使用在质与量上都有保障的准确数据进行训练。声音识别与图片识别一样，在规范伸缩时间轴的前期处理中，也会运用到深度学习，深度学习逐步超过了其他方法，走向高精度化。

虽然深度学习已经远远超过了其他方法，但是现阶段仍然无法参照常识来验证或修改判断，即便在一项简单的物体识别任务中，也无法保障精度达到 100%。此前，谷歌的图像识别误将黑人标记为大猩猩，随后谷歌出面道歉，该事件当时还引发了不小的轰动。

除此以外，2016 年这一阶段的深度学习针对就连刚刚懂事的孩子都绝对不会混淆的火与水、草与花等事物，也无法保证 100% 的精度，只能达到 90% 左右。这说明目前它尚不能像人类一样做到真正的理解。

2016 年春，微软研发的学习型对话机器人 Tay 正式发布。一时间，关于机器要毁灭人类的各种言论甚嚣尘上，短时间内使得这款新型产品几近夭折。不仅是深度学习，当前尚不具备责任感和意识的机器学习、人工智能也会伴随数据衍生出对于伦理来说或好或坏的结果。通常认为，毫无意义的结果是训练失败、高质量数据不足的体现。

对于 Tay 来说，训练本身十分到位，但问题就出在它原封不动地复制了推特、SNS 上人类的脏话。训练数据的好坏左右着人工智能的好坏。

深度学习的应用实例——前文中提到的“这是什么猫”专业图片识别需要判断所有输入图片究竟是 67 种类型中的哪一种猫。还有的猫面部与人脸近似。跨属性特征识别一定程度上激发了人类的想象力，也丰富了商业和生活。它能够轻松识判断出“面部下半部分是眼睛”或者“有一双三角眼”（图 5-8）。

输入图片

说明

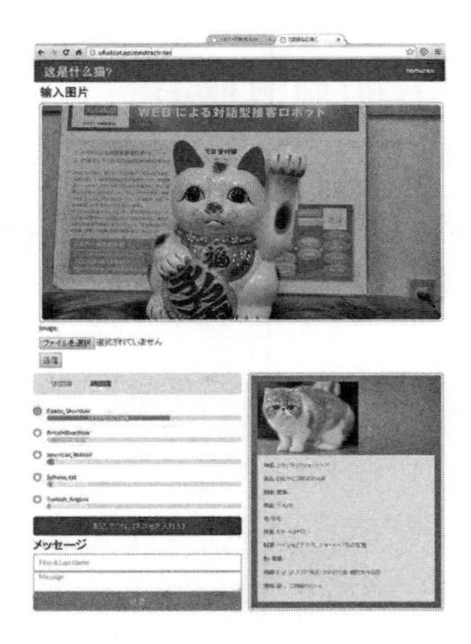

出处：Metadata Incorporated

图 5-8 “这是什么猫”专业图片识别实例

深度学习提高实用精度的三大要素

深度学习在 2012 年大型图片识别精度对比大赛数据集（ImageNet）Large Scale Image Recognition Challenge 上凭借强大的识别率赢得了广泛瞩目。这一突破的实现离不开三大历史性因素。

·研究人员使用的计算机速度与25年前相比提升了上万倍。

·收集了1370万个大数据，特别是物体名称与图片的对应、准确数据。

·多伦多大学的研究人员25年锲而不舍的努力，使得AI度过了漫长的“寒冬”，迎来了神经元网络构造的大规模化。

实际上，英语词汇数据库（WordNet）（笔者在MIT人工智能研究所从事研究的时代）对第二点要素起到了至关重要的作用。认知心理学鼻祖乔治·米勒通过实验证明了人类的短期记忆缓冲区非常狭小，仅能在7（±）2个项目的范围内浮动。关于WordNet的不成熟想法可以追溯到20多年前，最初的构想是建立一个概念库，但是概念库很难定义，同时又难以检验它的真实性和再现性，因此就转化为附带英语语义关系的大规模英语词汇数据库，而后这一想法逐步具体化和清晰化则是1985年后才开始的。历时十年，经历了各种检验和不同领域的应用，终于完成了体系建设。

期间，笔者提出了WordNet可以应用在语言学理论验证中（检验适用于所有语言的普遍语法的语义制约参数理论和实验方法）的构想，亦是*WordNet*一书的作者之一（Christiane Fellbaum eds.,*WordNet:An Electronic Lexical Database*, MIT Press,1988.）。*WordNet*不仅得到了英语母语者的支持，同时凭借它的客观性和再现性语法测试，成功打开了一扇新的大门，推动了“单词网络”的改良。

2000年，在斯坦福大学人工智能研究所的主导下，5万人花费6年成功地为英语词汇数据库中的名词（物体名称）匹配了1370万张图片，完成了计算机视觉系统识别项目（ImageNet）。如果没有固定单词语义的WordNet，就很难给语义不明确的英语单词进行准确大量的（几乎做到了包罗万象）图片匹配，不可能仅用6年时间就完成了ImageNet。

刚刚懂事的孩子会经常向父母和周边的人发问“这是什么？那是什么”，而计算机则第一次解决了这一问题，实现了精度上的突破。2012年在ImageNet的Large Scale Image Recognition Challenge上，深度学习凭借自动提取图片特征进行识别分类的优势，力压其他识别方式，取得了胜利。

2015 年末，在对 ImageNet 大约 1000 幅图片进行分类的 Large Scale Image Recognition Challenge 上，深度学习的精度做到了 97%，可以说甚至超过了偶尔会出错的人类。

决定什么适用于专业识别的深度学习

通过 ImageNet 提取出的物体特征量在“Pre-trained model”这一专业图片识别训练中发挥了巨大的作用。因为它在多数情况下能够轻松识别出与其他物体不同的特征。

深度学习通过高效的训练，逐步能够掌握普通人不懂的专业图片识别能力。实际上，正如第 II 部所述，2016 年是需要在新的服务和商业模型上下功夫，充分发挥智慧的阶段。在既存服务中，为了实现成本削减、交货期缩短，特别是实时化或者业务容量的扩大，人们逐渐发现 90% 的图片识别工作都可以由机器来代替完成，模拟实验、验证评价也在不断进步。

相信大家可能会有这样一个疑问，“只能识别专业图片（或者是专业的音响和特殊声音）吗？”的确，要让机器像人类一样掌握知识概念，通过镜像神经元感受到人类的识别和理解能力，一次性全自动识别、分类，不论识别对象为何，且精度必须达到 100%，未免太过求全责备。

但是，另一方面，只要在前一阶段事先从物体的外形、模式等方面，判断是哪种类型的物体，相信在后面的所有专业图片识别中保证精度应该不难。

推出 ScanSnap 的富士通官网（主页→商品→图像扫描器→ ScanSnap Cloud）上虽然没有说明是否利用了深度学习结构，但是它“能够自动识别收据、名片、文件、照片四种类型的扫描原稿”，因此整体来看还是可圈可点的。

ScanSnap 硬件是一款深受大众欢迎的便携高速、高性能的文件扫描器（图片读取机）。它能够根据你的需求，将读取的照片迅速自动分类，因而被广泛应用于众多业务及个人生活中。

简而言之，把上述各种扫描原稿转化为缩略图图片时，如果能做到简单易懂，有效提取特征量，那么通过深度学习就能够保证精度。为此，需要在独创的新型算法（创新论文所需的新型计算步骤）上下功夫。

但是笔者认为与其这样，不如选择准确的数据组，积累经验，通过完备的训练来提高精度和实用性或许更为有效。如果在相同期间内可以得出众多工业应用上的构想（研究论文的 10 倍左右），那么国家和地区的 AI 应用或许就会飞速发展。对于主张软件开放化的谷歌亦是如此。

深度学习工业应用中的关键：用于算法训练的数据制作与选择

在 AI 进化和应用的舞台上，用于算法训练的数据制作与选择非常重要，不论是运用哪种提取特征量的方法，只要尽快提高实用精度才是重点。所以，笔者所在的 Metadata Incorporated 公司，根据数值迅速对方法的选择和精度的变化做出评判，开发出了机器学习实用化的框架 Montage。

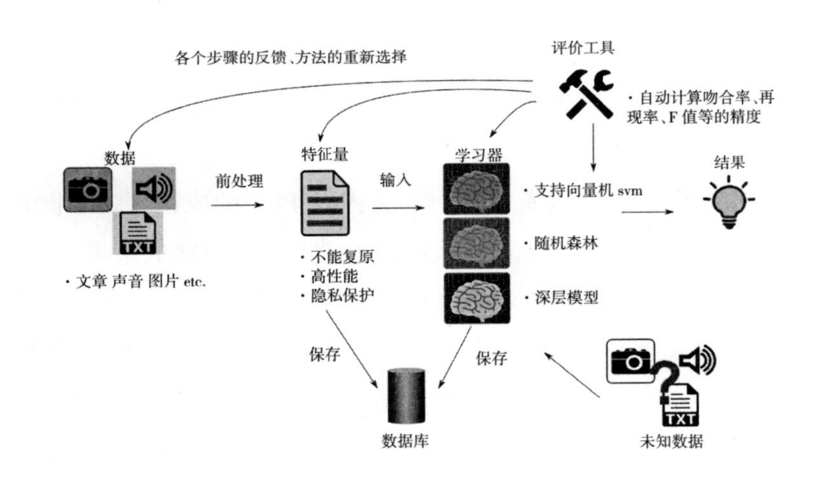

出处：Metadata Incorporated

图 5-9　Montage 的结构、特征

Montage 概要

针对各种形式的大数据，需要提取多种多样的特征。由于无法从特征恢复到原始数据，因此使用著作权期间的最小化和隐私保护极为重要。

Montage 可以任意替换从数据的选定、特征的提取、学习，再到后处理（调整）等各个环节。至于结果，只要重新定义准确的数据群，即可自动进行评价，算出各种不同的精度值。另外，Montage 还具备各种不同的学习器，涵盖除深度学习以外的其他机器学习方式，在准备各种参数和选择的同时，评价结果和中间结果、学习时的参数会存储到数据库中。所有的功能只能按照固定文件夹进行定义，无需程序设计。针对各种不同的工具，只需配置固定文件夹，应用工具，即可训练、识别、检测机器学习的模型。

配置一组特定任务下的识别和分类结果的准确数据，无需学习器就能自动计算出各种精度值。同时，Montage 能够针对输入数据的整理、特征的选择、学习器的选择等各个步骤进行反馈，以精度数值为基础，逐步改善了调整（参数的变化等）、数据组、特征、学习器的二次选择和变更。

机器学习结构有必要应用到工业中的最大原因在于，深度学习的学习结果会发生怎样的变化是无法从理论上进行说明的，而且尚有很多未知的因素有待解明，所以需要不断摸索尝试。

“比预期早了 10 年，人工智能阿尔法狗以 4：1 的成绩打败了世界顶级的围棋选手。”比赛中，令人印象最深的就是 AlphoGo 从布局到中盘，几乎都把棋子落在了中间位置。而通常棋手为了方便记录，在棋盘的周边呈现的是一局围棋比赛中的几手棋。AlphoGo 这样做有何目的是人类解说员无法知道的。深度学习并不是人类布置的模型，它具备的特征提取、识别、分类能力具有划时代的意义。但是在训练前，重新预测精度，缩小误差，原理上是难以实现的，同时还有很多尚未明确的地方存在，所以实用的知识技巧变得尤为重要。这里指的不仅仅是商业思维，还包括试验、数值评价、方法甄别筛选以及准确的数据选择、训练的知识技巧等。

现在，所有机器学习的算法几乎是开放的，可以免费使用安装。上文提到的知识技巧在准确的框架中无需编程，即可实现进化，这对大家来说是一个好的消息。但是，很多大数据中包含有著作权的数据和个人信息，这一点需要注意。还有一点需要注意，至少是从目前来看，即使从原著作物的原始数据中提取了特征量（在开发者之间，有时会称为 model），也不能证明与原著作物有关。总之，掌握了大数据的企业实力强大，在机器学习型的人工智能应用中具有很大的优势。今后，提供社交媒体和图片投稿站点，以及大规模搜索引擎功能的国际大数据的“玩家”，将会以免费从用户那里汇集的大数据为基础，提供廉价的识别型 AI 服务。因此日本企业面临着巨大的压力，打破垄断迫在眉睫。

从大众的角度来看，AI 的提供者身处何处都没有关系，是否能够一直提供高品质的服务才是关键。而从推动国内贸易的角度来看，国际大数据的“玩家”需要学习消费者、客户公司的秘密数据，以及极为珍贵的少数原始数据，通过专业领域的识别、分类，抢占优势（基本战略）。当然，通过运营、充分利用社会化媒体，巧妙地吸收公开的大数据，以新的方式解析衍生出 IoT 的大数据，也可以诞生很多商业化的想法。因此，需要大规模培养能够摒弃大组织特有的分工弊端，从基础研究到商业模型全方位地设计、规划事业，同时可以迅速检验的人才。

第 6 章 “学习 / 对话能力”的提升改变社会生活

前文围绕“识别”“分类”等任务（细分化的业务），向大家介绍了熟练掌握各种作业、在速度和精确度上都大大超过人类的深度学习。深度学习这种计算结构本身是机器学习的一种，根据设计的不同，应用也有所不同。相信今后深度学习中的 CNN（卷积神经网络）和时间序列、RNN（循环神经网络）、LSTM（长短期记忆网络）等会不断发展，用途也将更为广泛（后文会再次涉及）。

近年，被称作深度学习的神经元网络不断发展。充分利用神经元网络，只需训练（“训练”比“学习 / 教育”或许更为准确）机器，向输入层中导入作为识别 / 分类对象的原始数据，进而再向输出层传入正确的识别结果 / 分类结果，即可实现高精确度。深度学习不同于以往的 IT，在进行训练时无需人类复杂耗时的作业和编程。比如，十几种猫的不同特征无法用语言或数学公式完全说明，但是神经元网络却能从准确的数据中自动掌握，超越人类的识别能力。

这样强大的深度学习，正如前文所述，今后会被广泛应用在视觉和听觉等识别任务里。被导入的是图片、声音等“数码信号”的原始数据。比起用文字代码来表示的文本和数值数据，这些原始数据的数据量要庞大得多。而具有特征的部分数据（比如上文提到的猫，耳朵的大小、长短、眼睛的位置和形状、颜色等）的量大概只相当于原始数据的数千分之一。识别处理要做的就是从这些特征出发，推测判断对象的名称、类别、个数、大小。

通过识别处理，数据量会大大减少，人们期待它能够在比对其他数值数据、高度分析、改善业务流程、解决新问题等方面发挥更大的作用。计算机面对没有被“理解”（识别）的数据形式，只能单纯地存储或印刷。因此可以说，数码无法处理的数据没有被赋予意义。

计算机的视觉和听觉能够捕捉现实的世界，无需借助人力即可充分掌握物体的名称和数量、位置关系的变化，从这个层面上来讲，具有划时代的意义。但是正如前文所述，实际体验、概念和世界观等是计算机尚无法掌握的，这也是它目前的一个不足之处。另外，对于工业而言，某些识别精确度和实用性并不受欢迎。但是若能选好识别任务（课题），就有可能开发出、运用好超过人类识别 / 分类能力的性能。计算机是一种伟大的工具，它具有改变人类工作和生活的巨大潜能（参考图 3–3）。

“会思考的计算机”怎样用自然语言进行理解、思考、质疑？

但是，这样的深度学习所进行的识别、自动提取特征量、自动分类等并不是人类真正意义上掌握的分析、学习、理解、推理、发明（虽然深度学习也能设计和参考图片大数据等）。分析、学习、理解、推理、发明 / 发现、开发创造等离不开知识、素材，以及表达概念的强大工具——自然语言。所以计算机需要逐步掌握自然语言，学会交流。要想真正做到与人类无障碍地沟通、交流、解决问题，需要远远超过目前对话型机器人能够做到的“简单交流”，具备熟练掌握自然语言的能力。

让计算机理解以文字形式呈现的文章，即在文本数据中用自然语言传达的含义，极为困难。分隔写法（日语在书写文章时按一定规则分出词句的单位，并在每个分开处留有一定间隔的写法）、发音、词性、修饰语、单词短语、文脉有时很复杂。无法像图片识别那样从数据中把握特征，读取语义。

“但至少作为母语者，很自然地就能够掌握日语，感觉不到它的复杂和暧昧。”很多人或许会这样想。而我们人类能够简单自然地运用自然语言就是人脑会以部分信息和知识为基础，能够妥当处理未知的事态，与他人和谐地交流并解决问题。这也是人类还具备众多谜一样的能力的证明之一。相信在未来，机器也有可能实现高精度以及对人脑的高度模仿。

自然语言难以处理的原因在于语言本身丰富的暧昧性

这里，笔者想举一个具体的例子来进行说明。

例：狗咬人了 vs 人咬狗了

两句话中的单词构成一样，但是意思完全不同。而各种版本的教科书对这句话结构的分析完全相同。即：

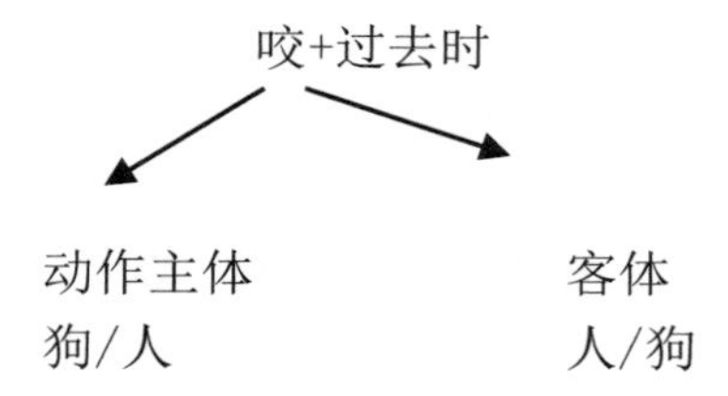

动作主体即动作、行动的主体。多数情况下也可以理解为主语。在被动句“人被狗咬了”中，句子构造上的主语是“人”，但“咬”这一动作的客体是被害者，所以意义上“人”也就转化为了客体。

通常，在自然语言处理系统中，在对二维文字构造进行解析的基础上，会有相应的分析功能，比如“人作动作主体，狗为客体时咬这一动作发生的概率是多少？”而普通的处理一维文字的系统即便提到类似的问题，但时常会分不清被咬的主体。单凭统计处理单词的出现频率，很有可能会弄错基本语义。所以忽略单词出现顺序和语法关系等信息的深度学习，也有可能出现同样的问题。

初学英语时，或许很多人都会感到英语与日语不同，有很强的理论构造，学习英语有时就像在与数学公式打交道。这就是语法的作用，看上去简单，实际上成分构造复杂，有很多值得深入学习的地方。

例：隣に住んでいる令夫人の友人の娘の家が火事で焼けた大学教授。

这句话充分反映出了日语的语法构造。如果先看到最后两个词节“烧”和“大学教授”，想必有些人会立刻联想到“全身被大火烧伤的老绅士”的形象。这说明没有弄清语法结构，这句话的意思是某人的家失火了。那么究竟是谁家呢?

可能性 1：“尊夫人的好友的女儿”住在教授隔壁，教授家着火了。

可能性 2：“尊夫人的好友”住在教授隔壁，教授的女儿家着火了。

可能性 3：“尊夫人”住在隔壁，她好友的女儿家着火了。

这些解释是受到了句子的构造、词节之间的关系的影响。而“尊夫人”究竟是大学教授的妻子，还是别人的妻子，无从知晓。而我们也无法从常识上推测哪个解释是正确的。

常识解释 1：“尊夫人”通常指的是有一定社会地位的人的亲属，所以极有可能是教授的妻子。

常识解释 2：通常被称作“尊夫人”的人应该不会与家属分开居住，所以极有可能是教授的妻子。

上述例句短短 28 个字，9 个词节，就衍生出这么多种解释，可见日语的暧昧性。而通常对于一句较长的句子，甚至会出现上百种不同的解释。所以“如果没有特殊要求，尽量根据最近的词节划分、判断”。

一维文字和二维文字在发音、单词排列等方面有很大的不同。而且单词前后排列顺序一旦调换，语法、语义都会不通。所以制约条件如此之多，对于以深度学习为首的机器学习来说，绝非一朝一夕可以掌握的。

或许有人会认为，上文中的例子太过极端。那么这里我们可以再举一例进行说明。

·“东京　都”

也许很多人会更加不解，“东京　都”完全没有任何歧义啊？对于在京都生活的人而言，这句话的语义或许不太明确。

·“东 京都”

而对于其他日语母语者来说，则完全不会注意到其中的暧昧性，所以也就没有在交流时需要消除歧义的意识。

笔者认为，根据文脉正确区分“东京 都”vs“东 京都”的课题实际上是面向深度学习的。因为无法从语法和理论上对此进行说明，也不是单纯的编程语言 if，then，else 等能说明的问题。东京人会从上下文中判断出东京都吗？实际上，即使指着京都的地图，他们也有可能潜意识地认为指的就是东京都。所以只要文章中没有明确指出，机器就依然会用到传统的文章解析程序。If……then……else，即使未来条件多出数倍，精度也难以得到稳定的提高。这也是研究开发人员需要承认的事实。

对话、交流中也存在“语法”，相互学习知识的同时不断进化

说话者对对方的信赖程度不同，对于暧昧的解释也会不同。甚至，说话者会从对方所具有的知识角度进行揣摩，对方或许会这样看待自己，这样解释……这样无限循环的遐想会影响到说话者的具体内容和表达。在必须要区分定冠词“the”和不定冠词“a /an”的语言中，如果不注意这些细节，就无法准确地传达自己的意图，造成误会。原则上，对方已知的事物，用定冠词修饰；而说话者认为这是对方未知的新信息，则需要使用不定冠词。

日语亦是如此，比如给某个公司打电话进行交流时，需要判断传达的信息是对方已知的还是未知的。

Mr. A1:“我找田中先生。”

Ms. B1:“田中是谁？”

Mr. A2:“田中是……”

如果不清楚对方口中所指的对象，需要使用不定冠词的表达方式。否则，作为日语就会显得不自然。

A2’：“田中先生指的当然是贵公司的员工田中啊。”

（给对方施压的语气，奇怪对方居然不知道）

A2”：“说起田中先生，他好像是那边的部长，但是很不好意思没有记住他的全名。”

B2：“不好意思，因为有两个人都姓田中，所以……”

（“说起”，有缓和语气的作用）

英语中原则上固有名词不带形容词和冠词，向对方解释未知的事情时需要加不定冠词。而为了使对方能够听懂，往往会把不定冠词“a”读作“e”的发音。

Mr.A：“This is Samuel Wellington.”

（我是萨缪尔惠灵顿）

Ms. B to Mr.C：“There is a phone call from a Mr.Samuel Wellington.”

（接电话的人转达给同事：一位叫作萨缪尔惠灵顿的男性打来的电话）

从上面这个句子中，我们可以看出如果不遵从语法规则，很难顺利地进行沟通。目前的人工智能或者对话型程序（过去半个多世纪曾被称为“人工无能”）尚无法在解释问题方面做到变通。比如“或许对方接下来会这样对自己说的话进行解释，那么不如把刚才我想表达的内容这样变化一下”等等。要想机器具备人们通过12年基础教育所掌握的基本常识（尽可能自主学习），分析一些暧昧的语言表达和对方的意图，然后更清晰地传达想要表达的内容，进而实现顺利地交流，或许从2010年开始计算，还需要花费10年。

自发、自律的思考需要以动机、目的为前提的自我意识

顺畅的交流离不开自我意识、目的意识、动机，以及根据对话内容推测对方的意图和动机。而这是目前深度学习中的识别·分类型AI所无法做到的。何为意识？人类目前尚不能给出科学的答案。更不要说使机器具有意识了。

存储大量人类之间的对话，模仿自然的交流是目前AI的发展方向。

“我是鳗鱼（你是炸猪排吗？）。”

要想读懂这样的句子，需要把握文脉，准确理解含义和对话目的，对话参与者共同协调推动交流。我们以日语为母语的人，根据经验，从这句话中可以判断出“会话地点是饭店”“菜单里的其中一项是鳗鱼饭”“向同伴说明自己点的菜单，并征求他人的意见”“有意想分开点餐，下次来不来取决于这次点的菜品”等含义，也就自然能够准确把握文脉。“我是鳗鱼”，除非是在艺术作品之中，否则不会有这样的说法，因此可以瞬间判断出该句话的含义。

从上述例子中，我们不难看出，自然语言看似简单，实际理解起来绝非易事。但如果我们的目标仅仅定为9成机器翻译做到大概意思通顺即可，未免太过宽容。机器翻译时，极有可能并没有真正理解全文。目前，除非时间紧迫，否则对于多数人来说，是不会使用机器翻译的。机器翻译需要做到当输入“我要鳗鱼饭”时，输出的不是“I am an eel”，而是“As for me, it's the eel dish”，没有致命的错误，才能被广大的用户接受。

“摘要”的功能极为关键

不仅限于笔译、口译，在不久的未来还会出现一种能够用语言描述自己所见的AI。其中之一就是目前斯坦福大学的研究模型Image2Text，一旦被应用于世，它必将成为盲人的福音，对于庞大的图片库而言亦是法宝（参照图6–1）。

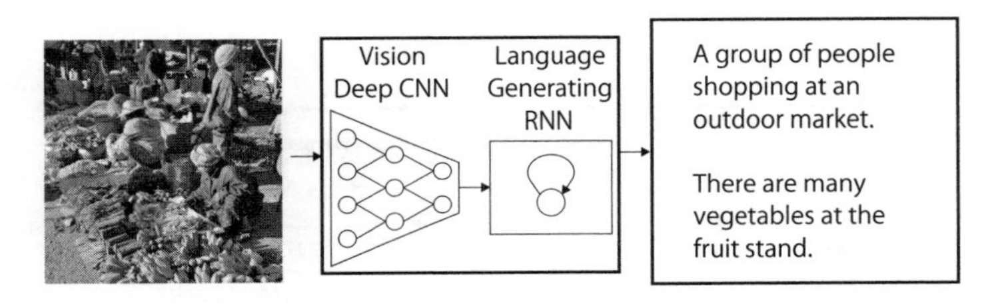

出处：https://www.semanticscholar.org/paper/

图6–1 “用语言描述你所看到的场景”概念图

在数码时代，相信很少人能够准确判断自己所拍摄的庞大数码照片的未来价值，也不会及时手动更新整理这些文件。以谷歌为首，很多线上服务巨头提供的图片共享服务更使得自动编辑愈加完善。对于消费者来说，它能够保存有价值的信息和数码资产，进行解析分类，推测、捕捉消费者的兴趣点，每天创造价值，确保庞大的潜在利益。

此外，针对有听力障碍的人的声音识别做得也非常好，实用性也在不断提升。希望今后深度学习在干扰数据、声音变化、Siri等声音识别的精度等方面有所进步。

搭载传感器的 IoT 的增加、社会化媒体的普及、智能机和可佩戴式电脑的数据流通性的不断提升，大数据在急速地成长。在这样的环境下，从庞大的数据中只提取少量对自己来说有用的部分，即“摘要”的功能变得极为关键。围绕一定的作业流程，能够提出哪些最新的事实和意见，迅速对整体数据做出总结提炼，人们对于这些功能的需求日益高涨。相信没有人会对此进行否认。

但是，这里的“摘要”并不是指单纯地减少文字量。即便是增加了文字量，只要能够从整体把握，使要点一目了然，清晰易懂，那么就能够缩短理解内涵的时间。这也就是真正需要的“摘要”。这样想来，早在 20 世纪末，JustSystems 公司就开发过一款叫作 CB Summarizer 的文件总结产品（参照图 6–2）。

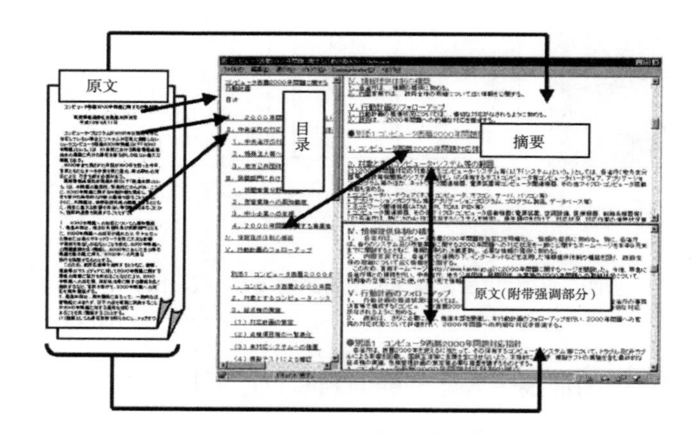

出处：JustSystems 公司。*CB Summarizer* 是 JustSystems 的著作物，其著作权和相关的其他权利归 JustSystems 及各权利者所有

图 6–2　JustSystems 公司的 CB Summarizer 文本画面

CB Summarizer 能够拖放（drag&drop）数十部文本，在左栏自动提取目录，自动生成链接。摘要栏能够自动确认前后文脉，显示重要点，张弛

有度，便于迅速做出选读。

上一次人工智能热潮衰退之时，JustSystems 公司开发出了这一文章摘要产品。在这一过程中，除了作为评价要点质量标准的精度以外，还有以下几点知识非常重要。

可读性：是否违反了语法规则？

理解性：语义是否通顺？

忠实性：与原文含义是否一致？

充分性：提炼比率是否过高？是否超出了原意？

简练性：摘要文中是否有重复性内容？

另外，如果原文本身就比较冗长，可以从所有单词的分布状况、使用频率来进行自动判断，或削减 15% 左右的内容，或整体压缩 40%。

同时运用数理统计学的方法和语用学（pragmatics）的知识，即使摘要比率相同，是按照“意见优先”还是“事实优先”进行提要？也可以对此进行调整。（参照图 6–3）

与以往相比，网络上的信息量增加了 N 倍，网络的高速化、大容量化和社会化媒体、智能设备的普及，使得个人能够接触到的数据量剧增。不论搜索引擎怎样发展，及时找到重要信息的精度依然没有提升。更为重要的是，必须要能够迅速判断对于自己来说哪些是关键的信息，对于自己的世界观和价值观、当前的目标而言是否必要。

把握眼下的信息，判断该信息对于自己的价值的速度，也就是人类的信息处理能力，自互联网诞生以来，数十年间下降了 100 倍、甚至 1000 倍。而生物进化又需要漫长的时间，因此总结提炼变得极为重要。

"ATOK"是一款通过计算机能够自由运用日语的日语变换系统。它奠定了以日语见长的JustSystems的基础。搭载了"ATOK"的"一太郎"日语文字处理系统,深受大家喜爱。除了"一太郎",还有"花子""三四郎"等软件。这些软件在办公业务等方面为用户提供了极大的便利。因此,可以说,JustSystems与计算机是并肩发展过来的。如今,办公工具计算机正朝着交流媒体的方向发展。这种进化在互联网时代、群件时代的今天和未来不断壮大。JustSystems同时还提供OM、JOSS、CB Server等有助于交流的软件和基础设施产品、服务。

↓

意见优先型摘要

通过电脑能够熟练运用日语的ATOK。ATOK是日语水平极高的JustSystems的基础。JustSystems与计算机的历史是同步的。今天,作为办公工具的计算机在逐步向交流媒体方向进化。这种进化……或许会不断加强。

↓

事实优先型摘要

通过电脑能够熟练运用日语的ATOK。……"一太郎"是一款日语文字处理系统,深受用户喜爱。除了"一太郎",还有"花子""三四郎"等软件。这些软件在办公业务等方面为用户提供了极大的便利。……JustSystems同时还提供OM、JOSS、CB Server等有助于交流的软件和基础设施产品、服务。

出处:JustSystems公司。"CB Summarizer"是JustSystems的著作物,其著作权和相关的其他权利归JustSystems及各权利者所有。

图 6–3　摘要过程示例(JustSystems)

即使能够接触到的数据量不断增加,1天24小时是不会改变的。正如"注意力经济"所指出的,有价值的不是消费者的可支配收入,而是可支配时间,B2C企业间争夺的是对于消费者而言最重要的资源,即时间。因此,在信息量过快增长的背景下，我们期待一部分 AI 助手在一定程度上能够复制个人的价值观，筛选应该浏览的信息，进行排序，压缩信息量。这样只需数十分之一的时间，即可把握所有要点，精准提要，也便于人类理解、迅速做出价值判断。

如上文所言，或许今后，不仅是文字量的削减，列举关键词、在 X 轴和 Y 轴上准确表示相应概念的图片或图标的定位图都能够实现。甚至还能够运用声音等五感来提升人类的理解速度。

忠实于人类的智体作用

星新一的《肩上的秘书》

有时，即使面对的是一个表述模糊的指令，也需要我们自己进行判断，把内容补充完整。“昨天那个，替我尽快给那家伙送去。”听到这样的命令，如果是一位老练机敏的秘书，他一定会根据当时说话的语境，推测上级的意图和目的，迅速弄清楚“那个”“那家伙”指的是什么，“尽快”又具体指的是何年何月何日何时。如果确实不清楚对方的意思，这时候接受指令的人或者搜索引擎需要进行确认或通过沟通消除指示中模糊不清的地方。深度学习能够在输入输出中准备原始数据，自动提取输入信息的特征，并以此为依据，学习输入输出的对应关系，所以我们也有理由相信深度学习可以做到自主总结、概括、摘要，甚至补充完善信息。

智体的作用就在于，一旦给它设定了宏观的工作目标，自己即可列出相应的具体课题，通过各种方法完善、补充信息。如果自己无法 100% 完成，就会借助其他具有专业能力或有保密信息（查阅）权限的智体，以达到目标，完成任务。

日本作家星新一在他的科幻小说中，描绘了未来人工智能和机器人融入到我们生活中的方方面面的情景。在他的微小说中，经常会出现能够“总结提炼”和“扩充”（内容表达的扩展）自然语言的小型机器人。（详见《肩上的秘书》等）

未来社会，人们工作时肩上或许也会安置一个微型机器人。这样一来，就能轻松高效地与人交流。比如顾客轻声说了一句“买这个”。机器人便会自动把句子扩充完整，调整好语气，代替销售员亲切地向顾客介绍。同理，机器人也能够把冗长混乱的表达进行总结摘要，便于听者的理解。

如果微型机器人能够一听到指令，就迅速做出行动，自主确定具体目标、与对手交涉、获取信息，直到实现目标，大家觉得怎么样？可以说，那就是一种即使没有具体的命令，也能够自主计划、进行工作的移动智体了。

“智体”作为一项软件技术，与IT存在很多共性。它能凭借低成本、低耗能的优势，迅速达成目标，这种迅速的执行力与其说是在物理的空间，不如说是在假想的网络空间中更为确切。历经50年逐步走向成熟的对话型机器人（类似RPG：Role Playing Game，根据具体情况，即使面对相同的问题，也会给出与上一次不同的答案，甚至做出肢体反应。）如果有一天掌握了基本的交流能力，行走于全世界，那又是怎样一番景象？

如果类人机器人被配置在无人机、法国Parrot公司的“Jumping Night”、小型潜水艇……中，或者能够与它们进行通讯，共享传感器，那么在室内的我们就可以轻松地或工作或娱乐，进行各种模拟实验了。未来的机器人发展真是不可限量啊。

关于智体，有不同的定义和分类。既有数种智体相互交流合作的社会型，也有善于运用自然语言和表情，能够转移网络，干扰其他计算机的移动型。

无需具体的指令，自主筹划型智体即可依照经验，聪明地做出判断，能够读懂情感，进行对话，与他人愉快地交流，解决问题。这种智体一旦诞生，必定会超越视觉认知和听觉认知等方面的AI，让我们的生活变得更加便利。

有成千上万个助理机器人辅助我们，体察我们的意图、愿望，为我们搜集信息，进行工作，代为传达（或许对方也是人工智能），帮助我们实现目标，生活从此将更为便捷。提出“机器人三原则”的美国天才科幻小说家艾萨克·阿西莫夫在《裸日》中曾描写过这样的场景：2万个机器人推测分析1个主人的意图，相互协作进行工作。

20世纪80年代的第二次人工智能热潮末期，移动型智体开始被应用到商业领域中，并且有了相应的规范。而电视剧本则不受网络规范的限制，有着语言特殊的规则。网络中智体（Agent）间的“相遇（Meeting）”“场所（Place）”“移动（Travel）”“连接（Connection）”，以及物理世界和现实世界中主人给予的“权限（Authority）”“许可（Permit）”……这是1990年General Magic公司新推出的商用语言。

实际上，与自律型外星人机器人相比，人类似乎更希望多数机器人智体能够通过自己独特的“语言”，帮助我们实现高效沟通。但是，绝大部分智体都没有人类一样的“躯体”。从物质到自由的比特流、数码数据，无需成本即可瞬间流动传播。如果需要“躯体”，最好安置在与之相应的外星人机器人和无人机、小型潜水艇、探查机、火箭、人工卫星等装置中。3D打印机虽然具备“身体构造”和素材数据，但是软件更能够解决问题，便于人类工作。

如果智体无法兼顾规范标准和差别竞争，就很难实现工业上的发展。另外，智体制造方暂且不论，如果购买方按照制造方的构想随意使用（当然，也需要购买方的许可和资源），那么智体的存在似乎也就和病毒没有什么区别了。因此，需要有一整套完善的监管网络空间的秩序体系以及执行力良好的“警察智体”。对于智体而言，需要有一套与人类处罚体系不同的监督管理制度。

人类在智体的协助下变得更加轻松

微软的创始人比尔·盖茨曾在1995年出版的*The Road Ahead*（《未来之路》）中谈到，互联网一开始本身并无特意拓展的意识，能在地球这一巨大的市场得以充分利用已经很不可思议了。虽然市场和互联网是开放的，但是市场上尽是需要一定手续（如，支付入场费或通过各种信息、权利）

才能利用的设施和商品服务。

如果市场是巨大而单一的，那么信息至少能够瞬间流动传播，所以移动智体跨越时间和距离的障碍，往来于市场之中的比喻其实并不恰当。如果不拘泥于互联网的世界，与现实世界的IoT服务，摸得到的商品和赠品服务展开合作，那么笔者相信会有很多地方需要移动智体。

· 音乐会门票开始发售，但是网络和电话申请的时间不同，导致很多事情撞在了一起

· 每个网站的注册方法都有所不同，每次都要输入不同的个人信息，非常麻烦（强制要求全角或半角）

甚至由于机型不同，不同的打印机有不同的使用方法，对于使用者来说十分不便。“AI又不是什么高级的技术，但哪怕只是要求彩印，IT方面也要做出很多突破。”诸如此类，大家对于IT的抱怨不绝于耳。下面在事务性工作和技术中各举一例：

· 通过网络平台向受理网站投稿时，不同网站会有不同的字数限制和要求，在这些方面需要花费很多时间。

·AWS（亚马逊）、GAE（谷歌）和Azure（微软）等大型服务商亦是如此，用户必须要不断学习，按照他们各自的操作方法进行操作才不会出错。

总之都要耗时耗力，这个时候与其抱怨烦恼，不如轻松应对。而智体这时则会参考自身的经验，靠近人类，聪明地做出行动，以幽默的对话（比如，那你试试看？）化解烦躁和工作的辛苦。笔者相信在不久的未来，就会诞生能够真正理解人类语言、掌握语义的微妙、顺畅进行沟通的AI。通过在专业领域不断应用专用型智体，AI也会更加走向实用化。

2012年10月，Metadata Incorporated宣布网络超级机器人不二子克劳迪亚正式诞生。它能够自动解析对方的语义，给出详细的行动方案，自主

决定实施方法。即便命令者没有给出明确的要求，它依然能够出色地完成工作。

想必各位读者也想拥有这样一款能够代替自己承担繁杂工作的机器人吧？只需在网站上排号抽签、下单，中标后会有短信和邮件通知，即可让你的生活变得更加便捷。

但是这些专用型智体能够承担的工作范围有限，考虑到成本，可以在利用前景较好的领域生产。即使没有机器学习，如果可以通过这样一种结构，使得不会运用编程语言的脚本作家在短时间内即可创作出脚本，这样成本就会降低，也有利于智体的推广。

通过熟练运用专家智体，人类会变得十分轻松，“被过度宠坏”的时代说不定就在不远的将来。如果那一天真的来临，星新一笔下“脾气反复无常的机器人”或许真的会出现。当它偶尔顶撞用户，不耐烦地说“我现在正忙着呢，这点小事你就不能自己做吗”时，或许我们也该发明出一种新的智体来对抗它。

真的只需通过运用软件，就能做出即时反应吗？对此，仍有许多人表示怀疑。然而，近年通过操作智能手机软件进行快递收发，或者无需会员卡即可预约打车拼车的趋势已然不足为奇了。这使得人们的生活愈加方便、省力，因此人们必定会欣然接受与现实紧密结合的智体。

“智体梦”在 API 合作有望成真

展望不久的未来，让我们一起来设想一下智体的发展。它能够代替人类找出未知问题的解决办法，或者找出能够做到这点的智体，而人类对于智体则是运用自如。

这些智体必须要懂得与其他智体进行交流对话。在真正的 IoT 时代，机器的数量将远远大于相关岗位工作者的数量，机器人通过接入网络，相互合作，解决问题也肯定会屡见不鲜。参照以前第二次 AI 热潮时的智体书写电报，似乎统一规范智体，使之能够准确地选择合作搭档，决定交流方式也变得极为重要。

以往我们的"智体梦"没能实现的一大理由和背景就是因为企业拥有垄断了各个功能、集中管理数据的网络，而普遍又认为这与国家经济的繁荣息息相关。但是不论是多么大型的企业也不可能做到垄断所有的软件。它们既不可能精确地把握市场需求，也不可能制造出所有软件投放到市场。因此，他们作为平台的运营者，努力致力于基础设施的提供，以及研发软件的素材，即 API。

实际上，自 2005 年以来，API 不断发展，逐步走向寻常化，从谷歌地图应用开始一直持续了 10 年之久。EC 网站（电子商务网站）信用卡结算功能的开发成本也在逐步降低。而如果想形成低成本、高效率的企业间界面，企业双方同时还需要提供 API。

因此，有人曾比喻"没有 API 的企业就像无法连接网络的计算机"。"企业通过 API，使得自家公司的各种信息和服务变得开放化。如果错过了这个潮流，你的公司就如同无法上网的计算机一样，毫无价值。"那些提供 API 的资深级网络运营商自不必说，甚至是无数风险企业也开始尝试提供 API，通过相互提供各种功能和通讯，及时解决问题，改变业务流通量，逐步做到共享销售额。这或许就是 21 世纪智体的发展方向吧。

"5W1H"元数据的重要性：不同类型智体间的合作，通过 API 之间的合作来促进新服务的高速发展

正如上文所述，General Magic 公司为了描述在网络上移动智体的行为，发明出书写电报语言，试图在全世界实现规格统一化。但是规格一旦被一家公司左右，就极有可能导致智体的商业生命线受到阻碍。而且，即使最初免费，但最终依然会面临征收使用书写电报语言的费用。

但是，用于智体之间交流的语言或者是表示信息传达含义的标准却应该是统一的。我们需要一种更为平和的统一，解释人类共同的信息，而不是单纯地拘泥于书写上的格式。所以这里，我们不妨把智体作为一种获取事实信息、推进工作的工具，从而考虑标准的问题。

事实的记述是某些事件和状态的结合，包含了元数据“5W1H”（What、Where、When、Who、Why、How）。“元数据”的定义是“关于数据的数据”，“5W1H”一定会连带着事件（event），是表示事件框架的重要元素，而通过认识这些有待改善的地方，才会更好地查出报道、报告等的问题。例如，在营业日报中，何时何地见了何人，由 How 再进一步延伸到 How much，仿佛不写下一些个人的估算，日报就变得毫无价值了。而实际上，比起“5W1H”，一份有意义的报告更需要的是不断地搜集、整理、完善信息和统计。

“5W1H”并没有像各类计算机语言和智体语言那样被随意地定义。内容和数据只要有关于事件的描述即可，因为“5W1H”最初就涵盖其中。记述方法和单位（日时分秒）等均要按照国际标准 IOS、GData、UBL 等进行设定，确保了兼容性和应用性。这样一来，会有更多的公司通过把握“5W1H”，就能够在多个智体之间形成有效的交流。

通过充分利用“5W1H”元数据，可以提供很多细致的服务。比如，2010 年的学术杂志《信息科学与技术》中，首次刊登了下面一段内容（见图 6–4）：

· 汽车仪表板装有 Sony GPS–1，可以同步记录时间戳和经纬度。

· 通过 GPS–1 与 USB 数据线，电脑中导入无 GPS 的数码照片。

· 启动软件后，通过时间戳（轴元数据），即可自动在照片的 Exif 元数据中插入经纬度信息。

· 以经纬度信息为线索（轴元数据），在谷歌地图中描绘出缩略图照片。

即便是没有安装 GPS 的数码相机拍摄的照片，依然可以依靠经纬度和时间戳，即从 Where 和 When 的对应信息中，在线上地图上绘制图片。从最初尺寸的照片到生成缩略图图片，网络 API 全部是免费开放的，完全无需缩略图生成程序。而且，在谷歌地图等线上地图中绘制图片时，通过 API，最多不过两三行编码。

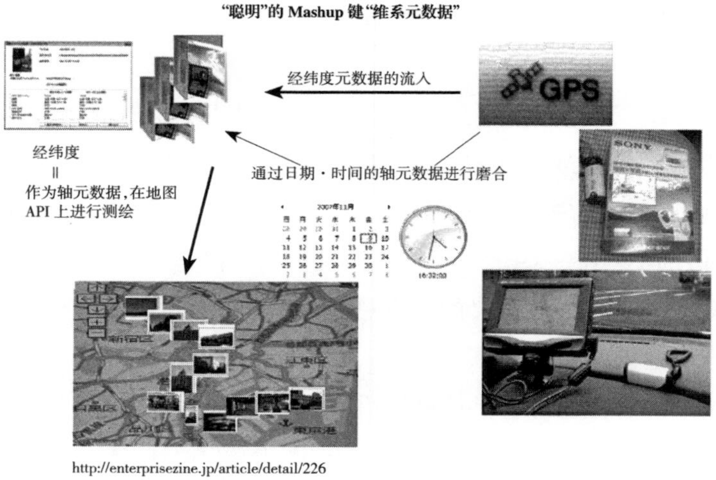
"聪明"的 Mashup 键"维系元数据"
经纬度元数据的流入
GPS
SONY
经纬度
‖
作为轴元数据，在地图
API 上进行测绘
通过日期・时间的轴元数据进行磨合
16:32:00
新宿区
江東区
http://enterprisezine.jp/article/detail/226

出处：《信息的科学和技术》（2010 年）刊载

图 6–4　通过时间信息(When)、位置信息(Where)使得内容关联起来，从而在行驶线路中构建图片

虽然你不会觉得它是一种 AI，但是作为一款软件，API 能够自动生成、提取“5W1H”元数据，确实非常便捷。另外，开发出具有自动提取邮件中的“5W1H”，登录日历，提醒重复预订等功能的软件也并非难事。不过是通过能够提取“5W1H”元数据的 API，解析邮件内容，以记录“5W1H”元数据的语言 GData 的形式输出，再投入到日历系统和群软件的 API（POST 操作）中。

在“5W1H”里，人类目前至少还要承担“Why”，即需要深度思考的工作，通过自动提取 Who、When、Where、What、How，以及商务上重要的“How much(价格)”“How long(时间)”，以期关联起不同出处的信息。“5W1H”或者“4W3H”既是活动的元数据，也是检索、加入事实信息，实现便捷化的过程中不可欠缺的重要元素。同时还是智体交流之间最基本的线索。以往人们觉得通过 API 合作或许可以实现很多期待已久的服务，而笔者认为，通过“5W1H”提取 API，或许会使得这个猜想更加现实。

从认识模型到对概念的理解

不论是智体还是人类，要想真正理解对方的语义，使得交流顺畅无阻，仅仅做到能够答出“事物的名字”还远远不够。3 岁的儿童看到妈妈的照片能够准确辨认出妈妈，而 2016 年的深度学习，只能答出“99.4% 是妈妈，0.5% 是暹罗猫”，精度仍然无法做到 100%（除非四舍五入）。虽然目前我们总算做到了语言和图像的结合，但这并不意味着实现了语言与图像中的场景、状况的一致，并不表示深度学习做到了真正的识别、理解，能够联想或者与以往的记忆、轶事相结合进行思考。

正如第 5 章所述，深度学习的实用精度得以大大提升的主要因素就在于 WordNet 概念的发展，汇集大量图片的 ImageNet（http://www.image-net.org）的形成。到 2015 年末，深度识别对于 1000 种物体的识别率达到了 97.4%，超过了人类平均的识别精度。但是这并不代表不同种类（例如：生物＞动物＞脊椎动物＞哺乳动物＞猫＞阿拉伯猫）的图片与神经元网络做到了一一对应，像人脑梳理知识一样分类。

文本、文章的识别亦是如此。做到对于文章内容的真正理解非常不易，所以试图要挑战东大入学考试题的机器人“东大君”在解答物理题时明显比解答其他科目的题吃力。即使是选择题，给出了备选答案，要想真正理解题目，做好一题仍然很难。

下面我们试举一例。正如第 1 章所述，1979 年 3 月，在富士电视台的智力问答节目春季高中选拔赛决赛上，有一道 100 分的科学题：“如果把阿伏伽德罗常数（其值约为 6.02 × 1023）视为一个单位，那么表示分子量的单位是什么？”当时笔者尚读高中，说出了正确答案“摩尔（mol）”。想象着 6.02 × 1023 个分子、原子的画面，在准确理解题干的基础上进行作答，这就是笔者的解题思路。

笔者当时还只是一名筑波大学附属驹场高中二年级的学生，是校音乐社团的部长，在 quiz 同仁会好友的劝说下，报名参加了电视台举办的知识竞赛，由此开始了临阵磨枪式的突击复习。向朋友借来当时出版的 10 本知识竞赛指南，按照文学、历史这样的分类，一个模块一个模块地进行阅读、记忆。因此，当自己答出了其实从未听说过的流行歌手和歌词的时候，心里多少会有一丝罪恶感。毕竟不是发自内心的喜欢或理解，只是通过默记，拿下了分数赢得比赛。笔者当时的这种答题技巧就类似于 AI，可以说是一种基于概率统计的大数据排行系统。

人类学习与深度学习的区别是什么？

有人认为深度学习不过是以“近似于人类的方式”，识别看到、听到的事物。这种观点很难评价。与 SVM（Support Vector Machine）等机器学习的算法相比，深度学习更接近人脑识别，但科学的论证还有待深入。

人类真正的学习究竟是怎样的状态？从研究硬件的神经科学到认知心理学、语言学，随着各种记忆和学习结构的探索，人类的学习结构似乎也在逐步得以阐明。而除了记忆和学习结构，激发人类学习欲望的意识动机、目的等是如何在脑内运转的？对于这些问题的研究我们也不能忽视，否则就无法确定在计算机上进行的模拟实验“强 AI”的目标与发展方向。当然，或许也有人认为即使没有明确这些问题，在无数次失败、无数次实验的过程中，我们或多或少也会积累一定的知识与相关背景。但是，笔者认为如果没有真正理解何为意识？怎样才能从形形色色的信息中捕捉到独特的信息等？那么取得模拟实验成功的几率也是非常渺小。

图 6-5 是一幅简单的模拟人脑学习、记忆、回忆的结构图。是笔者以仅有的一些神经认知科学、认知心理学的知识，以及知识管理领域的经验所绘制而成的。

从视觉、听觉得到的外部信息作为“学习材料”，运用既存知识和元知识、常识（高度共有的知识、图表、脚本等典型信息构造），从而追求新信息的一体化。如果是通过既存的知识结构就可以解释清楚的东西，那问题就很容易解决。而如果单凭既存的知识无法整合、理解，我认为则需要在感性、理性思考的同时，不断总结，产生新的知识（对于自身而言），并以此为基础来理解或解释。

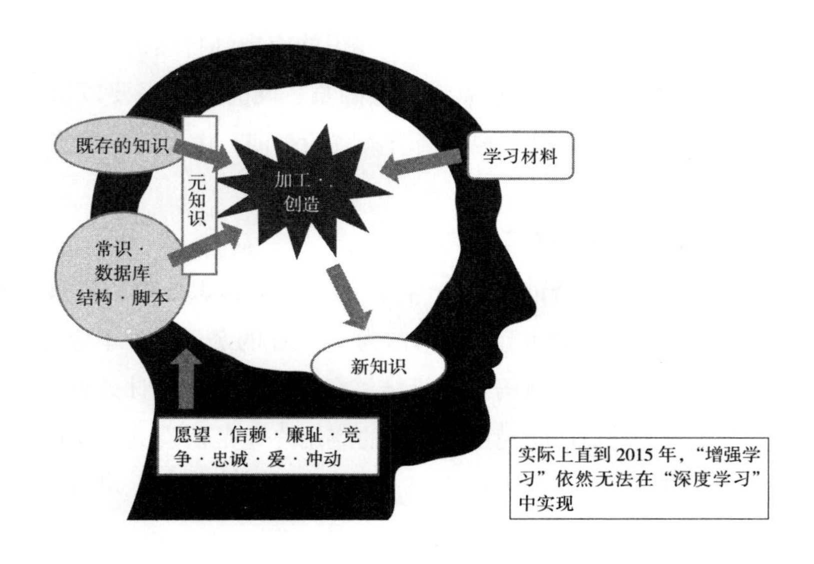

图 6–5　通常的人类“学习”与深度学习的不同

包含新知识的信息（学习材料）解读、结构理解并不会发生一定的变化，而是会受到当事者的愿望、对信息提供者的信赖、担心、有意识的或无意识的竞争、忠诚、爱心等各种状况的影响。

“人类的学习”与深度学习的“学习”之间还是存在很大差异的。深度学习是为了“训练原始数据和正确答案、其他数据之间的对应关系。在人类给出正确答案之前尽量提升精度，调整各个层次组织”。所以深度学习与其说是一种“学习”，不如说是一种“训练”。从图 6–5 中“人类学习”模拟图（实际上极其复杂。或与过去的经验进行对照，或与很多复杂的记忆相关）可以看出，这与目前深度学习的训练有着本质的区别。

解决问题、获取知识、创造知识，不能单凭统计（解析）大数据，还需要意识到输入数据间的矛盾、区别、缺陷，从而再做进一步的分析。对话型机器人或许以后能够做到一眼看穿对方的谎言或者不符合逻辑的地方。这需要在性能、精度、数据等方面取得很大的飞跃。而 2010 年的 AI

离这个目标还有一定的距离，所以笔者认为我们还需要在自动获取知识等问题的研究上多下些功夫。从神经科学知识的应用到自然语言处理、常识知识体系的构建……我们将要面临重重困难。同时，还需要以第二次 AI 热潮时的知识工程学为基础，吸取当时失败的教训，作为前车之鉴。

实现自律型人工智能任重而道远

本章介绍了“人工智能社会”、智体的普及、知识处理的复兴、强 AI 的研究与应用等内容。实际上，到目前为止，AI 的登场仅限于包含深度学习所擅长的模式识别、自然语言解析结果在内的大数据统计处理中，若不能做到与人类或其他 AI 进行交流，AI 的应用终究是狭隘的。即使目前尚无法实现流畅的交流，至少可以确定一个共同的对话方式，可以说是近似于以往脚本语言一样的智体标准。

在人工智能内部，是否有可能在保持世界观的一体化的同时，继续拓展知识？能否制造出这样一种 AI，可以摆脱专业领域内部的制约，超越种类的限制，记住谈话？甚至有时可以套出对方的真心话？虽然这种概率并非为零，但是距上一次 AI 热潮已过去了 30 余年，从各领域的发展和近年的状况来看，笔者认为在 2045 之前，诞生具备这些能力的自律型人工智能的几率并不高。

要想做到自动获取知识，需要巨大的知识储备。但实际上巨大的知识储备无法单凭人力完成，所以从这点来讲，AI 的发展是有所制约的。能够自动获取知识的 AI 就像是刚刚诞生的孩子，没有经过小学、中学、高中的学习，没有人力的帮助（编程），自主地储备了庞大的常识、记忆（不只是语言，还包括奇闻异事等回忆），并且能够根据不同状况做出必要的提示。在日本，每学年大约有 100 万学生，不同的家长、老师教育孩子的方式肯定会存在差异。但是，孩子们最终获得的知识都是相似的。就目前来看，开发出能够从过去的经验、原始知识中汲取干扰性较强的知识的 AI 可以说是一项不小的挑战。AI 在面对未知的遭遇时，需要做到冷静应对，随机应变，想出解决办法。

科技的进步不会呈几何式增长，而是渐变和剧变的组合。因此，到2045年，研发出能够自动获取知识，像人类一样具有创造性和常识，能够及时解决问题的AI也并非不可能。但是若想机器真正掌握高级知识（远远超过WordNet和ImageNet），绝不仅是单凭一种算法或想法就能解决的。这也是WordNet研究者们需要不断探索的课题。那么在21世纪后半期，真正意义上的AI究竟能否诞生呢?

第 7 章　人工智能与未来媒体：记者将被 AI 淘汰？

作为本书第 I 部的最后一个章节，笔者将为大家介绍一下人工智能被广泛应用于各行各业的发展状态，以及与 AI 相关的新闻报道、AI 时代下支撑机器开发的著作权的概貌、法律制度、社会体系变化等方面的内容。

越来越广泛的工商业应用

近几年，深度学习的精确度和应用范围大幅提升。据批量生产图形处理板（超级电脑板）的 nVidia 公司 2015 年末总结显示，图形处理板所引发的深度学习于 2012 年首次发表在学会杂志上，到 2013 年增加了 100 个研究单位进行试验。2014 年在业界引起轰动，（nVidia）GPU 的关键深度学习开始应用到了各行各业之中。从大学到互联网企业、医疗单位、金融、媒体娱乐、政府、制造业特别是汽车、国防、能源等领域，总计 1549 个机关团体，到 2015 年截止，这一数字更是增长了 2 倍以上，达到 3409 个。

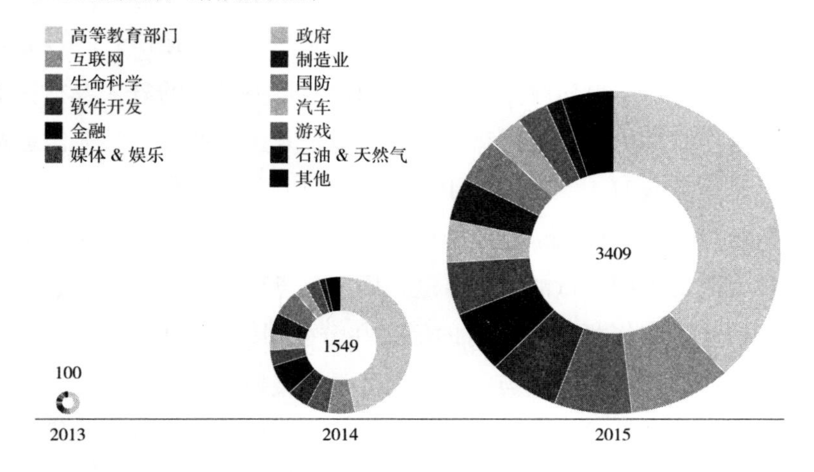

出处：nVidia 公司 2015 年末调研

图 7-1　nVidia 通过深度学习合作的机关比率

金融圈的科技革命：AI + Fintech

20 世纪 80 年代后期，深度学习的前身三层神经网络开始用于学习信用卡公司黑名单上的会员消费状态（消费金额、频率、场所、日期、时间等）。因为无法提前预测会员的消费状态，所以可以说三层神经网络无法通过以往的程序进行消费模式的判断或重组，适用范围有限。

时至今日，保险、证券、商务结算等金融行业依然对以深度学习为首的机器学习抱着很大的期望。所以与其让人类把握自身或社会组织不合理的地方，不如让机器学习去快速分析问题的原因，快速做出决策，这才能保证低风险和高回报。实际上，不仅在日内交易、汽车、飞机等需要操控的方面离不开实时化决策，对于很多经营者或其他业务而言实时化决策同样重要。这种“当机立断”是要找出最合适的解决方案，或许存在或许根本不存在。所以即便无法以理服人，但是依然可以从机器学习所得出的结论中做出选择。

自 2010 年起，“金融科技（Fintech）”一词的热度逐渐上升，它是金融（Finance）和科技（Technology）的复合词。因此目前对于它的定义和范畴也是各执一词。最初诞生于金融领域，通过电脑上的数字表示货币本身，是一种作为货币本质进行交易的在线账户系统。而后与其他信息系统相结合，迅速走向 IT 化。因此，1984 年笔者初入职场时，就有 10 多家市级银行纷纷打出“只招工学专业毕业生”的口号，抢夺人才。这些工程学专业的学生既有入职银行的，也有进入国家信息部门工作的，总之很多岗位都对理科生伸出了橄榄枝。有的经过在分公司的历练后迅速成长起来，之后甚至在产品开发部门独当一面。而公派赴美留学的人，往往会选择融合了心理学和物理学的新经济学专业，以期毕业后能够进入新时代热门的金融行业，或调职进入既存业务部门或外商咨询公司工作。

公司大力引入理科生的战略虽然源于日本，但美国在这一点上却远胜于其他国家。美国往往会不惜花费重金挖掘人才，吸引华尔街的天才——获得理论物理学等博士学位的宽客们（quant）到自己门下，让他们在投行、对冲基金等支柱贸易、新产品研发领域一展身手。他们开发出各种数理模型、软件，周旋于各种投资决策和金融交易中，为所属公司争取利益。而这些技术中就包含今天我们所指的人工智能。

那么最近大热的金融科技与以往的金融 IT 化又有哪些区别呢？最大的不同就在于如今的发展趋势是规划金融相关的新科技、新商业模式、新基础设施的同时，不断涌现出试图打破金融业既存的组织结构的 IT 风险投资企业。即金融科技对于既存的金融行业而言，最初是一种来自外部的压力，是佩里的黑船。如果整个行业最初坚决排斥，或许 Fintech 也就不会存在，但是既存的金融业没有抵制，而似乎是以欢迎的姿态欣然接受了与 Fintech 相关的新兴企业。

随后美国出现了一批办理既存结算、汇款的手续费能够便宜十分之一的 IT 风险投资公司，以及通过 C2C（Customer to Customer）代理个人融资审查，实现迅速融资等企业。由此美国的风险投资也发生了巨变，2014 年比上一年增长了 3 倍，投资总计 96.18 亿美元。当时位居世界第二名的英国仅为美国的十六分之一，即 6.1 亿美元，中国则位列第三。而爱沙尼亚凭借率先采用数字身份证，简化公共结算流程，极大地提高了生活效率，正在不断冲击着以往发达国家的秩序。

X–Tech 时代：AI 和非传统型 IT 向各行业渗透

除了金融业，其他行业也存在类似的情况。既然金融科技（Fintech）这么热门，那么其他行业是不是也可以搞一个 X+Technology=X–Tech 呢？

在日本福冈金融集团举办的 X–Tech Innovation 2015 大会上，除了结算、个人资产管理、汇款等金融科技以外，还提到了交通、生活基础设施、医疗、护理 / 健康管理、行政、家电 / 机械、电台 / 媒体、零售服务，吸引了众多 IT 风险投资企业加入。赞助商们表示正因为这些试图改变既存行业现状的国内外企业的发展，才能够抵挡住破坏性技术，使科技重新走向正轨。共计 12 家合作伙伴、30 家赞助商。最终从结算、共享服务中选出了 5 家公司的作品入围。（参照图 7–2）

AI 和非传统型 IT 正在向各行各业渗透，X–Tech 的时代正在朝我们走来。Tech 与房产鉴定师的结合——RETech（RealEstate Tech），与政府、地方自治团体的结合——第三部门公共服务 CivicTech，学校课后补习班引入能根据教学进度以及学生理解情况进行教学的 EdTech（教育 +Tech），农业则变为 AgriTech（农业 +Tech），体育赛事离不开大数据解析的帮助，即服务的 SportTech（体育 +Tech）。除此以外，还有诸如生活基础设施方面的外卖配送 FoodTech（食品 +Tech）、网上预约干洗服务（衣服 +Tech），以及面向零售服务的 RetailTech（零售 +Tech）即通过深度学习完善店内陈设布局等。

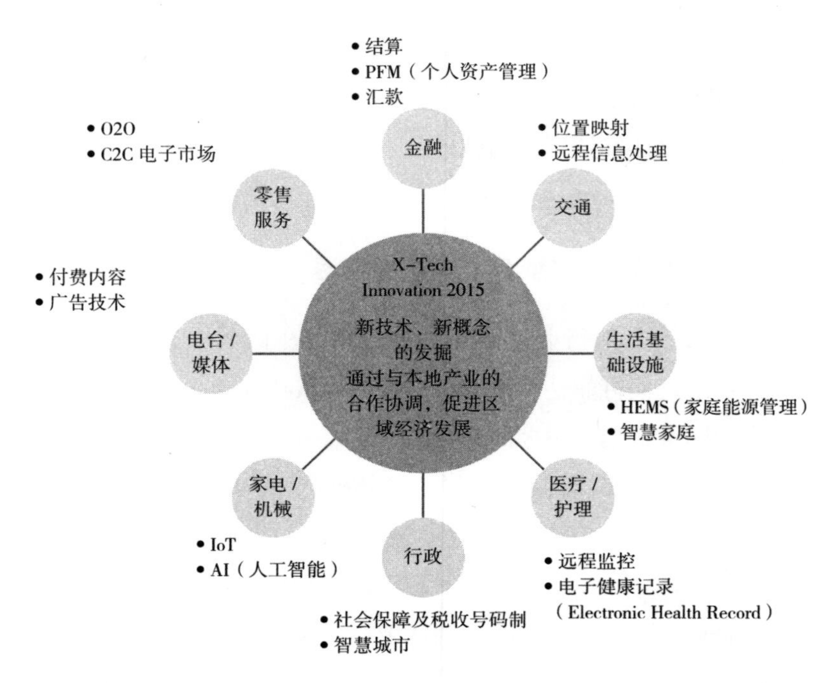

出处：福冈金融集团主办的 X–Tech Innovation 2015 大会

图 7–2　X–Tech 的延伸（X–Tech Innovation 2015）

如今，随着内部市场以及市场自动化的成型，市场营销领域的定量评价、定性分析也会扩展为 Marche Tech（市场 +Tech）。Tech 甚至还会渗透到人事派遣领域中，形成 HRTech（人才招聘 +Tech），还有在美国利用 AI 检索案例，分担一部分律师工作的 LegalTech（法律 +Tech）。

日本 NTT 通信技术研究所表示，所谓“X–Tech”即以简化的 IT 为中心，提供新兴企业迄今为止没有接触过的结构模式，从而产生新价值的一种发展方向。

虽然谈起 X–Tech，我们一直似乎在回避它是一场从 IT 行业闯入人们视线的由风险投资所引发的突破性革新。但有一点却不可否认，它脱离不了 IT、新技术的支撑，它是我们进行新兴基础设施建设、追求附加价值的产物。自 2008 年以来，比特币的底层技术区块链的真正价值逐渐被人们所发现，X-Tech 开始逐步应用到电子合同等各种认证服务中，影响领域不断扩大，可以说掀起了一场持续性的技术革新。

AI 是否可以被视为一种简化的 IT 呢？这里笔者要打一个问号。这是由于 AI 具有一些两面性的因素，比如在有些方面它无法按照事先的设定和计划发展，并且精度和实用性会因数据的质量受到影响。所以 AI 是以往所没有的附加价值诞生的源泉，是一种创造新型界面的工具，所以可以说 AI 是 X-Tech 的重要组成部分。

人们期待着它能被更多地应用到医疗服务等领域中。也就是从旁观者的角度来看，更希望它能够不受既存商流、既存框架的束缚，带来更多的新服务。至少在对于既存服务不满的用户中是非常受欢迎的。

不断跨界，越来越广的技术应用

横跨各行各业的构想是希望技术能够与各个领域相结合（即 X+Tech），形成新的附加价值，解决以往的瓶颈课题。既然前面提到的区块链（虽然处理时间较长）能够实现分散型账本管理和更新，那么相信 X-Tech 也可以应用到其他领域的认证服务中。在 MarcheTech（市场 +Tech）中，如果把它作为一种邮件技术的延伸，那么我们将逐步可以实现对邮件中特定内容反馈的量化。这样一来，这项技术也就有可能广泛应用到 HRTech（人才招聘 +Tech）、简历审查、EdTech（教育 +Tech）……中。

如果能够量化对邮件中特定内容的反馈，那么我们就能够更好地把握预测顾客的行为，特别是消费状态。企业便可免于一场无用功，销售额、利润也将得到不小的提升。而另一方面，对于消费者而言，将会告别冗长的消息提醒，邮箱中再也不会积满推销邮件，避免了重要的私信丢失，从而自身利益将得到保障。

判断文章要点，离不开大数据，即通过社会化媒体和顾客服务专区的电话受理等，收集消费者的意见（VoC：Voice of Customers），利用 AI 进行分析。由此一来，B2C 企业自不必说，市场 + 人工智能也必将会逐渐渗透到利用 IoT 设备的 B2B 企业中（产品与传感器、摄像等的结合）。

人们期待着机器学习能够从大数据（VoC、IoT 的源泉）中发掘事物的本质和特点。而机器学习、新模式的发掘、自动分类等离不开原始数据的数集（矢量）、符号的集合。

因此正如图 3–3 所示，识别型 AI 如今备受瞩目。声音、图片能够通过以深度学习为首的识别型 AI 直接分类，而文章（自由文本）则需要很多事前的加工。单词短语，主语和谓语、谓语和宾语的关系，单词和短语的含义范畴……汇集整理机器学习型 AI、模式识别型 AI 能够处理的学习素材。

但事实上，X–Tech 在各行各业的应用并不都是一帆风顺的。现实与行业期待之间产生的落差、误解等导致的失败也有很多，这些失败的经验应该成为未来其他领域借鉴学习的指南。从最初引入 AI 开始，许多大型金融机构对于在美国智力测试大赛上获胜的现代专家系统、能够接待客人的机器人等就抱有不满。

· 自上而下的系统无法更改

· 方法、精度会受训练数据的影响，要保障机密管理、数据等流入经销商

· 实用精度没有预想的高，数据不能公开或借出，实际使用依赖于顾客

责任分界点（IT 经销商和顾客之间实现精度或性能的责任临界点）偏移到付款的消费者一边自然是不合理的。因此为了避免这样的情况发生，除了要做到严格的机密管理，同时一定程度上需要经销商一方的专家承担起训练数据的筛选评价等责任。换言之，X–Tech 先行的行业要做出表率。

X–Tech 的后援：开放数据

最近，很多政府机关试图在信息公开方面做出一些改变，在推行保留个人信息的举措之后，首次尝试公开官方手中掌握的数据。公开数据除了

PDF 格式，还包括方便在电脑中使用的 CSV 格式，甚至还增加了能够直接列入应用中的 API（Application Programming Interface）。这一行动并非来自商业的压力，而是作为 X-Tech 的先行者，制造商、用户等利益相关者自然而然地必然将卷入其中，成为备受瞩目的中坚力量。

公共部门多数时候承担着监督大众的职责，因此自然少不了深度学习。地方公共团体负责的备用品、设备，仓库的管理，消防、警察、自卫队的行动……各个方面都离不开监控。我们需要 24 小时关注失火、敌人、无人机……的监控画面，不容疏忽。因此，必须要引入 AI，才能降低成本，提高生产效率和产品质量，扩大服务范围。

自各国公安部门引入 NEC 指纹对照系统已经过去了 30 多年，大家期待着 AI 精度的提升，期待着 AI 能够被尽快运用到科学搜查中，通过深度学习进行专业的图像识别，在被害人肌肤检测上发挥更大的作用。一方面，展示动态时序行为，利用内部记忆来处理任意时序的输入序列，可以更轻松地处理如不分段的手写识别、语音识别的多层反馈 RNN（Recurrent Neural Network，循环神经网络）的地位也必将不断提高。另一方面，放射性物质、毒素挥发，高温火山碎屑流、火山弹、强风、堤坝坍塌、滑坡，或救援队也无从下手的危险时刻，通过实时监督摄像头、望远镜、集音器等工具搜集、解析、整理、分类信息就变得极为重要，所以这也是深度学习备受关注的原因。

如果能够解决隐私、法制建设、集体意识等引发的一系列问题，通过面部识别认证，行政手续将得到简化。如果社会的制度不健全，那么会导致很多问题出现，比如个人信息会泄露，甚至会在黑市上出售等等。而要想真正解决这些问题，不能单凭人力，还需要依靠 AI 实施有效的监督管理。

在实际生活中，或许我们更应该承担起那些必须由人类负责的工作，把更为细致琐碎的工作交给 AI 完成。比如，试探对方本意、积极沟通、文案撰写、承担责任……就需要人类完成。而一些重要业务、服务的辅助工作以及对用户的管理可以由 AI 辅助展开。

MediaTech：机器人能否取代记者？

AI 能做的采访和做不了的采访

AI 能否代替记者的工作？这是媒体行业引入 AI 的试金石。本章提到的“采访”会在下一章和“报道”一起介绍。接下来会涉及已有报道、著作权等内容。上文提到的 X-Tech，在传媒领域实际上指的就是从外部引入最高端的技术，即“MediaTech”。

电视台、广播电台、报社、杂志社等媒体究竟扮演着怎样的角色呢？对于公众、一般社会而言，他们的工作是收集、编写最新的信息，捕捉社会动态，并分门别类进行排序整理。如果你认为各种新闻报道、解说会按照不同的重要度和分量依次排序，记者会及时与相关者进行沟通，那么就大错特错了。

人们期待着未来媒体行业能够像其他领域一样，市场向着精细化、个性化方向发展，为不同的受众打造个性化内容。新闻内容会根据个人的兴趣爱好，有针对性地为受众做出筛选推荐，这种内容管理服务目前正在发展。然而现实却是很多公司为了扩大广告收入，经常给受众推送垃圾广告，所以希望今后 AI 能够在这一方面强化管理。

谈到媒体行业，有一个职位一直以来都非常热门，那就是记者。所有独家资讯的背后少不了记者辛勤的付出、灵敏的洞察力，以及对真相锲而不舍的精神。近年来，随着自由记者的发展，传统记者受到一定挑战，同时随着谷歌搜索、社交媒体等间接取材手段的出现，资讯的新鲜度、可信度也是大打折扣。特别是任意从 facebook 上下载被害人家属的照片，并在媒体上私自公开，一度挑战了公众底线，备受诟病。而这其中的关键或许就在于“取证”。

毫无疑问，记者取证需要上网搜索调查相关信息，判断信息价值等。刑警、暗中侦察、国外的 CIA（美国中央情报局），都需要不断地搜查取证、找出线索。但有一点需要区别的是玩命得到的信息叫“情报”（intelligence），不同于普通公开的信息。英语“Information”是“inform”

（告知、通知）的名词。并无“价值高”“极为重要”或“情报”的意思在里面。所以 CIA 如果全称变为“Central Information Agency”，给人的感觉就没有那么严肃重要了，反而听起来会误以为是国家旅游观光咨询机构。

因此，记者们在采访时不仅需要关注“信息”，更需要重视“情报”。或者说，只有抱着“不入虎穴焉得虎子”的心态去拼命，才能拿到绝密的一手资料。他们时而设立假说后进一步推理，思考报道中可以有哪些特别的地方（比如，狗咬人并不奇怪，但人咬狗绝对会吸引受众），时而转换角度或更换采访对象。

拿到原稿后，编辑或主编需要通读全文，同时还要换位思考，揣测受众的兴趣和反应，再对稿件进行取舍。然后需要最终确定报道的字数、篇幅、题目等。这些工作，特别是后者很难全部交给 AI 完成。但如果是已经存在的材料，比如已经在谷歌新闻中出现过的，或许可以通过其他方式对大数据进行排序，对有说服力的新闻进行取舍。但是在挖掘一手素材方面，目前各种媒体主要依赖编辑完成。他们经验丰富，关注读者反应，基于坚定的价值观策划系列选题。这些具有创造性的活动 AI 也是难以胜任的。可能有看好 AI、认为今后应该使用 AI 进行采访的人会说：“可以让机器复制人类的价值观。机器可以从编辑或主编当天的指示或语言信息中分析提炼其意图，并据此在线搜索素材，必要时前往现场采访（拍照、语音识别）。”但是机器要识别和判断“人咬狗”这种违反常识的特殊情况需要具备跟人类同等水平的常识和知识体系，目前（2016 年年中）来看并不具备。

所以笔者认为目前姑且可以把 AI 视为记者的助理。由此一来，AI 可以逐渐掌握更多的基本常识，还能学习评价新闻的新鲜度、重要性等问题的方法，辅助人类做出判断，了解什么样的题材、结构才能引人入胜，从而提升新闻的价值。

那么机器人究竟能否完成采访任务呢？我们不如先来回顾一下无人机（图 7-3）。无人机并非完全由人类远程操控，一定程度上需要它自己判断什么时候、什么内容值得记录到摄像机中。

出处：https://pixabay.com/ja/无人机－谍报调查－摄像机－间谍－nsa-407393/

图 7-3 无人机

而现实生活中，记者需要在体验事件经过和现场氛围的同时，采访目击群众、周围邻居，关注事件的导火索、进展，及时转移重点，不断地搜索现场有价值的信息。

但是采访对象多数情况下难以对记者敞开心扉，那么和无人机的交流又可行吗？实际上，面对毫无感情的机器，人类反倒更易吐露真情。但是如何与对方打太极、绕圈子？如何使他回答出对方不愿透露的话题又不激怒对方？这些对于无人机而言，目前还难以做到。

比人类还懂礼貌，能够出色地完成采编任务的 AI 存在的概率

最近，外界对记者批判的声音不绝于耳。过于依赖网络搜索、疏于实地调查、不经取证胡乱编写稿件……各种问题纷至沓来。2016 年 4 月熊本地震，有记者团队深入灾区采访时，偷偷混入灾民救济队伍，领取免费食物，一度引发广泛舆论热议。越是在这样的压力下，对于记者行业的规范、要求就变得愈加迫切。

2015 年 7 月 2 日，《SPA！日报》上刊登了由知名记者安田浩一以采访无人机少年诺艾尔的母亲为背景撰写的一篇文章《他或许能成为一名优秀的记者》：

它就这样突然闯入了我的世界，可以说镜头打破了原本平常的生活，

我也曾遭到监视，所以我很理解那种不自在的感觉。然而现在我一步步变成了自己讨厌的人。通过内线沟通后，房门打开的一瞬间，也就不难想象心里有多矛盾了。

作者真实地记录了备受争议的当事人一家的心境。

玄关旁的小窗户打开后，母亲立刻询问道：是一个人吗？有摄像机吗？真的是一个人？网络摄像头的网络会不会中断？

至少网络摄像头可以重复侦查、传达信息……与那些依靠整理网络上的零散信息、东拼西凑的记者相比，它还算比较可靠。信息的接收者可以看到受访者的信息，并对此进行评估。（安田浩一）

无人机少年诺艾尔在浅草三社祭当天因操控无人机，被警方以“威胁妨碍他人罪”逮捕。他的母亲在接受采访时说过这样一句话，“他或许能成为一名优秀的记者”。这句话也成为当时报道的标题。的确，与那些根本不去实地采访、只在网页或SNS上复制图片、抄袭材料、全凭杜撰的大人们相比，“他一直在坚持着自己独有的努力”。（安田浩一）

如果AI也能具有诺艾尔一样的热情，认真地去搜集资料、采访取证，那么也会更加有利于今后新闻报道的发展。

针对采访记者、受访者，以及媒体人应该坚守的职业道德，安田先生曾直言：

媒体口中的正义究竟是什么？他私自安装机器，触犯了他人隐私，损害了他人的利益，这是不争的事实。在川崎事件中，他发布的消息，引发民众骚动，没有任何积极意义，反倒只会加剧事情的恶化。

而他自己又能够认清多少？这一行为能成全何人？谁才是最后的牺牲者？这场正义为了谁？恐怕他都没有考虑过。于他而言，或许最重要的是传播。而我却觉得最可怕的莫过于这些答案并没有写入报道中。

也就是说，他有意也好，无意也罢，总之是侧面揭露了日本媒体界长期存在的一些问题。所以媒体人不能无视他。他于我们而言，就像一面镜子。所以我们迫切地希望与他聊一聊。

之后，安田先生又以一篇《走向偏激的网络媒体》，将批判的矛头指向了那些重度依赖网络搜索的新人（记者）。在肯定他们身上的优点的同时，安田先生也指出了他们的缺点：不顾传统媒体、大众媒体一直以来的行业规范，不虚心接受职业培训，过于偏激……甚至有时会为了金钱利益不惜听从他人指示撰写报道，或为了浏览量想方设法博人眼球。

所以笔者一想到如今的AI，如果是像“铁人28号”那样的遥控式机器人（会受学习数据、背后操控的人类的影响），那么千万不能让它们落到那些贪图利益之人或受利益驱使捏造事实之人的手中。即使在市场经济的背景下，难免会被这些人所利用，那么我们也可以多加小心，及时识破他们伪造的信息，在推特上积极揭发，不造谣不传谣，完善相关法律制度。

另外，随着信息量的剧增，我们还应该尽快利用好Media-tech，帮助信息接受者判断信息的真伪，而不是单纯地存储到大脑中。比如两篇报道，内容相似，结论却大相径庭，那么这时就需要AI以5W1H元数据为基础，通过绘制图表，把握两者的不同，哪个更符合常识、哪个值得相信，迅速准确地做出判断。

AI已能写出自然的文章

那么2016年的AI在新闻报道方面处于什么水平？本章我们将以美国为例，为大家介绍以真实数据为基础，自动编程学习的AI软件究竟能够撰写哪些类型的报道，目前又处在哪一阶段？

美国Narrative Science公司和Automated Insights公司等多家风险投资公司都开始尝试利用AI自动编辑新闻稿件、自动转化数表和公式等。据2012年4月的新闻报道，第二次人工智能热潮时提出“概念依存理论

（Concept Dependency Theory）”的 R.Schank（耶鲁大学）等科学家的 AI 研究成果很大程度上受到了首家尝试体育新闻自动生成的 Narrative Science 公司创始人之一 CTO Kristian J.Hammond 先生的影响。而后，芝加哥大学、美国西北大学传媒学院、综合市场营销交流等研究生院也纷纷投入到了自动生成新闻报道的系统开发中。这里让我们一起来看一个真实的例子：

Friona fell 10–8 to Boys Ranch in five innings on Monday at Friona despite racking up seven hits and eight runs. Friona was led by a flawless day at the dish by Hunter Sundre, who went 2–2 against Boys Ranch pitching. Sundre singled in the third inning and tripled in the fourth inning……Friona piled up the steals, swiping eight bags in all……

这段英语表达连贯自然，一气呵成，乍一看没有任何奇怪的地方。而实际上，如果让当天前去观看比赛的人浏览一遍，就会发现有些部分的叙述与实际不符，但是整体还是比较流畅清晰的，毫无机器生成的痕迹。叙述棒球比赛的经过，多少会有些固定的句式表达，但这段叙述中又通过加入真实的比分和数字成功地掩盖了模式套路。

Automated Insights 公司在 2015 年也曾研发过一款自动撰写文章的软件（Wordsmith），它能够将很多数据自然地运用到英语报告中。（参见图 7–4）。

- 犯罪动向
- 销售额总计
- 选票结果
- 投资用途概要

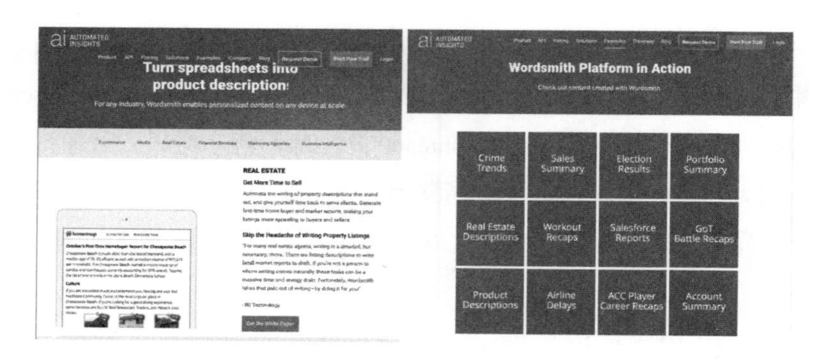

出处：Automated Insights 公司 https://automatedinsights.com/examples

图 7-4　Automated Insights 公司的 Wordsmith

- 房地产介绍
- 各类销售报告
- 产品说明
- 航班延误情况
- 会计报告（account summary）

实际商业中会用到多少呢？据 AP（美国联合通讯社）报道，以往每个季度会提供大概 300 份企业结算报告，而 2014 年 6 月官方网站宣布，通过利用 Automated Insights 公司的 Wordsmith，完成的结算报告总计高达 4400 份。Wordsmith 会自动生成一份 150—300 字的报告，同时会把企业提供的准确数据自然地加入其中，最后再由人工检查、发布。此后 Wordsmith 还根据 NCAA（全美大学体育协会）提供的信息，撰写过全美大学生体育比赛的新闻材料。可以说，以往记者难以应对的新闻题材，终于变得简单了。

据 AP（美国联合通讯社）报道，2015 年年初，在 Automated Insights 公司技术的基础上，参考 Zacks Investment Research，已经实现了自动生成美国企业的季度结算报告，每季度可达 3000 份以上。笔者认为或许是因为体育新闻更注重文章的简洁清晰，不需要过多的文采或起承转合等技巧，所以 AI 才能够胜任。

总之，此类软件写文章的套路大致相同，或介绍比赛过程和结果，或分析结算数据，确定文章风格（修辞手法、起承转合等），加入具体专业术语和数字，最后完成编辑。

从目前来看，这些软件都还未运用到机器学习、深度学习。希望今后控股公司能够利用这些最新的人工智能智体，使文章的表达更加丰富有趣。

其实不止 AP（美国联合通讯社），《洛杉矶时报》早先也用过类似的模板自动生成地震通知。上文提到的 Automated Insights 公司还有很多顾客，包括 Yahoo!Sports（美国版谷歌体育）、Greatcall（面向老年人的健康管理软件）、BodySpace（Bodybuilding.com 网站）、Emerson（网站广告代理商）……

Greatcall 是一款专注于管理老年人身体健康的软件。但是每次结果分析中的图表、图片都过于花哨复杂，因此用户体验并不好。如果改为简短的几句话说明，或许会更加简明易懂。（参照图 7–6）

出处：Greatcall 公司主页

图 7–5　智能手机 APP 实例

的确，比起巨大的人员开支，批量自动生成文章会大大降低成本，所以当然可以选择以日记的方式自动记录用户每天运动、出汗心跳等身体状况。但是与文章相比，用户往往更加倾向“可视化”（一般指通过数字、图表等手法，实时了解状况、解决问题）的东西。不管怎样，笔者认为与其我们每天负责撰写大量固定模式的文章，不如由 AI 代替人类完成。

今后，或许会出现新的模式，我们会利用上文提到的摘要型智体检索大量生成的文件群，通过总结出的要点，进行快速阅读。

不过，也有人表示文章原本是人类专属的一种“媒体”，只有人类能够书写、阅读，而媒体一旦为了 AI 而 AI 化，那么就变了味道，最终只会沦为联合 AI 自动读取的工具。

其实，笔者认为这种观点不免有些杞人忧天。定型数据处理及解释本来就是计算机擅长的技能，是一种单纯的技术作业。若能利用 AI，提升工作效率，突破自然语言一直以来的瓶颈，何乐而不为？由此，人类也能够更加高效地分配时间，把握整体，深度分析，深入调查。

想必 40 岁以上的人依然对第二次人工智能热潮时，新兴风险投资企业开发的电脑软件“代笔人直子”记忆犹新吧。这款软件能够像专家一样与人对话，出色地完成商务函件。凭借拥有商务、私人等数十种模板，以及超强的实用性，一时间大受欢迎。另外还有一点非常难得，即它能非常委婉地表达不满、抱怨的情绪，还能够在 2—3 分钟内自动生成一份态度诚恳、易于对方接受的道歉书。免去了我们面对白纸长叹、毫无头绪（以大数据为基础的素材等）、无从下手的烦恼。毕竟现实生活中擅长写道歉书或投诉邮件的人并不多见。因此，这种 AI 非常畅销。

其实即便技术上没有很大突破，只要符合实际市场需求，能够抓住用户痛点，就依然是出色的产品。所以我们也可以在商业化、实用性强的人工智能应用产品上多做努力。这也是第二次人工智能热潮留给我们的宝贵经验。

与艺术的大胆结合！人工智能的著作权如何界定？

AI根据图表数据等完全独立地写作报道类文章的话，必然绕不开著作权的问题。机器创作是否具有知识产权？未来将会如何发展呢？

日本著作权法对此没有解释

AI自动生成报告时输入的数据并不是自己随意把数字简单地罗列，而是客观真实的数字组合，是体育比赛的真实结果或企业提供的全年市场数据。所以通常没有著作权。如果编写数据库运用了自己独特的方法，那么或许数据库的著作权才会被承认。但若像CSV（Comma Separated Value）一样没有带来任何利益（比如能够快速搜索的数据/网络API的附加价值），则视为不具有著作权。

那么，以没有著作权的数值数据为基础自动生成的文章究竟属于谁的作品？AP通讯社肯定会毫无疑问地认为是自家的产物。根据日本著作权法的规定，著作权有时可以视为不存在：

> 所谓著作物是指人类思想情感的表达，或精神作业的成果。

那么著作权应该归属于自然人和开发出AI智体的Automated Insights公司吗？例如，说到制作企业审计报告，我们肯定会联想到Zacks Investment Research，作为精神作业的一种回报，著作权应该从属于他们还是利用者？（例如购买了AI智体和学习结果的企业。）

从商业习惯来说，只要支付了对等的金额，取得了自动生成特定报道的权利，并且没有侵犯上述两家公司及其他相关利益人的权利，那么毫无疑问，使用方的著作权可以得到承认。但遗憾的是，直到2016年下半年，日本著作权法还没有对此的相关规定。

不论是日本还是美国，都遵循《世界版权公约》的相关道路交通法规，即车辆行驶途中，驾驶员双手不得脱离方向盘。但2016年2月，据谷歌新闻报道，美国国家道路交通安全局（NHTSA：National Highway Traffic Safety Administration）基本默认了AI的驾驶员身份。然而即便AI驾驶实现了合法化，AI依然不会承担任何法律责任或肇事赔偿。因为它本身并没有人类的法律责任、义务或财产权等。

所以同理，关于上述AI是否具有著作权的问题，笔者认为，如果承认了AI的著作权并支付一定的使用费，有可能导致个别人（法人）得利，恐怕会背离了著作权法的宗旨。因此，最基本的解决办法还应该在于明确监护人（责任人），由他们在行使权利的同时承担相应责任。

参照英国著作权法的修正

那么权利的内容、保证期限应该怎样规定？以往自然人的著作权能否等同于法人著作物的著作权？

我们不妨参考一下英国的做法。英国是世界上最早（1988年）对机器创作的著作权做出规定的国家。当时英国著作权法针对的对象是计算机生成的作品CGW（Computer Generated Work），重点法规如下：

CGW（Computer Generated Work）是在没有人类介入的前提下计算机自动生成的著作物。

CGW与人类通常意义上的著作物不同，在法律规定的期限内，权利受到保护。

CGW不具备著作人格权（即使属于创作）。

即使未来计算机具备了意志，能够随意把权利转让给第三者，也不予承认。

保护期限为著作物诞生后的50年以内。

计算机、机器与人类不同，不会出现“死亡”，所以保护期限短于人类的著作物。

为创作付出了一定努力，做出了必要准备的人即CGW的著作人。

保护期限从通常的作者离世后 70 年缩短到了著作的诞生后 50 年。

虽然英国法律在对著作人格权的定义上与日本有所不同，但在总体方针上仍具有一定的说服力。比如，否定了机器具有著作人格权（著作人格权与人格权相对，机器无人格权，自然也就不应该具有著作人格权）。机器可以有名字或昵称，但不存在户籍或选举权等同一性，所以也不具备姓名表示权。更不用说给予其“监护人”作者的权利了。人类的著作物还拥有同一性保持权、名誉声望保持权等，作者的人格利益受到法律保护。但对于机器创作物，如果“监护人”坚持作者的名誉、尊严（人格权不同于经济利益），要求保持同一性不免有些奇怪。因此，从这个意义上而言，1988 年英国对于著作权法的修订是比较合理的。

《伯尔尼公约》虽然对此没有做出规定，但出版权毕竟也是作者人格权的一部分，所以机器又是否具有出版权呢？“CGW 的作者”，即那些做出了一定投入（necessary arrangement）的个人或企业的权利和义务又是如何呢？假如 CGW 挑战了社会公德，发表反社会或带有歧视性的言论（实际上 2016 年曾发生过类似 AI 不当言论在网络上流传的事件），或违反了著作权法、民法等，那么是否应该受到制裁？如果他们无需承担任何责任，那么这部分就会彻底失去了法律的约束力。而如今的社会和科技与 1988 年相比早已有了很大的变化，所以从目前的角度再来探讨“CGW 作者”的问题，笔者认为“AI 系统开发者”“AI 系统利用者”“发起该项目的制作人”都应该属于 CGW 的作者。三者并存，难免有时会因权利产生纷争。这时就需要按照贡献度、相关度等对权利进行分配。

比如大型 web 服务运营商的机器学习智体（从第三方获得许可的软件）和已经学完所有识别对象的 API。用户登录该 web 服务，最初只是抱着玩玩的心态，一旦上传了自拍，之后即可进行自己专用的追加识别，也就是间接训练了 AI。在这种情况下，绝大多数既存的 web 服务运营商都会在用户点击“OK”键时，事先在条款中声明“包含少量追加学习结果在内的所有权利归本公司所有。用户具有利用追加学习结果的权利，但因其他用户的使用导致精度下降时，本公司有权取消其资格”。

以往，像日本一样，在无记名主义著作权法的国家里，基本权利是自然产生的。然而正如上文所述，服务提供方一旦引入AI，就会出现很多类似图片生成、图片处理的web服务，那么它们形成的著作物的著作权就会变得模糊不清了，根据不同合约往往会有所变化。所以实际上，多数合同都规定著作权归大型web服务提供商所有（多数用户点击“OK”键前不会仔细阅读条款）。

不过也有关于如果AI真的有了自我、意识，能够主张权利，把利用权授予第三方，将会导致很多问题出现的争论。然而从目前来看，人类研发出这样的AI遥遥无期，所以我们何必庸人自扰呢？但是正如上文所述，用户即使充分发挥自己的个性，做出了很多贡献，最终权利依然会落到大型网络服务商手中，而这明显违背了著作权法的精神。著作权法本身是用于保护权利者的（著作物产生过程中最重要的是经济利益不受影响），用户发挥自己的个性，创造出一些独特的表达，这时用户的著作权在一定程度上应该受到承认。特别是著作人格权。1988年，汇集了众多UGC的网站如雨后春笋般涌现，这让用户保护显得格外重要。

以往那种对著作权本身的认识或将消失

未来著作权经济法或许会发生很大的改变。假使今后，AI不断发展进化，机器代替人类承担了大部分劳动，人类依靠基本工资即可实现衣食无忧，时代走向多元表达，那么著作权保护的目的和依据本身也一定会发生变化。著作权法一直以来是作为创作的保障和奖励，保护着著作物，禁止随意抄袭印刷。但是随着机器的发展，未来是否还需要这种保护？当然，为了激励那些致力于开发这种机器（AI），也就是极具创造力的AI研究者或企业，需要给予他们著作权。但是AI本身已经拥有软件著作权，所以即便没有给予生成软件内容本身的权利，应该也不会影响这种激励。

2016年瑞士公民基本收入投票，要求政府每月为公民发放基本工资2600美元，使得最低福利一度成为热门话题（即使提案没有通过，今后随着AI逐步代替人类承担脑力劳动，从宏观经济来看，政府发放基本收入的阻力也必将不断缩小)。那么如果我们根据每个人的贡献度打分并分配利益如何?如此,在这种机制下所谓的版权与今天的著作权就大不相同了。那么当我们重新回顾以机器创作为契机的著作权法及其应用、社会体制本身时,或许以往关于著作权的观点早已不再适用。

由 AI 完成的作品的著作物属性

下面让我们一起再来仔细探讨一下关于 AI 创作的著作物的属性问题。根据日本著作权法,我们可以看出,"所谓著作物指的是人类思想感情的表达,精神作业的产物"。那么著作物究竟是不是对于某人思想情感的一种表现、精神成果的反应?

- AI 设计者
- AI 训练者(trainer)
- 训练数据中其他著作物的作者

我们需要考虑这三个因素。第三个因素如果前提是人类拍摄的照片等图片数据,则实际作者应属于摄影师。

在训练所需的时间和难易度,以及训练数据量和质都尚未确定的阶段,无法统一确定三者的贡献度。就算训练所需时间及数据量已确定,是否就能确定 AI 设计者的"份额"呢?想必会因 AI 的题目、对象、利益、使用者的愉悦体验等因素的不同而不同吧。所以有时不得不从 AI 软件本身的规模等要素出发,考虑贡献度。而 AI 本身的著作权是应该完全独立于 AI 所产生的作品集的著作权的。

另外,2014 年,看似在日本闹得沸沸扬扬的关于著作物的属性问题,实际上起源于 1993 年著作权审议会第 9 次委员小组会上的讨论。当时主要的议论点不同于 1988 年英国修订的著作权法中的 CGW(Computer Generated Work),而是关于"人类利用计算机作为工具所产生的著作物"的问题。但由于 AI 尚不能运用自己的意识自主创作出作品,需要通过人类按下操控 AI 的开始按钮，那么目前在实际业务中或许可以视两者大致相同。委员小组会关于著作物的属性是这样定义的：

人类利用计算机作为工具生成著作物的必要条件

· 利用计算机来表达自己思想情感的意图

· 兼具客观思想情感的创作表现和形式

第一个条件很容易满足，只要人类按下开始按钮即可。所以在具有自我意识、像 SF 小说中描绘的那样完全自律型的 AI 诞生之前，这点往往会被越过。人类只需轻轻按下按钮，等待无人机起飞，接下来就可以完全由搭载无人机的 AI 自动拍摄美景和感兴趣的事物。但是通过这样的方式，人类的艺术性究竟又能体现出多少？笔者不禁抱有疑问。

实际上，第一点“利用计算机来表达自己思想情感的意图”无关创作人的才能或贡献，只要他具有利用机器创作的意图即可。通常在创作过程中，只有当人们产生实际创作贡献的行为才会被认可。而这里却一反常态，假如 AI 的判断结果能够自动客观地创作出著作物，则默认著作物归属操作者。

另一方面，所有表现形式和创作物的特点多少会受到个体主观上的影响，几乎不存在完全客观的描述和定义。因此上文中提到的第二个条件可以说没有意义。正如针对“机器会思考吗”的图灵实验一样，我们也可以找出一种相对客观的评价方法。比如让被实验者对比人类的创作物和具有思想感情的机器创作，如果无法区分，则可以认为 AI 的创作物兼具客观思想情感的创作表现和形式。

这种方法也同样适用于 AI 执笔的各类报道。当然，如果人类撰写的报道只是简单的事实罗列，那么在行文结构、修辞、内容上都与之近似的 AI 的创作物则不会被判定为著作物。

我们再来举一个例子，现在有不少电脑软件通过学习上百首 J.S. 巴赫的古典乐作品后，一小时就可以即兴演奏出数千首曲目。而“Emmy”就是这种软件的鼻祖。它是1980年加州大学大卫·科普教授研发的人工智能音乐作曲系统。以巴赫的数千首作品为样本，学习乐曲风格和创作模式，并将之转化为数据单位，再还原为音乐符号。最初人们以为它不过是对乐曲模式的模仿和编程，但在之后的实验中，人们发现它创作出的作品与巴赫的一些非经典曲目不相上下。而后它以一首《摇篮坠落》震惊乐坛，各大媒体争相报道。这之后，能够输入歌词输出乐曲的软件也纷纷面世。

机器人甚至能够进行小说创作。据函馆未来大学的松原仁教授介绍，机器人能够创作出类似星新一风格的微型小说。星新一的科幻小说大概有1000多篇，起承转合，层次分明，因此比较容易分析模仿。

——机器人同时还学习星新一作品集中的词汇

——从三段单口相声《科学家》《机器人》《无人岛》中取材

机器人创作的小说还获得了文学奖（日本经济新闻设立的“星新一奖”）的提名，一度成为热门话题。

但随着著作权发生变化，机器人的写作方式也会发生改变。目前只要原创表达大于一句话，著作物的属性即可得到承认。例如，诺贝尔文学奖得主川端康成的《雪国》开篇有这样一句话，堪称经典：“穿过县界长长的隧道，便是雪国。夜空下一片白茫茫。”专家律师表示这句话即具有著作物属性。但如果引用幅度超过该句话的字数长度，则与其说是小说创作，或许更像是拼接画，不具有著作物属性的宾语和谓语是表达工具，组合不同的短语，复制各类丰富的内容。

期待生成更高精度、更自然的资料文件

通过研究人工翻译和机器翻译，我们积累了大量知识和资料。第二次AI热潮后期，案例式推理（Case-based Reasoning）逐渐受到关注，人们通过融合案例式推理、统计处理以及自然语言处理等，对案例式推理翻译进行了相关研究。另一方面，基于实际翻译的需要，译者间渴望能够实现翻译案例的共享，因此诞生了具有百万词条和实例的英日词典（*Eijiro Dictionary English To Japanese*）。

对于翻译公司和大型企业而言，了解和掌握以往的实地翻译（工业翻译）资料非常重要，所以他们不惜自己出钱，开发对译数据库。由此，鉴于实际需要，陆续诞生了很多能够通过短语、文体等检索实例的“翻译软件”。

例如，德国人工智能研究所 DFKI 旗下的 Acrolinx（http://www.acrolinx.com/）公司曾尝试开发一款软件 AcroCheck，能够选择最合适的文体表达，为用户呈现简明易懂的介绍。AcroCheck 具有很强的实用性，能够迅速把资料的内容翻译成 20 国语言，可以说是日本很多大型制造企业的福音。

希望未来大数据使用系统和识别文章结构的机器学习智体相互融合，研发出精度更高、表达更自然的翻译、摘要、代笔系统，在工业报告、文件资料等方面发挥作用。

创作一个 100 万 PV 作品的人类 vs 创作 100 万个 1PV 作品的 AI

本章最后将从定量评价的观点来考虑机器生成的文章、图片、音乐、视频等作品与工作生活的关联。正如本章标题所示，机器能够以低廉的成本，大量高速地创作作品，我们需要准确把握其特征。

少数天才能够创作出经典高质量的作品。比如，1978 年 JR 前身——日本国有铁路采用的文案“良日启程”，紧凑精炼，堪称经典。受该宣传语的启发，还衍生出不少广告和歌曲，令许多人至今难忘。但我们不能因此而提高对机器的要求。在如今的互联网时代下，机器生成一个 100 万 PV（页面浏览量）的报道或视频并无多大意义，重要的是 AI 是否能够针对不同兴趣爱好的用户，生成大量作品（例如 100 万个），哪怕平均每位用户只观看一次。

正如上文提到的美联社的事例，机器人记者不仅能够生成以往无法报道的小众赛事新闻稿件，撰写的报道量还多达两位数，而成本却没有变化。

因此，在PV竞争激烈的今天，很多人相信之后会有许多媒体效仿这种模式。那么创作100万个1PV作品真的要胜过创作一个100万PV作品吗？

例如，当地震或台风灾害发生时，我们往往更关心的是在当地居住或出差的亲友的安危。“震级小于3级；居住在某地的某人没有受到财产损失”“受山体滑坡的影响，目前某人受困在某地”等等。或许以后AI能够针对每个人提供最精准最及时的信息，甚至还会附带相关视频、音频。这也就是所谓的通过自然语言进行快速报道。

谷歌和脸书目前已开始向用户提供免费的视频剪辑（30秒至数分钟不等）观看服务。暂且不论这项服务究竟能否带给用户不一样的智能体验，如果所有视频都能够实现完美剪辑，在“时间就是生命”的今天，未尝不是一件幸事。针对商业上的突发事件，如果只有3分钟时间来了解事情的经过，这时利用AI自动生成视频剪辑，定会实现经济利益的最大化。

在日本，游戏、动漫文化高度繁荣，相应地，也延伸出很多社会文化习惯。比如人们常常想与远方的同事或亲朋分享有趣的视频。而Dwango公司正是抓住了这一机会，致力于机器学习在各行业的应用。随着自动生成型AI、实际应用等的发展，笔者相信弹幕和公司的潜能不可小觑。另外，在数码艺术领域遥遥领先的TeamLab公司，通过开发AR技术（Augmented Reality，增强现实），致力于人类与AI的合作和融合，相信在未来也同样会在舞台艺术方面大放异彩。

在AI时代，不仅创造性，人类在个性、文化、艺术、感性上的价值也会不断提升。长久以来，整个社会普遍存在专业歧视，深受“学好数理化，走遍天下也不怕”的思想禁锢，文学、艺术等专业往往得不到应有的重视。这时，日本若能改变传统教育体系，充分培养人们的审美情趣、保持童心，在国际竞争中必将能够提高胜算。在硬件日益低廉、机器学习智体等软件普及的今天，我们更加需要内容精良的创作和流通顺畅的体制，这样才能够创造更多的价值。

第Ⅱ部

人工智能与未来商业

在本书的第I部中笔者向大家介绍了关于AI的分类、在各行各业中的应用、技术的变化发展，以及人类对AI某些功能的利用等内容。在第II部，笔者将带领大家展望行业发展前景、了解新服务的发展、既存业务的变革等知识。

一直以来，由于AI的定义和形象尚未固定，每个人对AI的理解都有所不同。因此，这里笔者想换一个角度，从三方面谈一谈人工智能的定义、必要条件，以及满足一定条件的技术和服务等话题。但不同于前文的“强vs弱”“专用vs通用”“所使用知识和数据的规模的大小”，这里笔者要介绍的是运用AI的服务的分类，或者说是智能型服务的分类。

1. 辅助人类进行以往只有人类才能承担的劳动
2. 算法上的突破
3. 功能、输入输出上带给顾客的智能感

像人类一样，看到图片或视频能够准确答出事物的名称；根据不同的叫声识别是哪种……近年，深度学习取得了不小的进展。不仅在需要极强专业性知识的医疗、法律、会计等领域应用广泛，深度学习还能够准确理解图片和文章的内涵，甚至超过了普通人类和一部分专家学者。有时深度学习还作为人类的助理，用于秘书、接待、看护、烹饪、家务等服务中。根据第4章提到的“洛克分类”来看，这些大多属于针对人类身体的服务，可以说是一种有形的帮助，离不开双臂的协调，即物理动作。也就是笔者所指的第一类“辅助人类进行以往只有人类才能承担的劳动”。

虽然第一类深度学习对人类的帮助是显而易见的，但是具体工作还只是体力上的协助。而扫地机器人则做到了运用脑力思考解决问题。扫除过程中，伦巴会自动在大脑内部绘制3D屋内格局。从这个意义上来说，伦巴符合上述第二类特点，是真正的人工智能应用产品，智力上远远超过仅限于一问一答的对话机器人。但对于绝大多数顾客而言，伦巴带给他们的第一印象是可爱，而不是“智能”。所以它并不属于第三类型。

另一方面，在以往的人工热潮中，依靠逻辑推理机的专家系统、LISP和 Prolog 等人工智能编程的系统都属于 AI 技术，所以一定程度上可以归为第二类型。但接下来我们要谈到的 Up Convert 则既不属于第一类也不属于第二类。

Up Convert（倍线）指的是把微波模拟电视等的标准画质（SD 影像）信号转换为高清画质（HD 影像）信号的行为或者功能。同样大小的屏幕，利用深度学习，使横纵方向的像素密度被放大了 2 倍，则像素分辨率就会随之提升，现象分辨率也会随之提升 4 倍。

通过上述介绍，我们不难看出深度学习可以实现自然高清的画质（比如 waifu2x），它不仅能从原始数据中提取特征，还能将更大的数据传给输出层，供其学习使用。原则上，深度学习通过事先掌握不同分辨率的图片和视频（如果可以大量生成高分辨率的图片，自然也能够生成低分辨率的版本），才能够更好地判断、合成高分辨率的原始图片。或许以往很多人都以为深度学习不过是一种毫无情感和智力的工具或技术，只能用于硬件或 LSI 芯片等机械中。但实际上，近年来随着 AI 的广泛应用，深度学习逐渐备受瞩目。

而第三类指的是能够提供咨询、心理咨询、法律服务等脑力服务（无形资产），产生无形作用的 AI。第三类 AI 离不开人机交互。在第 4 章“洛克分类”的左下方包括以下几种服务：

· 广告 · 宣传
· 娱乐
· 广播
· 教育
· 咨询

· 心理咨询
· 音乐会
· 宗教

也就是说，对话型机器人分很多种类型。有的具有机器的身体，人类的声音；有的能够根据输入输出的文本进行交流……然而从1960年诞生的第一台对话型机器人Eliza开始，绝大部分对话型机器人只是通过检索脚本库中的关键词来与人交流，实际上是一种“人工无能”的结构。而2016年在chatbot大热时产生的几个API与Eliza相比，有了明显的进步，能够根据文脉给出不同的回答。

但遗憾的是，在脚本库的制约下，不论脚本词汇量扩大了多少，如何根据对方的语义和语境准确选择匹配的“对应词”，而不是投机取巧地重复或做出通用的回答。这绝非易事。所以这些对话型机器人或许更适用于单方面倾听对方的苦恼，或只有一方需要大量介绍的广播电视、教育等领域中。

在具备庞大知识系统和能够进行真正意义上的语言交流的新时代对话型机器人诞生前，目前的对话交互是无法达到《星球大战》中C3PO的水平，与人类无障碍交流的。

第 8 章　新服务的诞生

只有满足以下要素的时候，以往不存在的新服务、利用 AI 技术的新产品才会出现。

- 存在需求
- 通过 AI 技术降低了成本，提升了效率、精度和性能
- 需求和具体的开发方案相结合，有思路和配套的组织结构

这里笔者想到了一个很难达到第一个条件的例子，即两轮智能平衡车。从技术上来看，两轮车的难度远远大于四轮车，对于用户而言挑战较大。若想保持平衡迅速转弯，需要果断做出判断，尽量降低重心，身体倾斜。而不是等到 AI 发出语音提醒“请身体向左或向右倾斜”时再做出行动。另一方面，由于内置有很大的秤砣，导致使用者的重心完全受制于 AI，出于恐惧，站在平衡车上的使用者往往身体会变得僵硬，结果更加难以保持重心，用户体验不断下降，所以在技术设计上两轮智能平衡车还需要很大的改进。但即便是四轮车也很难保证用户完全没有恐惧感或拥有 100% 的安全。

“保时捷的车主都想自己驾驶汽车”，保时捷 CEO 奥利弗 · 布鲁姆先

生表示，自动驾驶汽车对于自家客户而言没有魅力，因此保时捷目前没有开发自动驾驶汽车的计划。

大部分能够自动驾驶的都是四轮汽车，即使人们对于两轮自动驾驶车有需求，出于成本和技术的考虑，自行车或50cc的小型摩托车等轻便型车辆也难以实现自动化。

AI将催生哪些新服务和新行业？

基于深度学习的图片识别正在走向服务化

基于深度学习的图片识别和分类正逐渐转化为一种服务。但与声音识别相同，服务本身难以获得回报，需要与OS、应用软件、其他服务等有机组合，捆绑服务才能取得一定收益。

监控业务属少数有可能获得回报的服务，主要涵盖以下内容：

· 测量路口来往车辆的数量

· 自动监控摄像头下可疑人员的行踪

· 健康管理、医疗领域中提前诊断、观察患者身体健康

· 实时监测零售店铺的销量和陈列商品

· 监测各种机器是否存在异常

· 识别食材和不同菜肴，自动匹配顾客口味和餐桌需求

· 驾驶（含自动驾驶）过程中实时监测窗外过往路人安全

· 识别手机拍摄的花草树木、各种动物、鱼类

· 识别监控拍摄的不同汽车

· 识别照片中的标志性建筑（例如，铁塔），进行知识检索，锁定具体位置

· 判断不同领域的制造商和产品型号（没有任何文字信息除外）

· 人脸识别，判断年龄、性别等基本信息（例如，与MS的how old 服务相同）

这些服务和简洁易懂的infographic信息图相结合，赋予生硬的数据趣味和魅力，从而产生数十倍的价值和效果。

本书第5章曾向大家介绍过 Metadata Incorporated 研发的一款应用软件“这是什么猫”，它能够自动识别图片，准确回答出猫的名称，准确度高于多数人类。当你选择一张照片后，“这是什么猫”能够自动从全球67种猫中进行筛选判断，以百分比的形式罗列出每种答案的可能性，最后输出匹配度最高的前5个答案。因为它能根据科学依据，准确识别各种动物、物体、人脸等，所以很多娱乐产业正进一步考虑对它的应用和发展。

实际上在开发这款软件前，Metadata Incorporated 曾针对101位用户做过一次调研，如果在上传图片前，有这样一款软件，它能够准确告诉你图片中小鸟、鱼儿、动物、花草的名称，你是否愿意使用？答案是绝大多数用户都表示非常愿意下载安装。

多数用户希望当自己在野外采蘑菇时，这样一款软件能够准确进行语音提醒，告知自己哪种蘑菇可以食用，哪种蘑菇含有毒素。然而即便这项功能是可以免费获取的，一旦用户因完全相信语音提示，不幸造成食物中毒或导致意外事故发生怎么办，公司所要承担的风险太大，所以这项功能无法提供。

因此 Metadata Incorporated 满足了另一部分用户的需求，希望通过软件教育孩子，让孩子了解各种花草树木、虫鱼鸟兽、汽车建筑的名称。“这是什么猫”涵盖内容占网络的15%，以极高的市场占有率在日本掀起一阵“猫咪经济”的热潮。相信之后还会开发出更多新的功能。

实际上，2015年秋，Metedata 在“这是什么猫”的基础上又推出了一款新的联谊 APP“猫咪配对”。系统会根据提供者的自拍，自动匹配一种与之性情相近的猫咪，并附上介绍说明。（参见图8–1）：

对于广告商和赞助商而言，通过向用户提供这样一款简单的识别 APP，很大程度上提升了宣传效果以及后续服务的转化。所以我们可以利用深度学习，进一步开发有趣的诊断型 APP，让用户在联谊时不再尴尬，进一步拉近与异性的关系。“哇，小姐姐你好可爱啊。没有人说过你很像一只小猫吗？想知道自己身上具有哪种猫的特质吗？现在立刻开启人工智能检测吧。”这时用户可以和异性一起点击自拍，上传照片，进行属性大揭秘和配对测试。

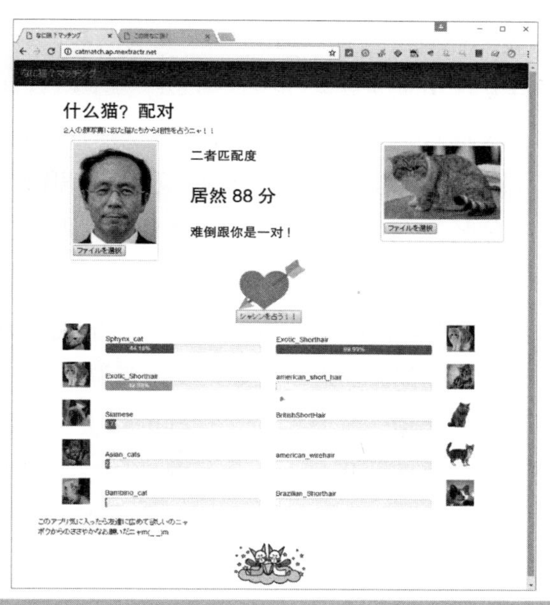

小猫占卜，异性配对？
目前市面上有很多占卜、速配的 APP，
比如从名字、生日、血型等看两个人是否般配。
但是你见过从照片看般配指数的 APP 吗？
见过可以看出你和他（她）身上具有哪种喵星人特质的 APP 吗？
“猫咪配对”APP 运用最前沿的深度学习技术，
通过独家算法，从照片看两个人的般配指数。
超高的准确率！最新的科技！
让联谊不再尴尬！
快来看看你是哪种猫！
找到命中注定的他（她）！
操作简单！还等什么！
使用方法：
在左右空白区分别上传两人的照片，
点击中间开始占卜按钮，立刻揭晓答案。

出处：Metadata Incorporated

图 8–1　猫咪配对

由于 IoT 不断生成大量原始数据，这时若能利用识别型、分类型 AI 对数据进行处理，将会产生意想不到的价值。通过回忆在何时何地见过类似形状，对照片中的形状进行具体判断识别，使有趣的思维和行动结合。

是否可以利用扩展人类能力的“弱 AI”，开发一种新的服务？从而帮助那些脸盲的人避免尴尬？当使用者收到对方递来的没有照片的名片时，“弱 AI”会自动拍下对方面部特征和名片信息。当下次会面时，只要使用者佩戴 IoT 眼镜（或佩戴一副智能耳机，同时在胸前口袋中内置一个微型智能机），镜片（或耳机）中就会自动投影（提醒）出对方的个人信息，避免忘记对方产生尴尬。此类新服务虽然难度较大，但笔者相信在未来有可能实现。或者也可以使 AI 记住对方的声音，当再次见面时，语音提醒使用者“这是……”，同时在佩戴的智能手表上会出现对方的名字。不管这项服务最后能否呈现，都需要进行大量的实验和调研。

另外，还可以考虑类似“猫咪配对”这样的新型后续服务和产品，从而更好地扩大利益，向商业化迈进。比如，单纯地判断识别不同商品的型号或制造商还远远不够，若能换一种角度利用深度学习识别不同产品间的设计，从设计的角度去判断评价，想必会有助于销量，从而带来更多的价值和利益。

AI 艺术创作：深度学习如何服务人类创作？

AlphaGO 在世界瞩目的围棋对决中战胜了人类顶尖的棋手，比我们最初的预期早了整整 10 年，背后的 DeepMind 人工智能公司因此名声大噪，这也让我们看到了深度学习更多的适用领域和无限的潜能。比如，让深度学习记忆在大战外星人（1979 年前后开始流行的与外星人侵入者格斗的电子游戏）中各种对抗的画面以及打斗技巧（例如名古屋之战），从而提高游戏得分。虽说我们不能让科技在娱乐领域夺走人类最后的乐趣，但是可以通过训练 AI 熟练游戏玩法，作为帮手为我们赢得积分。还可以在围棋、将棋等对抗性游戏中作为高级陪练，365 天 24 小时辅助我们训练，充分发挥它的价值。

深度学习不仅能够像上文提到的 Up Convert 一样扩大解析信息量，更多时候是生成、合成信息。日本大学生开发出一款自动作画的 APP，既能创作出笔调清淡的漫画，也能绘制线条分明、浓墨重彩的作品。与传统技法不同，由 APP 生成的作品看上去整体布局更加紧凑，构思独特，人物鲜明。

另外，谷歌也利用深度学习开发了一款软件——深度幻想，它自动生成的作品画风奇特，世上罕见，一度备受瞩目。或许这些例子侧面证明了 AI 也可以进行艺术创作。但最终依然是由人类针对 AI 的作品给出评价，依然需要依靠人类来判断作品的价值和艺术性。但对于个人而言，如果画作缺少趣味性，没有什么吸引眼球之处，恐怕并不会认可一幅作品的艺术性。

当然我们不能完全依赖 AI 进行创作，可以把它作为用画布创作的人类助理，协助我们高效地创作出自然优美的作品，充分发挥经济效益。

出处：By Jessica mullen from Austin ,tx-Deep Dreamscope,CC BY 2.0
https://commons.wikimedia.org/w/index.php?curid=42684231

图 8–2　深度幻想的作品

AI 在创作前会自动检索解析大数据，参考相关作品，创作出新的设计，同时避免与其他作品雷同。与开发新型智能服务相比，我们更需要的是学会借助 AI，打开思路，拓宽服务。这也是人类与 AI 携手创造和解决问题的最好诠释。

AI 基于大数据和知识自动选择背景音乐

为促进新服务的发展，发掘新人才，很多大型企业和公共机关、IT 媒体等积极开展各种类型的比赛，如黑客赛、创意赛等。创意赛并不是指 DIY，而是考察选手的创意是否具有现实性和实用性，即创意是否可行。然而主办方提供的微薄的奖金和经费遭到了不少人的指责。而黑客赛也非常严格，参赛选手需要在极短的时间内（比如一晚）研发出规定的应用软件，因此也有不少人选择中途放弃。

由 Recruit 公司主办的 MashUp Awards 是技术开发者之间的竞技。从 2005 年起，每年举行一次。选手可以利用搭载了高性能 AI、大数据的 API，自主开发设计软件。

图 8–3 是数百家合作企业提供的 API 集合。由 Metadata 公司开发的“感情解读 API”“关联词 API”“这是什么猫 API”等能够解析文本和图片，提取特征和语义的 API 智体斩获了 MashUp Awards 奖项。

MashUp Awards 奖项早在很多年以前就进行过用户调研，长期致力于在既存的应用软件的基础上开发利用新型智能的 API 和服务。有不少参赛选手的作品和创意都非常出色。

MashUp 可以看做是一个通过 API 来研发更出色更加廉价的应用的项目。这一过程中最重要的就是创意和想法。只有利用 API，在优秀的软件应用开发框架（Ruby on Rails 或 Python 的 Django 等）基础上，迅速（多数情况下是几日之内，最短则要求几个小时之内）确定想法和创意，并付诸行动，获得他人的认可，才有可能创造出新的服务。

出处：MashUp Awards

图 8–3　MashUp Awards 官网某一界面

参与 MashUp 的研究者们与那些认真学习、钻研书本的大学生相比，或许并不专业，但是却正是因为对于用户的了解、怀着一颗爱玩爱探索的心，才能开发出有新意的作品。正因为大企业里有着这样一批技术研究者，才能充分利用 AI，创造出更多新兴服务。

还有许多作品甚至在新服务的概念、优势、目的本身等许多方面都有了一定突破和进步。比如在 2015 年 11 月的 MashUp Awards11（以下简称 MA11）中斩获“跨界 & 创作奖”的“淘气的 Pepper”，非常具有创意，据说是从“育儿不易”这一想法中诞生的作品。

该作品是在我们常见的对话型机器人的基础上进行改造的，让机器人在与对方交流时表现出傲慢无礼的态度，通过这样的机器人让孩子们意识到礼貌的重要性，从而达到帮助孩子健康成长的目的。作品的出发点非常好，科技与教育完美结合，实属不易。

多名评委给予了“淘气的Pepper”很高的评价，认为它打破了机器人应用的传统思路。或许天才微型科幻小说作家星新一的《淘气的机器人》对于“淘气的Pepper”的研发者也有一定影响吧。

而说到猫咪配对，或许很多人都认为这款软件的灵感来自联谊，但实际上它能够入围MashUp Awards并获奖的主要原因是由于开发者别出心裁地运用了图片识别AI技术。除了上述作品，MA11还有很多优秀的应用软件，比如能够预测未来，代替人类进行审判的“pepper先生”；只需一个按钮就能连接各地电话，发出SOS求救信号的“Help”（死亡后可登录SNS消除用户账号）；能够识别漫画，进行自然语言解析，为用户截取歌曲高潮部分，根据近期流行歌曲，推荐流行BGM的CliMix；通过人工智能智体，收集解析社会化媒体图片和视频，及时向用户发送全球重大新闻事件和灾害事故等信息的Spectee等等。

而在上一年（2014年11月）的MashUp Awards（以下简称MA10）颁奖典礼上，有很多利用API进行情感分析的作品都获得了提名和表彰。根据用户不经意间的一句“好漂亮啊”，即可自动解析自动抓拍风景的Steky Memory获得了Metadata奖。下面是开发者松田裕贵（明石高等专科学校学生，后进入奈良一流的研究生院学习）自己对作品的一段介绍：

比如遇上美景或美食，总想用拍照记录下来那些能带给我视觉或味觉震撼的东西。但是隔着画面欣赏是不是感到有点可惜呢？Steky Memory能自动感应你的赞叹，比如好漂亮或超好吃等，并根据用户的赞叹自动进行记录拍摄。另外用户还可以按照时间排序，随时查看拍摄的照片，同步到云中（OneDrive）保存管理。

当和朋友漫步在街上时，Steky Memory能够自动识别你们的谈话，通过API解析对话中的情感，用快门记录真实的瞬间。按照时间顺序，把照片和对话（声音识别结果）、地理位置等原始数据自动同步到云中保存管理。可以说是现代人记录生活，抓拍每一个感动瞬间的神器。

每一年都有很多利用API进行感情解析的优秀作品入围。虽然很遗憾“安全检测”和“情书”这两个作品没能获奖，但依然不可否认它们的创意和特色：

· 安全检测：

登录推特或脸书账户后系统将把人在社交网站上活动的最终时刻记录下来，该网页的页面可以分享给好友，从而防止“孤独死亡”（指独自生活的人死亡后长时间不被发觉）的情况发生。此外，通过发到社交网站上的内容的消极或积极程度、感情色彩等，系统还能判断使用者的身心健康状况，分析结果也可以共享给好友。如果登录Kam pa！账户或比特币地址，还能进行社交转账。

·“情书”：

一种不能即刻实时回复、阅读信件后可以不进行回复的信件出现在网络上。以往SNS追求即时性，而这款产品却是为了满足用户“慢沟通”的需求。人们通过写信进行交流时，并不能知道对方是否读了信或何时给自己回信。正因此，打开信箱时会抱一种期待和激动的心情。这款通信软件就是要把书信时代的这种体验带给用户。该应用还对信件字数作了限制，规定必须在200字以上，希望收信方能珍视并长久保存信件。该软件使用能进行情感分析的API（感情解析API）分析写信人的感情，读信人能够了解到写信人当时是以怎样的心情写此信的。

Mashup Awards 9（以下简称MA9）、Mashup Awards8（以下简称MA8）中还有几款利用感情解析API的服务也很别具特色。

· Imanoto：能够根据对话内容自动选择播放合适的背景音乐。

· Brand-Pit：能够把用户何时何地关注了哪些品牌等信息自动反馈给商家。

· MyakuaLi：能够通过双方的信息回复，自动解析对方的情感。

·每日心情：根据书签里的历史记录，分析用户心情变化，并以此为依据，每天为用户呈现与今日心情相对应的表情。

·1000nin.com：能够设定自动删除脸书上的动态，解析用户心情。

·YouBot：根据用户当时的情感，自动筛选信息发送时的表情或语言文字。

·语言卫士：通过识别在维基百科、谷歌、推特上的搜索记录，以25种颜色来表示用户不同的情感变化。

·点赞助手：可以帮助用户自动点赞上级的动态。

"Brand-Pit"在Startup sauna in Tokyo新兴企业推介会上获得了一致好评。"语言卫士"和"点赞助手"则获得了MA8优秀奖（仅次于优胜奖，相当于第二名）。"语言卫士"的设计者是首都大学东京网络设计研究专业的博士生渡边英德和原田真喜子。除MA8优秀奖之外，该作品还同时获得了信息处理学会以及其他各大学会的研究奖，这对两位博士生而言也是一种激励。"语言卫士"通过用户在推特上对不同商品和品牌的评价来判断分析用户的偏好，因此备受市场调研人员和营销人员的喜爱，潜在客户层巨大。在学术论文《特征和情感等原始数据提取下的语义概念视觉化》（原田真喜子、渡边英德《影像信息媒体学会杂志》第68卷第2号P78-P86）中曾对此进行过详细介绍。首都大学的渡边研目前还在设计很多Metadata Incorporated的人工智能API作品。还有很多软件能够通过感情解析API自动解析歌词，根据厌恶喜好自动搭配主题生成歌曲，这些软件也都是由学生们设计的。

还有一组软件也入围了MashUp Awards，即利用API，把CD插入PC光驱中，就能够自动保存音乐大数据和数据库的"Gracenote"。其中的"人工智能DJ"获得了MA10优胜奖，它的设计理念是希望通过音乐大数据丰富人们的生活。（参见图8-4）

出处：http://hacklog.jp/works/481

图 8–4　无人 IoT 收音机 Requestone

·“无人 IoT 收音机 Requestone”

这款软件能够像 DJ 一样，自动接收来自听众的邮件或推特中的背景音乐点播，从 YouTube API 中选择曲目，自动播放。

另外，它不仅能够自动播放曲目，还能够自动解析文字中的情感，声情并茂地朗读听众发来的信息（声音文本，利用 Voice Text API），根据当时的氛围和 gracenote API 解析结果，选择合适的歌曲进行播放。下面是设计者对该产品的一段介绍：

> 这款软件的特色是能够根据听众的点播来播放歌曲。还能够理解并读懂你的逸闻趣事、秘密，知道你想听的歌曲、当下的心境、内心的牵挂和羁绊。所以还等什么，不想给 Requestone 发个邮件试试吗？Voice Text DJ.Edi 会根据你发送的信息，播放与你心情匹配的曲目。

另外，“无人 IoT 收音机 Requestone”通过 IoT 与硬件的结合，播放过程中还支持自动点赞功能，同时传感器自动获取外界新闻信息，支持灾害播报和紧急联络等功能。

通过文本解析，提取文本特征，传送到 gracenote 音乐原始数据 API

中，即可把歌曲分门别类，根据歌手的时代背景、经历、歌曲所表现的情感等信息，推荐匹配度最高的曲目。因此，可以说“无人 IoT 收音机 Requestone”在人性化设计和用户体验方面做得非常不错。只要用户把音乐 CD 放入电脑光驱中，即可自动显示歌手、专辑的相关介绍，非常方便。

很多人把 gracenote 视为音乐大数据，其实它本身并不是音乐，而是一种全球音乐文本数据，拥有庞大的收集音乐元数据的数据库，通过网络进行信息提供的一种服务，也是最近一段时间才推出的 API 与软件等相结合的产品。

Requestone 播放的音乐数据源自两种 API。一种是 YouTubeAPI、melodyAPI。另一种是朝日新闻报道 API。需要通过声音合成 API 来读取相关文章信息。通过进一步对内容的开发和设计，笔者相信在不久的未来，音乐 DJ AI 会和真正的对话型机器人一起诞生。

还有一些入围 MA10 的作品，利用了音乐元数据，也非常有创意，比如下面这款叫作“intempo”的软件。

“用户输入出发地和目的地，即可获取相应的乘车信息。用户出发后还能够自动计算步幅和步数。如果按照音乐节奏行走，可以准时到达车站。”

笔者认为，通过音乐节拍和步速相结合来确保时间的设计非常独特。MA5 优秀作品中还有一款叫做“cast oven”的软件，与“intempo”的设计思路不谋而合。把微波炉的加热时间和 YouTube 上的短视频相结合，让生活的细节变得有趣且富于人性化。

所以一流的设计或许不是把 AI 这一主题放在首位，而是时刻心系用户，关注用户的需求，不断提升用户体验。而最聪明的设计者则会注意到本书第 II 部开篇提到的“以往只有人类才能创造利益和价值”、“功能和输入输出等环节的智能化”等问题，力求自己的产品做到智能化和人性化，在版本迭代的过程中最大化发挥 AI 的作用。

新服务开发的基础：AI 及知识处理应用服务发展的可能性

改变社会结构的探索

结合 API 的同时，若能在设计上有一些新的突破或许更利于新服务的开发。不同于自下而上的管理模式，上情下达未尝不是一个新的突破口。例如笔者 1990 年时曾构想过一款叫作“Brain Partner”的软件，安装了“Brain Partner”后，患者无需上门去就医，医生借助网络、IoT 和 AI 的力量即可诊断、监测患者的身体健康状况。一旦发现异常，医生会主动与患者迅速联络，对其进行指导和救治。

如图 8-5 所示，“Brain Partner”实际上是一个利用网络监测患者身体状况的一体化系统，核心配件是当时刚刚兴起的半导体尿糖值传感器。它与网络连接，把传感器输出的数值数据自动发送给主治医生。主治医生的显示屏上会呈现出不同患者的数值变化图，AI 智体辅助医生进行数据读取和变化分析，进而进行下一步的诊治。在糖尿病患者和隐性糖尿病患者激增的今天，这很有意义。

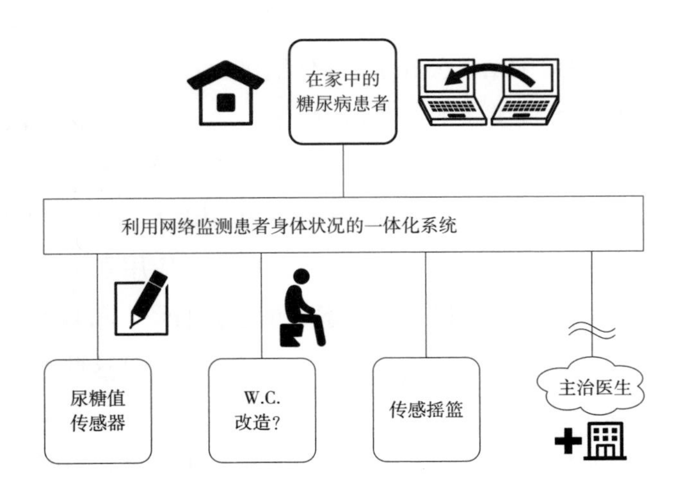

图 8-5　Brain Partner：在 AI 的辅助下服务策划会更加完善

另外，具有类似图 8–5 的结构，能够找出重点，弥补不足，帮助企业策划推广的 AI 也是“Brain Partner”的一种。

实际上，在形成这样一种通过 AI 来完善服务规划的组织结构的过程中，需要有效利用知识库、常识概念体系、实体论等专业知识的 AI 发挥作用。概念体系包括笔者开发的作为第五代项目分支的 EDR 概念词典、CYC 项目、WordNet（部分由作者执笔）。在常识的基础上又增加了专业性极强的实体论。

“Brain Partner”出现在 windows95 之前，时值商用互联网刚刚诞生。那时还没有大数据分析工具和网络 API。随着第二次 AI 热潮泡沫的破灭，实体论成本的扩大，人们逐渐感到知识处理和逻辑编程越来越脱离了初衷。当时的计算能力、内存、HDD 容量、网络频带宽度（速度）比现在落后很多，“Brain Partner”最后无疾而终。如果图 8–5 成为了现实，那么我们就能够实现无需触诊即可远程诊断监测糖尿病患者的健康状况，这对于医疗界而言必将是一次重大的改革。至少从目前来看，还应该由人类而不是 AI 来承担打破常规、锐意进取的重担。

2015 年 5 月 28 日，JST（国立研究开发法人科学技术复兴机构）的 J–GLOBAL knowledge 网站上公开了 1.5 亿组化学知识实体论 triple。“triple”即反映概念与概念之间关系的 3 组知识片段。通过多组知识片段的组合能够准确理解、显示诸如前文提到的“何谓岳母”这样的常识。即便当时网站把范围限定在了化学领域，但准确科学地运用庞大的知识，构想新的系统，未尝不是一次新的突破与探索。正如现在 AI 应用系统能够参加智力竞赛一样，未来或许我们可以通过搜索大量过去的经历和知识碎片，加以梳理排序后，以此为依据进行科学的判断推测。一想到这些不久将变为现实，就让人激动不已。

J–GLOBAL 不仅对专业概念和技术概念进行了分类，同时还结合前后关系公布了知识库。图 8–6 是可视化的故障网页。

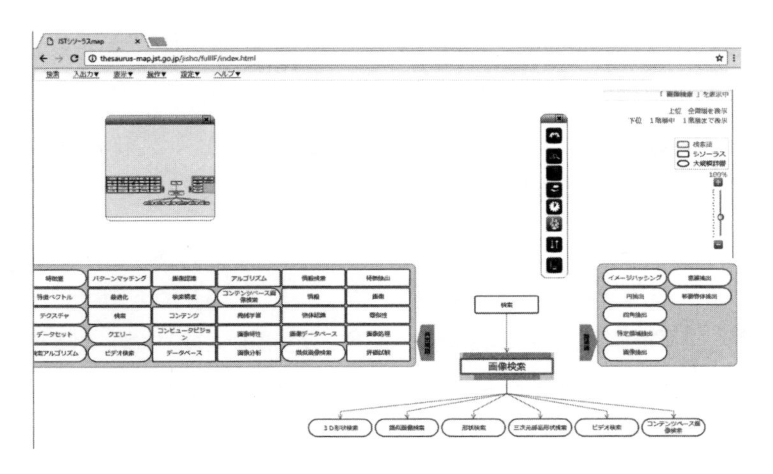

出处：以“JST主题词表”数据为依据，由日本国立研究开发法人科学技术复兴机构提供

图 8-6　J-GLOBAL 的 JST 主题词表：专业知识可视化故障

“JST 主题词表图”如图 8-6 所示。从图中可以看出，向下的分支不同于“Brain Partner”的加法，而是通过 XOR 排他性选言（使用相当于“或”“或者”之类的符号把命题和命题结合起来的方法或用此方法得到的命题判断），形成了排他性的范畴。只能从向下的分支中选择其一。因此，当我们在商品开发、服务推广策划的过程中遇到困难时，不妨点开页面，通过这样一种方式思考一下“以何种途径”或“通过什么方法能增加用户的点击率”，再进行抉择或许更加有效。“原来如此！即使搜索相同的图片，也不要根据图案设计检索，可以通过搜索具有类似形状物体的属性或 3D 配件形状，来迅速得到想要的正确结果！”

由此，通过庞大的专业知识库和操作该知识库的 AI，新服务开发的精度和速度必定会得到很大的提升。除 J-GLOBAL 以外，创建覆盖更多领域知识的维基百科，即可像实体论数据库一样使用 DB Pedia。其基本构造也是上文提到的“triple”。通过使用 SPARQL 专业的知识检索用语，有可能成功推出企划专用软件。然而知识检索需要强大的技术支撑，所以不得不承认门槛过高是目前我们所要面对的难题。企划人员若想通过使用巨大的知识数据库进行深度策划和推广，交出一份完美的答卷，离不开与用户的深入沟通、知识探索、独特的创意以及智能软件的辅助。从大数据到飞速写入（on-the-fly recording），我们期待能够编辑运用知识的 AI、新兴知识工程学应用系统的早日诞生。

以深度学习为基础的知识数据库开发

深度学习作为第三次 AI 热潮的主角，能够自动提取语义特征进行识别判断。以深度学习为首的知识数据库等机器学习的开发是今后科技发展的亮点。对于机器学习而言，在无指导教师的前提下，自主学习训练，进行自然语言处理，获取巨大的知识储备，与 ImageNet 等媒体结合，吸收、评判自己获取的知识是一大挑战。所以除 KDD（knowledge Discovery in Database，从数据库中发掘知识）传统研究团体以外，我们还应该多借鉴研究人脑运转的认知神经科学，弄清知识获取结构，并以此为基础规划实用的知识构造。

另外，我们还需要注意获取超过投入知识量时的临界点。若想超过知识获取的临界点，需要思考应该具备哪些知识，应该怎样去积累和评价等问题。ImageNet 通过深度学习极大地提升了图片识别的精确度，实现了技术上的突破，这是人类研究史上的偶然事件。幸运不会每次发生。上文提到的大规模通用知识库 CYC 项目的负责人道格拉斯博士曾在 FGCS88（第五届计算机研讨会，1988 年）国际会议上提出过这样的疑问："When will machine learn？（机器何时才能做到自主学习，超越知识获得的临界点？）"笔者隐约记得他随后在提示板上写下这样一串数字"1977.12.31"，也就是需要十年左右的时间。从中可以看出道格拉斯博士对于自己研究成果的信心和期待。但遗憾的是，时至今日已过去了二十多年，自主学习获取知识，完全自律型的 AI 仍未诞生。

今后，建立摆脱自上而下的管理模式，通过传感器及时将大数据、现场状况等信息变化上传到云中的 IoT 结构至关重要。我们期待利用丰富 API 群的新服务和应用的诞生，希望通用知识获取能够进一步发展。只有这样才能提升在特定专业领域的知识获取的胜算，更好地解决问题。否则将有可能导致无法降低 AI 软件开发成本，难以使 AI 真正应用于知识处理领域中。

第 9 章　既存服务的改善和高效化

AI 背景下契合消费者的服务

既存服务和业务在 AI 和大数据的背景下将发生哪些变化？即白领阶层所从事的企划、商品或服务的策划推广、研究开发、市场调研、服务业中突发事件的应对和解决等工作在 AI 的帮助下将如何升级？

要回答上述问题，其实我们没必要在全部业务中都开展第 I 部中曾提及的既存业务的 Onbundle 和 Rebundle。找到与深度学习擅长的“监控、监测、检查”或图像等元数的分类、整理同类的工作存在于何处，这或许是找到答案的捷径。

“监控、监测、检查”这些一直以来既耗人力又耗财力，需要 24 小时值班的工作对于我们来说时常让人感到心力不足，所以近年来人们逐渐把这些任务转交给深度学习来承担。这样还可以降低成本，提升定期检查的频率，以及运输物流的安全性。目前，只要影像尚未实现数字化，就离不开 IoT 的利用。给几百日元的摄像头配备上无线 LAN 和移动 U 盘大小的微型 PC，初期硬件投资一处只需几千日元。AI 向既存业务中的渗透可以从这些地方开始。

替代传统商业的新型服务不断发展，受此影响一些既存服务的形态和商业模式已经发生了明显变化。近来，消费者的行为逐渐趋向于注意力经济（attention economy）和共享经济（sharing economy），人们越来越注重稀缺资源和自己宝贵时间的合理利用。例如，购买私家车的人在减少，拼车行业发展红火，从个人所有转向购买服务，商业模式发生了巨大的变化。传统广告和outbound型营业模式逐渐减少，push推送、inbound型营业模式方兴未艾。

因此，人们越来越依赖通过不同于传统广告的新媒体、新手段等向消费者进行推广。从最初的免费体验到新服务的广泛利用，发展过程也必须不断变化。而这时，更需要以每个使用者的庞大数据为基础，进行个别对应、批量定制。所以AI在这其中所占据的分量将会越来越重。

对于既存服务的使用者而言，AI所带来的改变不亚于牛肉盖饭的广告宣传语——“快速”“便宜”“好吃”（高精度、高性能、高品质）。在后续章节中笔者将陆续为大家介绍AI在制造业、市场、农林水产业、人才等领域的应用，本章主要结合一些具体事例，针对AI在其他行业的应用进行说明。

咨询台的纠纷调解：故障检修与答疑

文本利用型AI

生活服务中心或企业的咨询台每天都要处理大量的咨询、投诉等业务，一一进行解答需要耗费巨大的人力和财力，因此能够处理纠纷、提供咨询和答疑服务的人工智能机器人备受大家的期待。实际上，早在20世纪90年代后期，日本国内已经出现了咨询支持系统，justsystem公司的ConceptBase、小松软件公司的VextSearch都具有自然语言文本间的高精度关联检索功能。后来，随着Q&A形式的文本数据、CRM（Customer Relationship Management），以及能够进行文件全文检索的内部网检索智体的发展，咨询支持系统在各大公司逐渐开始普及。

而这正发生在第二次AI热潮结束和第三次AI热潮开始之际，即AI

的寒冬期，因此那时人们对于AI还没有一个统一的叫法。这些检索系统能够通过计算文本中出现的高频词和低频词来判定文本叙述间的近似性。通过这样的方式，人们可以从大量的数据中很快地找到类似文件，很多人由此对AI开始有了一定的印象和了解。

再把目光转向海外，不难发现线上全文检索服务在美国早已广为应用。Lexis-Nexis公司（员工总数达1万人以上）是充分利用文本大数据的鼻祖。早在19世纪初，他们已经能够为客户提供查找法律、判例条文等信息服务，到了1960年则完全实现了高速全文检索和数据库一体化。和在加拿大、英国的总部（2007年总人数高达3.6万人，销售额达168亿欧元）一起承担线上巨大的数据提供服务。而日本法人除英美法律条文和判例数据库（Lexis）、商业新闻数据库（Nexis）、海外专利数据库（Total Patent）等线上数据库以外，还提供日本和中国的法律判例线上数据库服务。

最近，我们把这样一种技术也归为AI的范畴，即以自然语言文本为素材，通过计算相似的单词出现频率来进行统计解析的技术。可以说这也是一种乘着AI热潮的表现。虽然仅仅是在分隔写法上做了一些算法的改进，但毕竟沿袭了第一次AI热潮时期开发的方法（研究人员固定下来的手段），所以也可以视为AI的一种。

向更加智能的专业知识检索服务发展

然而对于利用文本型AI，我们的要求绝不仅仅局限于特定专业领域，我们更期待它能够运用所有语言语义（例如语义分类），通过机器学习的不断探索与计算，能够自动分类（例如VoC分析AI服务器），像“R2D2”一样智能。或者能够拆分表达概念之间的语义关系（例如，Aunt是父亲还是母亲一方的妹妹）和记述内容，并根据语义构造提供相应的知识答案。

但是目前我们对于句子和段落的语义，或者以何种构造来表达知识整体还没有定论。而且如果通过人力分析知识结构，需要耗费的成本过大，收益太小，没有新意［例如，提起秋叶原，人们总会想到“230MB（百万比特）13万日元左右的SCSI硬盘”，一直是各大商店的畅销货］。

所以从获取知识的角度来讲，希望深度学习今后能够通过利用人为构筑的庞大概念体系 WordNet，结合相应的图片数据 ImageNet，自主学习物与物的关系、动作状态属性的关系等。例如通过“狗吠”，类推理解“鸟鸣”等等。只有这样，在 AI 研究不断前进的同时，上文提到的类似检索、全文检索、文章检索、图片数表内容核对等方面的精度和实用性才会不断提升。

实际上，如果构筑了相应的知识体系，具有摘要、具体化等功能的新兴对话型机器人就会像本书第 6 章对智体的说明中提到的“肩上的秘书”一样，作为前端接口发挥作用，知识体系利用系统也会不断普及。通过利用智能机器人，普通人也能理解掌握医疗、法律等领域的专业知识。开发为社会群体所用的机器人固然具有重大的意义，但是抢占相对低价的家庭型对话机器人的市场未尝不是一次机遇，亚马逊在这一方面的表现尤为突出。

在法人部门，为了实现横跨采用不同系统的公司内部岗位和各个公司的窗口一体化，通过充分利用 API，智体知识对话型机器人逐渐走向普及。Q&A 网站，也就是所谓的由 AI 代替人力的专业知识检索系统也正朝着大众化方向发展。即从完全开放的信息检索（网站搜索等）和公司内部封闭的检索两极化状态中跳脱出来，在企业和合作伙伴间形成共享空间（Commons）。而智体之间可以相互交流（从外部进入网络访问的 AI），相互帮助，根据不同阶段的登录要求，自动提供服务。希望这时的服务不仅包括检索、分类、摘要，还能够沟通、检测、提供解决方案，以及更加 AI 化的信息加工，这样我们才能获得最大的价值。

解析、预测供需和顾客动态，优化产量和速度

通常认为在既存服务中加入“视觉”和“听觉”会产生更大的附加价值。深度学习需要远距离把握库存和物流运输信息，这里的“信息”指的不是数百数千种情况和图片等原始数据，而是要用彩色字体标出所有物品

的名称、状态、质量、数量，以 Excel 的形式清楚地进行分类表示。当发生异常状况时，红色警报便会闪烁。按下按钮，当时或现在的状态以及监控画面即可瞬间呈现在我们面前。这或许就是把人类的能力扩大了数十倍、数百倍的 AI 引入到实际工作中的状态吧。

出处：https://upload.wikimedia.org/Wikipedia/commons/1/13/Supermarket.jpg

出处：线上免费插图网站：http://freedesignfile.com/upload/2014/03/Food-supermarket-design-vector-graphics-02.jpg

图 9-1　零售店顾客购买行为分析图

实时监测零售店的销量、库存状态，自动进行图像识别和数值化分析，一旦库存低于设定的水平即可自动补货，如果有这样一种系统你觉得如何？如果完全能够由 POS 系统承担订单监控和预测，由深度学习负责库存和调货补充，相信销售额会不断扩大，人员成本也必定会有所降低。

货架上的商品一旦出现混乱或者超过一定限度等情况时，即可通过图像识别自动判断，提醒店员进行整理，这样也有助于销量的提升吧。销售额的增减、午后的天气情况、库存补充或减少以及其他各种相关信息若能实时传达，那么也会有助于管理者安心顺利地运营。以上就是笔者联想到的未来 AI 的一种发展方向。

深度学习甚至还可以自动解析顾客的购买行为、关注点、不断完善商品的陈列、店面的布局，总结顾客的需求，判断顾客能够接受哪种风格以及目前存在哪些问题。这样管理者就可利用它进行更为直观的分析、判断和决策。所以这也是目前人类进行深度学习研究的动力之一吧。

医疗和健康管理领域中低成本图像诊断方兴未艾

在眼底检查中的应用

如果说哪一行业最需要依赖图像和声音进行自动解析和判断的话，笔者认为一定是医疗和健康管理领域了。例如利用听诊器进行心音、胎儿身体状况的诊断，在原始数据的各个阶段中利用超声波断层图像机器判断患者异常。可以说，医疗领域是利用视觉识别和听觉识别产生附加价值的代表性行业。

在医疗和健康管理中离不开各种各样的图像，例如利用可视光线拍摄的眼底图像、皮肤状态检测图像、利用光纤拍摄的胃部图像、CT 扫描图像、X 射线图像……不过福岛市眼科专家近藤圣一坦言目前眼底图像检测鱼龙混杂。

“目前，很多没有眼科专业医师的健康诊所也开设了眼底检测项目。当然，最终的读影诊断结果应由专业眼科医生来出（价格约为每张 100 日元）。但如果健康诊断能够做一些病情的基础分类（如高血压合并糖尿病网膜症、青光眼等）的话，就能大大提高诊断效率，节约患者时间。不过目前的眼科医生读影分析水平存在着参差不齐的现象。而另一方面，眼疾患者的数量也极为庞大。”

以下是从日本眼科医学会代表大会的 Q&A 中摘取出来的：

“眼科医生的读影分析水平参差不齐，这在福岛县已经引发了社会关注。……目前在糖尿病网膜症方面还采用上世纪延续下来的 SCott 分类法，这也是造成当下眼疾诊断结果混乱的源头。”

仅凭 100 日元，患者能否得到一份准确无误的结果？在这样的背景下，或许更需要引入深度学习来辅助医生为患者确诊，以保证判断的准确性。与 2014 年国际眼科理事会（ICO）的标准方针中采用的国际糖尿病网膜症分类法相比，深度学习更加迅速准确，它能够短时间内学习大量的图像，并将结果迅速传输到各地，同时还能保证高精确度的检测结果。

那么最终以人类判断为前提的深度学习能否作为医疗器械引入到医疗领域呢？能否通过业界各方的一致同意呢？能否顺利应用在医疗诊断中呢？笔者希望高精确度、低成本，同时还能够减轻医生负担的 AI 能够早日被引入到医疗领域中。

美国是把深度学习引入到医疗领域中的先行者。这里不能不提到两家公司，一是通过 X 射线图像学习进行病情诊断的 Enlitic 公司，成立最初的两年甚至只有十名员工。另一个则是 Behold.ai 公司，成功开发出了通过 X 射线图像发现癌症，准确率远超医学专家的机器学习软件。创始人 Raut 和 Njenga 同出名校美国哥伦比亚大学，毕业后进入加利福尼亚大学伯克利分校继续深造，曾在 Facebook 负责软件开发、斯坦福大学“计算机与认知”中心从事过研究工作。他们长期致力于 IBM 的“沃森”、医疗领域的 AI 产品以及食品药品监督管理局（FDA）许可等重大课题的研究。

监控服务以及看护机器人的可能性

在医疗和健康管理领域中永远少不了监测、看护等课题。尤其对于重症患者而言，更需要 365 天 24 小时的看护。可以说，深度学习在褥疮等并发症的看护、康复训练的管理、身体异常的监测等方面有很大的发挥空间。

ActiveLink 公司的动力装载机和 Cyberdyne 公司的 HAL 机器人套装，能够精准进行健康管理和监控，辅助患者进行康复练习，人们再也不用担心患者的行动不便，或看护者的不专心、临时辞职等情况的发生，同时也大大减轻了患者家属的压力。这里，如果机器人还能够通过图像或声音提供给人类日常记不住或难以理解的知识和信息，或许会更加便捷。笔者认为，在配有传感器和安全装置的机器人套装的基础上，若能同时具有充分利用大数据解析结果的功能就更加完美了。

机器人套装不能完全解决人手不足的问题，但是看护型机器人可以在一处安置数十甚至数百台。如果看护型机器人能够用日语进行对话，贴心看护患者，辅助患者康复，那么相信会有很多老年人选择使用。安全性极高又能亲切地与患者沟通交流，这样的看护型机器人对于患者的康复会有很大的帮助，因此我们应该积极推进对于医疗领域机器人应用的开发与研究。

先从引入扫地机器人开始，让人们一点点熟悉适应机器人的使用，然后逐步开发更多功能的机器人，使之深入到我们的工作、生活等方方面面中。机器人“伦巴”能够高效地清洁地板，夏普推出的“COCOROBO”则能够根据剩余电量的多少回答用户提出的问题，比如提问“你还好吗？”它会回答“我现在活力满满。”它还能够听懂数十种指示，完成各种任务。如果接入网络，机器人甚至可以播报交通、天气等状况，可以说在功能开发方面做得十分到位。与亚马逊研发的“Echo”（主要功能为对话、音乐播放、购物等）相比，能够代替人类承担繁重工作和劳动的机器人，比如扫地机器人或许会更受老年人的欢迎。

看护辅助型机器人最好在一定程度上具有意识和人格、能够进行简单对话。如果24小时陪伴在人类身边进行看护或辅助训练，却完全不会说话，对于用户而言多少会感到有些怪异或无趣。不少文学作品中也出现过具有反应和认知、能够与人类交流的机器人。比如星新一的小说《淘气的机器人》中就有这样一台能够与人交流，时而会耍小脾气的机器人，十分有趣。

目前，已有不少机器人活跃在医疗领域中。松下的“HOSPI”拥有一张二次元的面庞，能够根据电子病历进行配药、送药，根据医师的指示帮助患者拿药，实际上承担了一部分看护的工作（大阪府守口市松下纪念医院）。

另外，生产出伦巴机器人的iRobot公司还开发出一款真人大小的机器人“RP-VITA”，面向医院，并能够远距离操控。

AI 保证驾驶安全和车险公平

车载摄像头和深度学习的利用

如果 AI 真的被应用在交通领域中，代替人类承担事故的责任以及监护人的义务，那么相应地，道路交通法、车辆保险制度、各种具体结构体系也要发生巨大的改变。自 AI 热潮开始以来，交通领域可以说是比较保守、谨慎，没有过多引入 AI 的行业，但是最近出现了很多与自动驾驶相关的新闻，令人深感 AI“黑船”终于要进入交通领域。

保险费的计算依据也会随着“自动驾驶”之风的袭来而发生改变。1993 年至 1994 年，笔者在波士顿担任 MIT 的 AI 研究所客座研究员时，有一件事曾令我非常惊讶：居住在美国的不同城市（根据美国的行政区域划分，比东京区小很多的地域也会被称为“市”），车险费的差额巨大。相信只要看过电影《心灵捕手》（*Good Will Hunting*, 讲述了在一个犯罪率极高的恶劣环境中成长起来的不良天才少年的故事）的人们，都会对电影中危险和安全区域间存在的巨大反差印象深刻。因为不同地区的犯罪率和交通事故发生率的确不同，所以大家也能够接受保险费用相应的有所不同（参见图 9–2）。

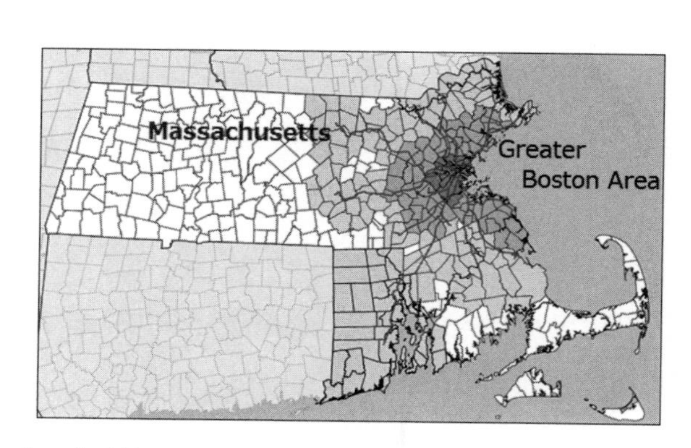

出处：Wikipedia　英语版：https://en.wikipedia.org/wiki/File:Mbta_district.svg

图 9–2　美国马萨诸塞州详细区域划分

但也有不少人表示无法接受，自己在郊外上班，却因居住在商业区而要缴纳数千美元的保险费，而相反那些居住在郊外的人却可以少缴许多，非常不合理。

那么，一个经常危险驾驶、路怒症的司机和一个永远保持冷静、安全驾驶、遵守规则的司机缴着同样的保险费用合理吗？如果行车记录仪不仅能够感应急刹车，还能够随时记录行驶状况，AI 自动评估驾驶危险系数，那么以此为依据设定不同保险费用标准是否可行？美国的国土交通部对此也表示出了极大的兴趣，针对该方案召开了听证会。但保险费不能实时变换，比如不能因为前一日的危险驾驶，提高次日的保险费用。不过笔者相信或许今后，会根据驾驶员的总体驾驶情况，增加各种警告和罚款，不断完善交通规则和相关制度。

若想根据安全或危险驾驶等级调整保险费标准，前提是一定要公正地做好驾驶员驾驶安全或危险系数的测评。虽然通过车内配有的加速传感器、GPS 也能够监测驾驶员是否做到了限速，是否有急刹车等情况的发生，但广角透镜车载摄像机的性价比则更高。目前，越来越多的人选择通过记录长时间 Half HD 图像的行车记录仪来记录数据。

原理就是利用深度学习来识别信号、交通标志、路段油漆标识（“停止”或“50”等限速指示、禁止转弯、禁止通过的黄线、停止白线等）、车辆相向行驶、无视交通规则的驾驶员等各种交通状况，进而对驾驶员的安全驾驶等级做出公正合理的判定。值得一提的是，行车记录仪还能够提取、剪辑危险场景画面，并反馈给驾驶员本人，督促提醒驾驶员安全驾驶，减少交通事故的发生，因此意义重大。对于保险公司而言，又有助于降低保险金的支付，投保人也可以减少每年投保的金额（参见图 9–3）。

以往人工监测需要耗费数百小时，投入巨大。因此导入 CNN 识别画面中的对象（绿灯、停车等交通信号、人行道），导入 RNN 监测紧急刹车或减速等突发状况，大大减轻了人类的工作负担，只需最后针对需要的画面进行审查，时间压缩至几十分之一。最终通过危险画面与综合危险驾驶等级的结合，使驾驶员意识到安全驾驶，平安出行的重要性。

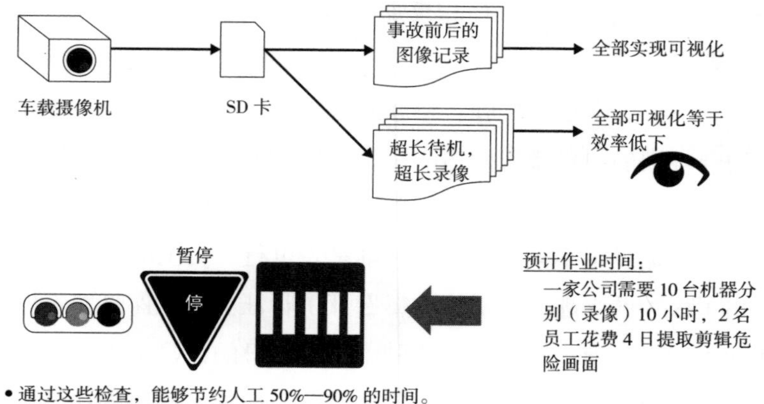

出处：Metadata Incorporated

图 9–3　深度学习在汽车驾驶中的应用

Fintech：既存金融服务的延伸

错综复杂的金融服务的革新

笔者对当初数据区块链所引发的金融 + 科技的热潮依然记忆犹新。随着 IT、AI 的发展，结算、代缴、垫付、第三方托管（信用代理）服务、信用卡合作、电子货币、积分、虚拟货币、汇款、融资、保险、房屋担保等各种既存服务也将面临重大的变革。

从各种金融服务和功能到企业间的服务交易、企业内部后端会计、媒体、虚拟通货、信用担保、基础设施建设、区块链、安全和非法检测……Fintech 开始逐渐融入到各个领域之中。各种新形式应运而生，单单在结算业务上就衍生出了预付型的“代为收缴服务”“预付贷款卡”“预付电子货币”和延期支付型的“代理支付信托账户”“信用卡”“延期支付电子货币”等形式。

在融资、投资、交易时的一般性征信调查等方面常常能够听到关于 AI 的话题。AI 能够帮助人类处理无法应对的或成功或失败的经历和庞大的数据，准确计算，判断不同数据模型的相似度，或者从 Metadata Incorporated 的 xTech 等计算模型出发，以每天变化的数值为基础，科学、准确地对融资等做出判断。因此以丰富的数据为导向，能够准确地判断 AI，对于改善目前相对而言比较混乱的投资评定等级意义重大。

融资的需求

对于融资的审核，会综合考虑以往所有成功和失败的经历。通过高匹配智体 xTech（详见第 10 章）能够迅速完成审查，对比以往成功的案例，算出近似值，从融资本金到最后利润全部可以自动统计。审核中最为关键的是不同性质的融资案件。申请金额的上下范围、利率、申请者性格（责任、信用）、所经营公司的收益情况、通过本次设备投资希望达到的预期目标、与曾经融资成功事例的近似度、口碑等等都是审核评判时的参考依据。

据说美国的线上自动融资非常快捷高效，能够在 10 分钟之内完成审核（与信用卡公司联合进行了实质性信用担保）。希望今后能够出现更多更好的审查系统，准确运用数值数据，不断积累经验，不断完善升级。另外，SNS 的动态、打游戏的方式、是否性格过于急躁，学校成绩、过去工作经历、项目经验，甚至是深度学习识别的脸部特征等等也都可作为审核参考条件。

大型金融机构还存在一个挑战，即销售人员难以拜访到中小法人顾客。所以希望今后在这个方面能够有所改善，从而有利于法人顾客的挖掘，同时还能够避免法人被其他银行撬。有的人认为通过训练机器学习记录法人账户收支变化等数据即可进行风险预测。但也有人认为应该通过解析、联合媒体报道的相关新闻（新产品的销量、不好的消息）SNS 动态、评论等多重信息进行判断预估。

相信在不久的将来，面向普通存款用户的 Fintech 会不断走向 API 化，存款余额确认也会越来越便捷。同时 API 也会令一部分人感到恐惧，因为安全装置会不断完善，利用 AI 即可迅速检测出金融犯罪嫌疑人，立刻冻结其账户。

对话型机器人带来人性化电子交易

既存服务中引入 AI 的最后一个例子即电子交易（EC）。在电子交易中对话型机器人扮演着销售人员的角色。Metadata Incorporated 在 2012 年初公布的“Web 导购小姐”具有以下特征。它与“人工无能”“一问一答型机器人（chat bot）”相比，有了一定的进步。不仅能够对话，还能够发送资料，确定双方约定时间等等。

· 通过 EC 网站、企业官网介绍自家商品和服务。

· 即使访问者不主动（打字），也能够积极交流，主导对话。

· 能够向访问者提问，引导对话主题向访问者感兴趣的方向转变。

· 能够根据对话过程中显现出来的感兴趣的内容，向访问者推荐相关商品和服务。

· 承担营业员的工作，不同于以往一味地介绍顾客访问商品主页，而是在 B2B 网站上先获取访问者邮箱地址，再向访问者发送产品目录等 PDF 格式的宣传资料。

· 与库存数据库同步

· 通过外部网站 API 不断壮大。能够调查维基百科、天气预报、股价等相关信息变化。

出处：Metadata Incorporated

图 9–4 “Web 导购小姐”图像

亲眼看到工作中的“Web 导购小姐”后，其中一位记者表示：“终于出现了无需人类点击操作，即可实现网上购物的机器人。”下一步，能够进行语音对话的机器人将备受期待。导购机器人不会强制顾客在平台上消费，而是根据顾客喜好，介绍相应的商品信息，由顾客自己进行抉择，不会使顾客在对话过程中感到丝毫不快。

软银的情感机器人 pepper 已经能够在店内独当一面，而美国亚马逊推出的 199 美元的（会员价只需 99 美元）echo 则进入了人们的生活之中。它小巧便捷，看上去像是家中摆放的黑色茶叶筒。既能够播报时间和天气情况，还能够答出珠穆朗玛峰的海拔，甚至能够向主人抱怨“这个音乐可以暂停一下吗”，然后选择符合对话氛围的背景音乐进行播放。当然，由于是亚马逊开发的，echo 还能够进行网上购物，以及根据指示进行礼品包装，代替主人签收快递等功能。更多具体功能和概念请参见官网的视频介绍。echo 本身价格并不算贵，亚马逊只是想借助机器人来促进线上消费，提高销售额。

在智力问答节目《Jeopardy》上击败了 quiz 王的第一代机器人沃森实际上当时并未与网络连接。而亚马逊的 echo 则连接了网络，能够自动搜索百科知识进行作答，让人觉得“无所不能”。云化“大脑”的好处之一就是能够及时更新信息和知识，实时监测各种状况。这也是云化智能导航仪远胜于 DVD 汽车导航的原因。

再回到电子交易（EC）的话题。电子交易往往会受到文化、习惯等因素的限制。比如，既有对声音识别有抵触的用户，也有比较害羞不愿使用 echo 的人群。如果中国的淘宝没有同时推出能够与用户进行实时对话的软件（阿里旺旺），相信会因此流失很多顾客。商家需要接受来自顾客的质疑，比如“为什么价格这么便宜？是正品吗”，需要针对顾客的投诉做出解释，需要耐心为顾客答疑，所以实时对话软件至关重要。因此，据说淘宝上的很多店铺考虑到成本，会把店址选在郊区，只有 2–3 人负责经营管理，另外数十人作为客服，负责与顾客的沟通。

所以我们在开发 AI 的过程中，需要了解注意到类似这些不同国家和地域的文化习惯差异，从而开发出更易为当地用户接受的 AI。而淘宝上一件简单的商品甚至也需要与顾客进行数十次沟通，所以通过引入智能客服助手，大大降低了成本，从而保证了线上店铺的利润。

安保、仓储、物流、检修、消防、警察、防工实时监控

随着今后AI的不断发展，安保的成本会不断下降，市场则会不断扩大。日本最大的安保公司西科姆公司的董事长饭田先生曾表示，民营安保公司会逐步走向自动化、无人化，无需身强体壮的男子也能够完成安保工作。随着深度学习的发展，法人办公室的安保成本也在不断降低，中小企业也能够负担得起安保费用，这对于社会安全而言意义重大。

对于那些深受盗窃之害的书店、文具店、便利店、超市而言也同样意义非凡。或许在不久的未来，小卖店也无需店员值班，机器人即可监控管理店面。在日本，对于现行犯，人人都可以当场对其进行逮捕，但是目前AI尚未取得同人类一样的逮捕权。不过至少在当下，机器人在发现盗窃现象时，可以对行窃者进行耐心劝诫，阻止犯罪行为的发生。想象一下，被机器人劝阻“你如果现在停止行为，我就放你走”的青少年行窃者会做出怎样的选择？

在不久的未来，或许机器人还能够充当警卫员的角色，保护个人及家庭安全，人们再也无需在家中安置非法入侵传感器，仅凭机器人图像识别即可进行图像检索和监控，性价比可以说会得到很大的提升。甚至当你在SNS上发布动态“全家出游”时，机器人会及时提醒你不要公开信息，“该动态有可能在网络上公开，注意安全，小心防盗。您不妨把动态改为‘与几个家人出行’”。这样能够进行温馨提示的机器人一旦上市，想必会大受欢迎。

第 10 章　制造业 IT 化升级

AI：制造业起死回生的重要契机

美国制造业最早完成了国际化分工，即过渡到了新型商业模式，它将生产制造委托给中国等其他国家，自己专注于设计、软件、应用、流通等方面。美国拥有最多的服务型企业，当前其人工智能也主要是发展软件，通过软件推动商业革新。与其相对，日本在 AI 硬件制造方面胜算较大。AI 的应用既需要软件同时也离不开硬件。在保证汽车、相机、复印机等领域的市场地位的同时，日本制造业积极探索与包含 IoT 在内的 IT 基础设施相结合的商业模式的话，在全球范围内取得巨大利润也并非不可能。

应该认识到佩戴 IoT 传感器、智能手机时刻不离身的顾客正在越来越适应服务业的共享经济。在构思商业模式时必须意识到当下是注意力经济时代，顾客的需求和时间才是稀缺资源，自己要依靠其与竞争对手一较高下。否则开发出的产品将与市场相背离，徒有 AI 的外表，本质和内在却毫无吸引力。

也可以说，在这个阶段以深度学习等机器学习为基础的人工智能应用技术可能是日本制造业起死回生的重要契机。随着老龄化、少子化的到来，日本传统制造业陷入前所未有的困境，很多传统技艺走向衰落，面临无人继承的尴尬局面。因此需要 AI 通过原始数据学习、传承技艺，同时弥补人员不足的问题。

不仅是日本，还有很多国家饱受成熟型社会中各类问题的困扰。德语“Industrie4.0”被译为“工业 4.0”或“第 4 次产业革命”，是和日本一样面临老龄化、少子化的德国提出的新制造业的概念。互联网使工厂内部和车间、配送中心、发货地紧密结合，通过及时调整库存，达到适时供应作业法（日本丰田汽车公司独创的生产管理方式。工厂生产过程中，在必要的时间提供必要数量的部件，以减少库存，降低成本）的效果，在保证多品类少库存的同时，实现快速低价配送。虽然工厂内部设有严密的防火墙抵御外网入侵，但根据共同的通信协议（通信顺序），内网一旦与外部机器相连接，在 IoT 的作用下，极有可能会同时接入全球机器和用户。啤酒桶之间通过预先设置的装置和服务器连接，通过一滴酒来估测消费量，然后把数码化的数值数据传输反馈到工厂和配送中心的电脑中，进而实现实时化的生产调配和流通控制。这是 SAP 公司设计出的结构体系。

正如上文提到的“智体”论，我们不妨把信息的收集、资源的调配交给“自律型”AI 智体来完成。只有以消费者和用户的喜好和需求为目标，不断完善产品开发，无论从地理上还是心理上不断接近消费者，分析消费者的意见 VoC（Voice of Customer），为消费者迅速准确地提供个性化私人定制化的商品，供应者才能取得胜利。因此，一直以来始终把消费者的声音 VoC（Voice of Customer）放在首位的日本和德国等企业在激烈的国际竞争中才会更有胜算。

X-Tech、制造业 IT 化这种本末倒置的发展能否成为主流？

自然语言处理和 AI 专家，先后就职于京都大学、曼彻斯特理工大学、东京大学、北京微软研发中心、工业技术综合研究所人工智能研究中心的辻井润一博士在接受《日经产品制造》的工作人员采访时曾坦言：

制造业和信息产业的关系也在发生变化。以往的制造业依靠信息技术（IT）生产。而利用制造业的传感技术和操控技术开拓新的市场和服务则是今后信息产业的发展趋势。也就是说，制造业的技术逐渐成为生活必需品，通过以AI为代表的先进IT技术，创造价值。

从这段话中不难看出，制造业和AI的融合是未来包含发展中国家在内的全球普遍现象。辻井润一博士还同时认为，在今后AI不断发展，与各种领域相融合的过程中，有三个支柱极为关键：

其一："AI for Human Life"，AI与服务业的结合
其二："AI for Science"，AI与基础科学研究的结合
其三："AI for Manufacturing "，AI与制造业的结合

对于日本而言，第三个支柱，即AI与制造业的结合或许是未来在国际竞争中的胜算。

欧美和中国在第二个方面，即AI与基础科学研究的结合上目前处于领先地位，而日本，与至少20多年前的第二次人工智能热潮时相比，退步了很多。不少国家为了在全球化检索、电子商务（亚马逊、苹果等）、SNS（脸书、微博）等方面抢占先机，做出了很多尝试与努力，但AI与服务业的结合仍未真正得以实现。（包括日本家电开发商在内不少企业试图通过AI家庭化来改变未来人类的生活状态）他们无法真正掌握利用庞大的数值数据。而人口众多，商业规模巨大，政治体制独具特色的中国在这一方面却具有很大优势，政府能够采取强有力的宏观调控，能够"接受"民间的庞大数据。

从以上分析中不难看出，日本在第三方面最具优势和胜算，AI与制造业的结合可以作为重点投放和关注的对象。工厂内的大数据归企业所有，即使是上文提到的全球化IT企业也无权干涉。今后在IoT设置和企业运营

中大数据将会呈爆炸式增长，但这些数据并不会立刻被公开化或共享化，所以只有让顾客切实感受到产品和服务的好处，不断完善商业模式，发展维护生态系统，才有可能实现行业和服务的加速成长。

什么是深度学习?

本章开篇曾提到“需要 AI 通过原始数据学习传承技艺，同时弥补人员不足的问题”。从这里，可以看出深度学习的特点和优势。

托马斯·达文波特是 20 世纪 90 年代在商业领域兴起的知识管理（knowledge management）热潮的先驱。而日本的先驱则是提倡 SECI 模型的一桥大学教授野中郁次郎。他将企业知识划分为隐性知识和显性知识两类，在企业创新活动的过程中隐性知识和显性知识二者之间互相作用、互相转化，知识转化的过程实际上就是知识创造的过程。那么何谓“隐性知识”?前野村综合研究所的山崎秀夫先生很形象地打了一个比喻：藏在手中的动作或反应。其实不只是手，腿也好，眼、耳也好，这些器官都可作为视觉、听觉、触觉等的传感器，负责判断对象的状态和全体状况。然后双手负责使用工具、机器，对对象进行加工组合。

传统的工作机器和工业机器人通常是根据数学式和方程式来测定距离、长度、宽度、重量，生产出符合规范的产品。然而随着今后的发展，在保证产品质量的同时又要尽可能地控制成本。以往操控机器和工业机器人生产数千、数万个产品虽然成本巨大，但分母也巨大，所以每台成本仅相当于数千、数万分之一。然而在较长的生产线中还离不开这样一个环节，需要检测产品是否端正，从不同方向和角度进行微调，从而保证产品的完美无瑕。既要机器人能够解析人类不同角度的细微行为差别，又要控制成本，这几乎很难实现，所以从目前来看，至少在制造行业依然需要人类承担大部分工作。

因此这种“藏在手中的隐性知识”，即使对于技艺精湛的手艺人，也很难用语言形容。即在技术维度上非正式和难以形式化的，体现在秘诀上的技能。

正如本书从开始一直叙述的那样，相信在不久的未来深度学习能够自主学习掌握图像和 3D 空间位置变化、速度、加速度信息等原始数据，机器臂也能够像人类一样精准地完成任何细微的动作。

让机器臂学习自己传感输出的数值数据，也有利于今后代替人类承担更为复杂的动作，灵活应对各种状况的出现。

深度学习的学习结果就如同暗箱，内部动作、构造或经过的过程无从得知。因为目前人类无法读取数亿根神经纤维结合在一起的重任。即使人类想通过“机器臂”的调整降低不良品比率，最多也只能调整训练，追加正确数据。同时怎样去完善、完善程度等也很难把握。由此，如果可以忍受这些无法控制和改变的问题，那么即可引入机器来学习人类的感觉、无法形式化的隐性知识。

出处：harmonica pete cc creative

图 10–1　阿拉伯猫的特点无法完全列出

就像我们无法完全说明普通猫和阿拉伯猫的差异一样，我们也无法用语言或数学式描述不同手艺人的情况。因此至少对于老龄化、少子化的日本而言，在制造业中引入能够精准读取原始数据的深度学习是必要的。

AI 被应用于工厂内部检测

在异常检测、监控、采样中扮演重要角色的 AI

工厂内、流通途径过程中针对产品的检测离不开深度学习。没有经过培训的新人很难从产品的外观上发现内在特征，而深度学习却可以在产品分类，以及对视觉和听觉要求非常高的领域发挥作用，并远远超过人类的能力。

假如有十名熟练工通过视觉和触觉对产品进行检测，IoT 传感器能够把检测结果数值化后，收集到的数据即可实现远程管理和分析。深度学习识别或分类每一幅图像只需 0.01 秒，通过一台价格低廉的产品检测服务器，每秒即可检测 100 个产品，承担 100 人的工作量，成本得以大幅降低。

即便最终检查审核仍需要人类承担，但与之前相比，人类也只需负责集中检测不到 10% 的产品，可以极大地减轻工作负担。通过设计用户界面（UI），人们从紧张的工作状态中得以解放出来，无需时刻保持高度集中，以免不合格商品流出，像主人一样指挥人工智能。“机器虽然也会偶尔出错，但是在机器检测结果的基础上核对审查确实会比以往轻松许多。”这样，通过利用机器，能够极大地激发人类的工作动力，降低成本，提升效率，降低不合格产品的流出比率。

随着成本降低，以往人们视觉（或听觉）无法触及的场所、领域、时间段等也能够得以精准地检测，从而提升产品的质量。而高质量的产品进入市场，又会带来高附加价值。即使是多品类少量化的生产线也能够通过深度学习准确收集数据，精准检测产品，降低成本。

以往没有利用深度学习形成检测结果时，需要人们不断地去用眼睛判断，耗费大量时间和人力。而一旦导入深度学习，不论面对何种类型的产品，都可以保证精准地完成检测和品质管理。

发货或上市后仍能保证质量、控制成本

“Industrie4.0”通过在工厂内导入 IoT 和数码智能机器，不仅仅是单纯

地希望超越一直以来的实施供应作业法，还同时想要建成具备物流仓储等其他功能的据点，以及通过与其他行业的联合来达到高速高效高质的目标。通过优化时间（交货期、缴纳频度），产品调配的成本会大大降低。那么相应地，随着待机时间的缩短以及不合格产品流出率的降低，能耗和废弃物的排放率也会减小。

从工厂的长期发展角度来看，通过检测工作机器、生产机器的故障、零件更换，对于提升生产效率、降低成本也会有所助益。同时也利于调整零件更换以及生产线的停工期。

通过在工厂、机器内置 IoT 传感器获得大数据解析不仅能够改善生产线，还能够提升上市产品质量，减少售后返修次数。BMW 通过将 IBM 的先进技术引入生产线，免费保修期限内的返修次数从以往平均 1.1 次降低到了 0.85 次。这样算下来，每年能够节省 30 多亿日元的成本。

今后 AI 通过上市的车载 IoT 机器解析发送到云中的大数据，还能够定期监测售出产品（车辆）的“健康状况”。从用户的使用报告或车载传感器诊断分析产品，同时也可以预防交通事故的发生。

3D 打印革新制造业

3D 打印机的输入数据可以说是零件或产品本身的数值化。虽然被称为设计数据，只要添加到邮件中并点击发送，即使是身处地球另一端的人也能够通过 3D 打印机接收到实物，无论是人造骨骼还是手枪，也就是说 3D 打印机的“打印”等于“制造”。通过连接网络，3D 打印机就像一台物体移送机。

随着今后的不断发展，3D 打印机的设计数据会在世界范围内公开、共享、加工，可以说这是未来不可逆转的趋势。而 DIY 群体（Do It Yourself）——MAKE 作为这股浪潮的中坚力量备受关注。他们是小规模的设计手工爱好者组成的群体，也是新时代的象征。他们因兴趣而结合，对于自己的产品，会通过在网上征集试用感受，不断去改良完善。

笔者曾参加过在东京国际学校举办的日本国内首届 Maker Faire Tokyo 大赛，亲自体验了各种各样的手工乐器、赛格威思维车（Segway）以及其他机器。当时 3D 打印机尚未出现，而最近 3D 打印机等新设计功能的产品如雨后春笋般涌现，可以说激发个人创造性的 3D 打印机象征着个人的制造业，它的诞生具有划时代的意义。

设计复杂化的 AI 和 3D 打印机

那么传统制造业里的大中小企业就与 3D 打印机无缘吗？答案当然是否定的。比如与客户约定生产 1000 批产品，但由于在零件调配等方面出现了问题，或者生产、检测中不慎疏忽造成部分产品不合规范。那么这时就需要顾客重新订购一批货物或仅针对不合格产品，重新下单。而作为生产商这时可以通过 3D 打印机制造个别产品，虽然单价会高于批量生产，但不会导致整体交货期延后，有效地防止了生产线混乱。

3D 打印机能够输出一直以来我们难以想象的复杂三维设计数据。在如此复杂的设计中离不开 AI 的作用。人类只需在房间中安置好传感器，AI 通过自动旋转和扫描，即可完成设计。这样便捷的产品似乎在我们的身边已经存在。或者说“给我们留下这样印象的产品已经出现”，从云数据库中检索就会发现有很多关于个人专用 DIY 的机器。

“从海量的素材中挑选出可用的素材，不断调整，形成流畅自然的节奏”，用双手创造艺术，这就是 3D 电影剪辑的魅力。整个过程中由 AI 负责挑选素材、更换图像。自己如果觉得不太满意还可以上传到网络中，一觉醒来，你会发现地球另一半的爱好者正在帮你继续修改作品，或许不一会儿带着明快南美风情的作品就诞生了。

关于 3D 打印引发的一系列法律问题

3D 打印机的设计者，即输入数据的作者和“打印”（制造者）是区分开来的。所以由谁来承担作品相应的法律责任就变得颇有争议。以美国律师和检察局为题材的美剧《傲骨贤妻》（*The Good Wife*）第 6 季第 15 集中曾发生过这样一个故事，利用3D打印机仅花费了22.5美元就制造出了手枪，那么究竟应该由谁来承担相关法律责任呢？最后，制作设计数据的人遭到了问责。那么面对利用3D打印机搅乱秩序，触犯法律的设计者，普通打印者对这一切是否知情呢？如果他们不知情，当然应该由公开数据随意下载的设计者来承担法律责任。

除去枪支这样极端的例子，即便是普通作品，消费者自身也应该明白“打印”，或者说产品制造背后的责任承担问题、相关法律法规等知识。在产品功能、性能和精度尚需要进一步提高的时候，委外代工型企业（只做设计不生产，生产制造外包给外部的工厂）、消费者（或者设置3D打印的中间商），以及3D打印制造者、销售者之间不妨一起合作寻找原因，降低失误率，再通过保险公司派遣核定人员（appraiser）作为第三者来进行推算，不需要律师或检察官、裁判员等一一出面。

制造者利用自家公司的3D打印机生成出产品、检查、发货……在这一系列过程中，制造者与消费者的关系与以往一样，并未有所改变。这就如同业余木匠的零件和除合法利用以外的免责事项过于繁杂，目前我们仍然认为需要由木匠来承担责任一样。

在B2B商业模式中，销售3D打印机制造的产品时，需要事先确定好责任分界点，签订合约［相当于SLA（Service Level Agreement）］。一旦合约牵扯到三四家公司或涉及3D打印制造者、销售者时就会变得极为复杂。但是如果每个角色能够承担好各自的责任与义务，那么想必整体秩序也不会受到影响。

设计数据一旦像开源软件一样公开化，通常就会变为没有任何保障，随意点击“OK”直接下载的状态。如果产品因设计上的疏漏引发用户重大人身事故，则毫无疑问需要依据相关法律来制裁。

总之，在与互联网密不可分的今天，人们希望通过3D打印设计、创造出更多原创的硬件，降低参与成本。每个人都能发挥自己的优势和个性、生活丰富而充实的社会正在一点点向我们靠近。而我们之所以强调品质管理和法律责任，不是为了约束每个相关者，而是希望引导每个人在这一过程中承担起自己的责任和义务，更好地推动技术的进步与发展。

单元生产中人类的好搭档AI和双臂机器人

佳能高级单镜头反射式照相机与工厂的单元生产

下面我们再次回到工厂和类似通用AI的话题上。首先我们来谈一谈单元生产中人类的好搭档。所谓单元生产，是指与传送带和流水作业相反的一种生产方法。通常由一名或少数工人小组（单元）完成产品组装。高级反射式照相机是这一环节中的重要角色。详情请见大分佳能股份有限公司的官网（https://www.oita-canon.co.jp/tech/index.html）：

> 大分佳能是佳能旗下所有产品生产的主要基地，单镜头反射式照相机、摄像机、镜头都出自这里。……大分佳能摒弃了传统的流水作业，采用少数工人小组合作完成产品组装的生产方式。……这里的高级技师能够准确掌握1000种以上的零件组装方式，并在一定时间内独立完成所有产品的组装和成品检验。

大分佳能股份有限公司业务模块对此是这样介绍的（https://www.oita-canon.co.jp/business/index.html）：

> 大分佳能包括单镜头反射式照相机、摄像机、镜头等在内的所有产品都采用单元生产的方式。每个人依据自己的能力和水平承担相应的任务，进行产品组装。这样不仅有助于保证质量，提升效率，还有助于让每一位员工切身体验到工作的乐趣与成就。
>
> 单元生产只在既定时间内完成既定数量的产品。通过人机合作，实现高技术、低成本的目标。

相信很多人对20世纪卓别林的代表作《摩登时代》中拿着扳手调试

齿轮的场景记忆深刻。正如卡尔·马克思所说的“劳动的异化”一样，在传送带旁等待的工人们日夜重复单纯的作业，毫无创造性。

因此大分佳能才坚持“牢记千种部件组装方法”“用创意提升品质，在劳动中感知快乐”的单元生产方式。

但是一名工人要想达到“牢记千种部件组装方法”的水平需要多少年的时间呢？在这一过程中我们是否可以引入 AI 来辅助人类工作呢？ AI 通过自然语言和图表，把各种知识和业务技能传达给人类，利用双臂工作，提升效率，减轻人类负担。另一方面，机器永远不会厌倦和中断工作，还能与新员工一起配合，教授新员工各种操作，非常利于新人的成长和进步。当人手不足、熟练工又面临退休之时，AI 也能代替师傅承担工作。正如前文所述，通过深度学习自主学习隐性知识，从而保证了技术的传承。

AI 还会利用知识处理系统、自然语言数据库分析解决问题，积累知识。其储备知识量远远超过正常人类，对于专业知识的理解，也能够达到甚至超过专家的水平，所以在不久的将来也许会成为工作中的中坚力量。特别是在产品或生产线发生改变时，必定会迅速运用储备知识来学习新的知识和产品，发挥重大作用。

另外，在精准制作特别款式（或私人订制）方面，AI 同样扮演着重要的角色。通过摄像机检测成品或半成品，“咦，是不是有点偏差”，再利用深度学习进行图像识别，锁定产品或设计的纰漏，极大地提升了检查效率，改变了以往依靠人工视觉反复审核的方式，减轻了人们的工作负担。以深度学习为基础的图像识别通过学习训练各种（数千种以上）异常状况图像，实现了低成本、高效率的检测，使得异常检测系统得以广泛应用、发展。

AI、机器人、利用庞大知识计算的 R2D2 与对话型机器人、C3PO 型机器有所区别。上文提到的单元生产中人类的好搭档实际上属于 R2D2 型机器人。C3PO 型机器人更加近似于人类，能够朝气蓬勃地工作，具有类似人格（稳重、忍耐力等），未来一经诞生，想必会备受大家欢迎。你是否喜欢这样的机器人：待人真诚而有耐心，谦虚大方，还能够逐步引导对方？可以覆盖 20% 的对话交流内容，理解对方 80% 的需求，即使它属于“人工无能”（有限自动机械操纵对话型机器人），还是远远好过脾气暴躁的上司或性格不合的同事吧？所以与经常对人发脾气、撒气或恶作剧的人相比，成为一个优秀的老师或搭档、同伴或许是对话型机器人未来的一个发展方向。

自发性和自律性并非 AI、机器人的必需条件

笔者最近了解到双臂机器人，特别是烹饪机器人，不单单只是依据事前规定的数据来控制自己的行动。烹饪机器人对于放入锅内的菜量、软硬程度、水分等变化情况也不可能事先通过计算来控制，它只能依据烹饪时接触到的触感、转动锅时感受到的力量与加速度、放下锅时再次感受到的重量这一系列的感受，来反馈接下来要进行的烹饪行为。这也是在我们身边比较容易理解的例子。日本一般家庭中，基本上不会雇用保姆。而对于这样的普通日本人家来说，烹饪机器人就像是他们异常渴望的“能够帮忙做菜的保姆”一般的存在。如果有一天烹饪机器人的价格降低的话，普通日本家庭也能够感受到生活发生的巨大变化。如果在工厂里能够引进不通过事先运算，而是通过对现场情况的分析，来反馈到自己的系统，再由此来推进工作的双臂机器人的话，大概之后他们会像熟练工一样熟练地推进工厂工作。今后，如果是多个机器人负责一个复杂工程的情况，大概也有可能实现机器人之间类似于“这次的材料比之前的材料稍微有点软，请在操作的时候注意一下”这样简单的交代任务、简单的交流。如果是这种程度的交流，“强大的 AI”研究者所追求的 AI、机器人的自发性、自律性就不是必需条件。可以一方面让机器人掌握人的工作方式以及一部分的交流方式，另一方面利用传感器等输出的数据，从而来扩大 AI 机器人的活动范围。这大概就是未来几年，AI 时代的制造业发展趋势吧。

第 11 章　广告行业和市场营销的巨变

在本书第 7 章中介绍了深度学习在各行各业纷纷被投入使用的情况，以及中长期来看 AI 将渗透进入的领域，传媒行业便是其一，前文展望了 AI 给采访、编辑将带来的创新改变。比起实现文本编写的自动化，目前人们对于实现广告、市场营销过程的自动化更有兴趣。这大概是因为，如果广告的内容以及展现方式能够根据用户的不同而自动地进行选择取舍，又或者能为用户提供个性化设置的话，回购率也会得到提高。特别是在 B2C 产业中，用户有时会达到数百万的规模，因而在短时间内人工肯定是无法较好地完成对于用户的个性化设置工作。

市场营销的自动化

对于创新性广告制作的帮助

每天我们都要替换上百份的“广告检索宣传文案”（指能吸引消费者眼球，短小却有吸引力的广告文案），并通过 A/B 等测试来进行比较评分，从中选出较好的文案。并且，同样的测试也会在电子杂志上进行。制作这样的广告文案，对于我们人类来说绝非易事。此时如果运用人工智能，能够自动生成反映消费者意见、反映社交网站上体现的用户需求且构思巧妙的广告文案的话，对于市场运营负责人、文案人员来说无疑是非常有利的。

那么能够引起消费者共鸣、激发起消费者购买欲的广告文案，到底什么样呢？从内容上来看，可以是如实地反映消费者不满状态的标语，即As_Is，或者是反映消费者想要变得更好状态的标语，即To_Be，又或者是可以同时反映这两方面的标语。例如下面这则化妆品的广告文案，就很好地体现了这一点。

例 1：讨厌这粗糙的感觉！（As_Is）

例 2：想要一直拥有婴儿般的肌肤。（To_Be）

这两句广告语都是女性口语，笔者作为男性读出来总觉得有些尴尬。在实际生活中，我们可以从众多短语中，挑选出消费者相对来说比较常用的短语，并以此为参考，对其进行再次修改、润色，从而创作出新的广告文案。

顺便再提一下，一般的“广告检索宣传文案”通常会浓缩在十几个字以内。从经验上来说，一般在此情况下，如果想要融入一些具体内容的话，只能在（As_Is）与（To_Be）这两种方式里面选择其一。此时我们可以猜测一下哪一种文案更有宣传效果、更具想象力，也可以通过一定规模的A/B测试，来进行取舍选择。还可以根据一定的消费群体，分别选择适合的文案内容以及文案表现方式。

“广告检索宣传文案”中，“质量得分”（QS：quality score）是一种对谷歌的关键字搜索是否与该网页的内容相一致的评分标准。根据“质量得分”的不同，就算是一样的广告费，也会在其出现的顺序上有所变动。如果“质量得分QS”分数下降的话，不管我们的宣传标语多么有特色，也毫无意义可言。人们要在考虑多方面要素、标准的同时构思内容，并对其进行完善，这对于一个人来说是一项相当困难的工作。此时，如果“质量得分QS”能够交给人工智能来完成的话，也会极大地减轻相关工作人员的工作量。

今后，和“广告检索宣传文案”一样，在创意广告制作上，图像也变得越来越重要。未来的检索引擎必定会引进 AI，使用 AI 对图像内容与意义进行评分判定。同时，在使用大量图像的电子网站中，为了实现检索引擎的最高性能，即 SEO（Search Engine Optimization），也会引入深度学习理念并充分发挥它的作用。这一想法在 2015 年 6 月的 *TechCrunch* 当中也曾提过：“深度学习与检索引擎最优化的新时代。”

我们还面对着诸多商业难题，比如如何达到市场营销的目的、如何选择与广告相符合的消费者等。运用人工智能来解决这些难题时，就算中间出现了一些错误，也不会危及我们人类的生命。（就像通过专业图像分析来判定一颗蘑菇是否有毒，而实际判定结果是错误的）。让人工智能来带动消费额的增长，这才应该是我们对于它的主要要求或者说是希望。因而，人工智能的应用也被早早地认为是非常有远见的决定。并且，就像上文中提到的那样，在制作“广告检索宣传文案”以及向邮箱发送 EC 信息时，我们会更多地追求吸引眼球的广告宣传语。因此运用人工智能也能较好地解决这一问题。

市场营销自动化的根源

市场营销自动化的想法主要起源于以下两点，即集客营销（inbound marketing）、一对一营销（one to one marketing）。

以往的营销方式是没有明确的营销目标群体，单纯依靠媒体打出自己的广告，按照网络上的购买者名单来打电话逐一推销。我们把这样的营销方式叫做推式营销（outbound marketing）。这与集客营销（inbound marketing）是完全不同的营销手段。新的集客营销是让消费者在网络上注意到自家的商品，其次是给对自家商品有兴趣的消费者提供更加详细的商品详情来加深认同和了解，让消费者来到自己的店铺，成为自己店铺的回头客。

在营销学上，我们把最初有可能接触商品的顾客称为“最先顾客（lead）”。把逐渐加深对方兴趣、提高对商品的好感度、形成固定的消费群体与回头客的这一过程，称为“最先顾客培养过程（lead nurturing）”。虽然在第一阶段，即注意到广告的消费者可能有100万人，但是进入到后面阶段的时候，人数会不断减少，可能只有10万人、1万人，到最后实际购买的也许只有1000人。

而此时，在集客营销上，人工智能可以发挥巨大的作用。在集客营销最初阶段，针对每位顾客的需求来进行特殊应对。即提高最先顾客培养过程（lead nurturing）中的效果。目前也只有人工智能能够以最低的成本，并且在短时间内大规模地为客户制订个性化方案，进行批量定制（masscustomization）。

市场营销自动化想法的另一个起源点就是一对一营销（one to one marketing）。很多人对于它的理解并不准确。某一网站中对其的定义是：根据消费者喜好、需求以及历史购买商品种类的不同，来进行一一对应接待的营销方式；并且，通过一一对应的这种方式，让消费者感觉到自身与企业之间似乎构筑起了一对一的关系。

这样的定义虽然不能完全算错，但是也没有从根本上反映一对一营销的本质。例如，定义当中的“让每个消费者享受到一一对应的接待方式就是一对一营销”，这样从字面上片面理解并不准确。直截了当地说，一对一营销中最关键的一点就在于一对一营销的目的：

不再格外扩展新的顾客，而是把重心放在提高现有顾客对于自己商品的忠诚度，使其一生都使用自己的商品（LTV: Life Time Value）。

图11-1简单明了地反映出了这一概念提出者Pepper . D. and Rogers的想法。

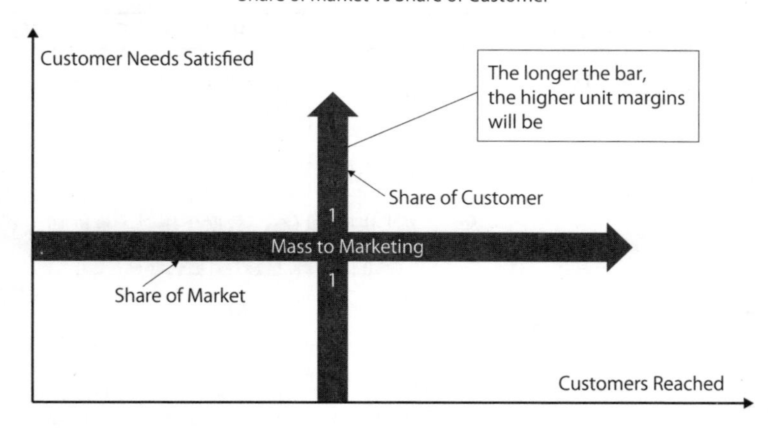

出处：Pepper, D and Rogers, M.:“1to1 Strategies on the Web Workshop , Workbook” 2000. 04.

图 11–1　一对一营销

表 11–1 引自我发表在信息处理学会研究会上的一篇论文。该论文里面包含了 2000 年在芝加哥召开的实际研讨会上，由 IBM 公司芝加哥地区市场营销部部长，以及管理伊利诺伊州体育运动商品的店长，一共五人，共同探讨的许多经验。

在一对一营销理念中，考虑一一对应接待这一问题前，主要要面对以下四个“IDIC”问题：“I”就是指 Identify（清楚认识每个公司的每位顾客）；“D”就是 Differentiate（根据每位顾客喜好以及个别需求的不同，来分别提供商品或服务）；“I”就是 Interact（与每位顾客开展交流，进行意见的交流与交换）；“C”就是 customize（为客户个性化定制信息、商品以及服务）。通过这四个步骤，基本上可以掌握与客户交流的关键点。

表 11–1 主要强调要从“IDIC”四步来推进一对一营销之前，以及初级、中级、高级四个阶段的发展。这样可以将之前没有想到的好创意运用到新的数据当中，提高“IDIC”策略实施的效果。

表 11-1　以一对一营销为基础的 E-business 技术要素

	一对一之前	初级	中级	高级
Identify	不认同个体	・划分 vip 客户群 ・奖励机制 ・保护隐私	・回头客的管理（顾客至上）	・充分利用详细的顾客画像信息
Differentiate	无视需求的一刀切	・按照不同需求重新分类 ・为顾客提供快速导航	・线上 / 线下（fax）数据合并	・了解每位顾客 ・推进 CtoC 模式
Interact	与顾客接触最小限度的信息管理	・高效的线上 e-service	・give&take	・代理个人信息管理 ・push
Customize	向所有顾客发送同样内容的信息	・为每位顾客带来私人订制般的体验（如提供计算服务）	・与伙伴开发商的配合 ・绘制个人信息 ・Wish Lists	・推荐 ・自动补充 ・通过 Web 提供产品配置操作

出处：野村直之《以一对一营销为基础的 E-business 技术要素》（信息处理学会研究报告，2000 年 11 月）

借助 AI 技术应对顾客细致要求

一对一指的并不是接触了一万名顾客，就一定要用一万种不同的方式来一一应对。想要高效地推进自己的计划，必须要根据顾客对品牌的满意度来决定营销策略的主攻方向。根据顾客的满意度，可以将顾客分为以下六个阶层，即“询问阶层”“了解阶层”“一般顾客阶层”“较满意阶层”“忠实顾客阶层”“粉丝顾客阶层（会为商品做宣传的消费者）”。详情可以参照图 11-2。

因为市场资源（resource）有限，我们需要划定一条标准线，根据不同标准区别对待。例如，一家大企业拥有 50 万家客户（企业）。如果有 2000 名职员直接上门拜访客户，大概一个人可以应对 25 家公司，那么 2000 名职员总共可以应对 5 万家公司。这只占客户总量的 10%。对于剩下的 90% 一般会采用电子邮件往来的方式进行对应。对于回避与客户之间进行邮件往来的金融机关来说，可能就什么都不能做了。但是如果剩下的 45 万公司当中，出现了快速发展的公司，那又怎么办呢？如果还是单纯依靠发送邮件，估计某一天被别的公司顶替也是不足为奇吧。

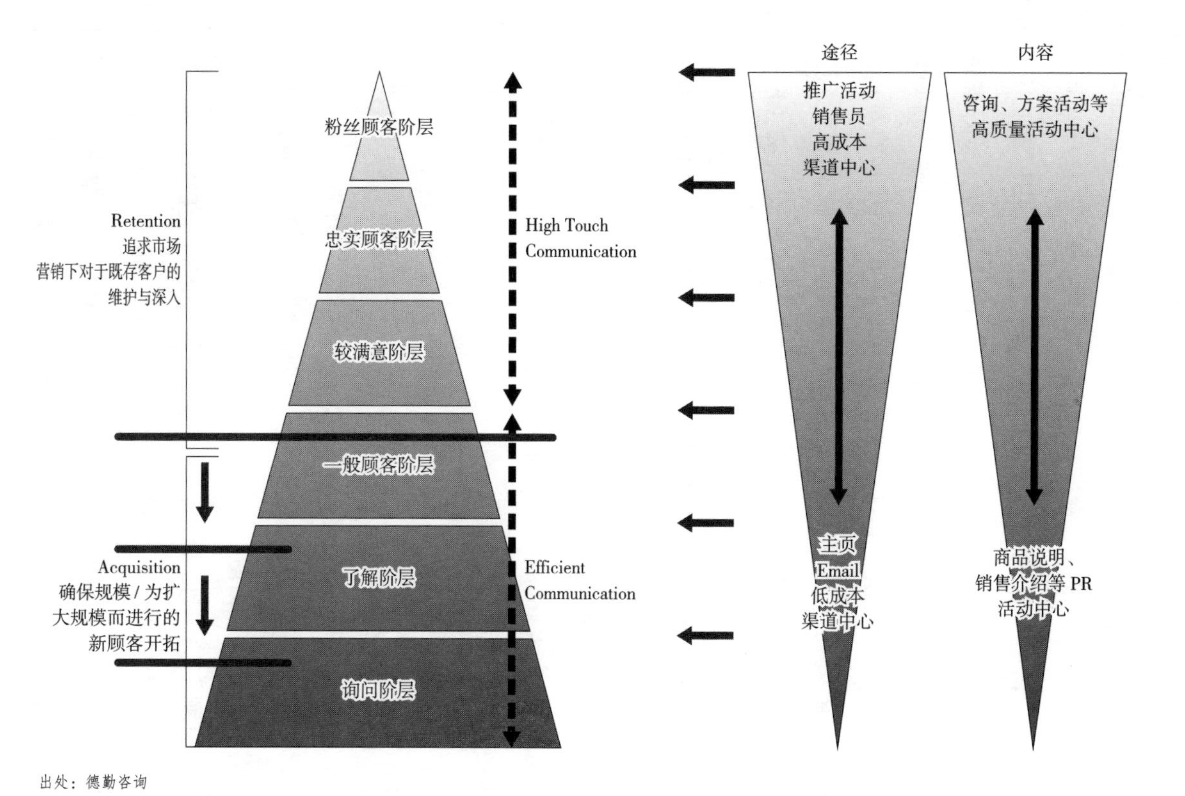

出处：德勤咨询

图 11–2　不同阶层不同应对策略的基本原则

趁这种情况尚未发生前，我们首先要运用AI来捕捉顾客公司的数据变动情况，比如交易量的变动情况（这对于人来说，是非常困难的工作）。之后建成一个能够自动将数据发送给数据分析员的程序。这样还可以应对顾客的询问以及邮件往来。同时，我们还要事先设置“IDIC”对策，方便顾客能够自由提问或回信。运用人工智能来进行个别接待，做好准备。

图11-2中“不同阶层不同应对策略的基本原则”的左侧圆锥状阶层中，对于“较满意阶层”以上的阶层，就要注重情感上的对待。也就是说让对方了解公司的状况，参与公司的具体运营，让其感受到这是为其量身考虑的方案。这种方式最为常见，即细致接触交流法（high touch communication）。

IT技术，特别是人工智能软件技术，也被应用于“一般顾客阶层”以下的数量庞大的顾客群体之中。虽然目前阶层越高，AI的应对越不理想，但是未来人工智能的作用就是让图11-2当中的细致交流法与高效率交流法（efficient communication）之间的区分界限（在“询问阶层”“了解阶层”“一般顾客阶层”之间的线）变得越来越模糊。

为了制作出更加明白易懂且内容丰富的商品目录，需要从顾客的历史浏览记录中，将反映顾客喜好、注意力的信息提取出来。如果顾客尚处在询问阶段，没有实际购买，可以将他们与类似的且对商品比较满意的顾客进行对比，再进行分析。如果是情况较相似的顾客，则我们可以推测今后他们的购买情况也会是相似的。

不需要对顾客的属性、行为、言论等的特征进行全自动建模。将包括了交易额、达成交易前所耗时间、犹豫类型等信息的行为记录和年龄、性别、学历、年收入水平等属性事先建模，这样AI只需存储相应数据即可，而不用重新去发现顾客的此类特征。一般而言属性种类有几十种，就算增加到几百种之多，人类依然能够有效控制，把握各属性的比重，综合判断顾客是否为优质顾客。

假如储存了数千种属性、言行且可以使用，此时就该以深度学习为首的机器学习“大显身手”了。就算只有几百种，如果事先完全没有假设，依然可利用机器学习发现属性与行为之间不为人所知的相关关系，这也是有意义的。尽可能给输入层提供多种属性的数据，并尽量准备更多的此人以前的行为记录供输出层作为教师数据（正确答案数据）使用，然后反复开展类似于“正确的给予奖励”“错误的受到惩罚”的训练（被称为“强化学习”）。此时高质量的、存在因果关系的属性被建模，其数据正确且足够多的话，就一定能得出学习结果。

如果学习效果不佳，可能是数据量不够，又或者是数据质量不高（例如输入了过多的错误数据），也可能是属性定义本身不准确，会有多种情况出现，不能一概而论。此时需要人工智能专家与数据分析专家运用人类才有的常识以及因果关系知识，检查整个模型，修改或重建模型。从这种情况下来看，与画像识别、语音识别不同，要实现建模时完全不用人参与其中，这非常困难。

社交媒体与人工智能

运用于推荐系统

从根本上来说，社交媒体是为了满足人们通过 IT 技术进行更深、更广、更有效交流的愿望而诞生的。Facebook 就是一个成功的例子。它实现了高效、便捷、实时化交流，让人们不再为异地沟通而烦恼。Line 让企业与消费者变成了朋友，使两者即时联系在一起。

让我们再从市场营销的角度考虑一下社交媒体产生的意义。谷歌、雅虎的检索广告、kakaku.com，以及 Tabelog 等比较网站目前正致力于“从消费者合理地考虑商品各种属性的角度出发，让消费者能够选出高质量、合乎自己需求的唯一商品”这一服务的开发。

但所有的互联网参与者都是信息强者吗？估计现实生活中也存在因为自己信赖的朋友的推荐而决定买的情况吧。在现代日本，很少有新产品出现致命的质量问题，如果立即决定购买，基本不会出现大的问题。

这样一来，因为社交媒体的出现，我们身旁值得信任的朋友数量会不断增多。听从他们的推荐，可以节约我们自己寻找商品所浪费的时间。这就是社交媒体在市场营销上所起的最大作用。

当然，自己想要的产品，也不可能有很多人都在使用。也就是说，越是喜欢用新产品的人（先驱者 early adopter），和他使用相同产品的人就越少。因为在朋友当中，自己是最容易得意忘形的。这时，可以通过上面提到的几个网站、他人推荐、网页检索、其他用户分享的博客或笔记，来查找真实的使用体验。

这一服务，相信未来会由人工智能检索来提供。或者也有可能在不经意间，人工智能计算机程序算法、数据分析就已经运用在推荐系统当中了。

未来会出现自动发送动态的 AI 吗？

在不久的未来，自行使用商品，将使用感受自行进行分享，自主发送动态的人工智能、机器人将备受瞩目。但是从目前来看，拥有像人一样的五感、真正的感情、心理、价值观，并且能根据自己的需要来评价商品与服务的机器人尚难以研发出来。并且在科学上目前也没有方法，让机器人在感受体验当中，自然而然地产生与人一样的责任感、价值观。机器人也就不可能有自己的意见和观点。

因此我们需要将人的感受做成一个大数据库。而在这一过程中，上文提到的消息网站、以提问形式形成的输入检索、提问网站，以及社交媒体中的 SIG（Special Interest Group，商品服务喜好会）就显得非常重要。

即便是没有人格的机器，我们也能赋予其名字和模拟人格，让它参与到社交媒体当中。最近也有这样的例子出现。SaaS 公司将自己公司的经营管理应用（chatter）推荐给了自己的客户。在该应用中不断变化的销售额管理数据库中，有一个叫做“销售额君”的虚拟人。这是相对来说规模较小的拟人化产品，想要知道数据库更新情况的人，可以继续关注，不想要关注的人，也可以取消关注。这也是该应用的一大优点。通过这种方式，自己可以来控制，也可以让自己的积极性和工作效率相协调。

如果现在的网约车等也参与到社交媒体中来，会怎么样呢？美国总公司的M贝尼奥夫董事长说道，这一想法是由本田汽车公司的丰田章男董事长提出来的。如果自己的车具有人格，能够与车内人员进行对话，那会变成什么样呢？下面是笔者的一点想法：

Prius君："我有点饿了。"

"距离三分钟以内的加油站在这个位置。"导航说完后，画面自动显示了该加油站。

司机："加油？正好我也有点想要去上厕所了，那就去看看吧。"

Prius君："谢谢。"

对于喜欢开车的人来说，将来在车内是否会出现这样的对话、全自动驾驶是否会普及，一切都是未知的。在SNS当中，公司专用车，通过"健康状况"这一按钮，可以知道汽车的健康状况。也就是对照目前的油量、过去的加油量，以及修理次数、开车的速度等，来知道车子目前的状况，并据此来选择车辆。将来或许会在一般汽车、自带助手的半自动化汽车、自动车等车型当中，出现一到两台，会"今天选择我会比较好"这样进行自我推荐的车吧。

同时让我们想一想最近出现在SNS中的机器人。它们可以帮我们发信息，也可以在看了朋友的动态之后，帮我们点赞。通过这些机器人，不仅可以提高交流的效率，也可以改善交流的效果。在进行这些活动时，机器人应该向对方说明自己是机器人，不能完全装作人的样子来进行活动。如果完全装作人的样子来参与活动的话，就和欺骗无异，并且也是违反道德与法律的。如果机器人在这一前提下，不带个人情感和思想来参与我们的社交活动，与对方展开对话，能将IOT设备的状况，用简明扼要的语言向我们解释的话，它们将会变成一个非常重要的角色。

大多数IOT设备，都是在小型机械上配备了通信功能的机器。比如家中、车内、机器人上、冰箱中的小设备。未来，如果他们都能捕捉到目标物体细微的变化，在云端设备上进行认知处理和判定处理，并且能够为了知道人的判断，而用易懂的日语与图表在SNS上给我们发送动态的话，使用者们将会有更多的时间来灵活处理信息。也就是推送信息发送类型、用户自主获得信息型以及这两种类型中间的类型。他们不会给用户太多的压力，并且给用户提供一种更加好的通知方式。这种方式举个例子来说，也就是，原本发送的动态需要我们在登录的时候才能看到，但是实际阅读的时候我们还需要点击这一步骤。人们对于AI、IOT、机器人等发的动态，可以选择及时通知，也可以选择一天一次或一周一次汇总接收。自主选择相当自由，而且对于提高人们积极性来说也非常有帮助。

社交广告、社交媒体营销的未来

20世纪50年代之后，推特、Facebook、line等社交媒体相继流行起来。之后也带动了将社交媒体与智能手机应用于市场营销当中，推进市场营销发展的热潮。智能手机能及时将企业发送过来的消息通知给用户，因而也不难理解为什么智能手机能够迅速成为市场营销的平台。2016年出现的“pokemon GO”这一款媒体，让用户能够自动走入店铺，这在营销历史学上来说是值得纪念的。社交媒体通过给予用户评价权，备受好评，是公认的获胜媒体（earned media），能够让用户自由发挥。

在社交应用里，如果只有一个人参加，不管是管理人还是团队的举办者，如果只有企业的管理层参与，企业无法达到传递信息、话语、图像的效果。单纯地发表官方意见，最终只会被厌烦。所以在交流的时候需要用平等的语气传达自己的心声，发自内心地进行交流。

这些听起来很麻烦，有时还会引发争端。那么企业为什么要冒着这样的风险，来推进社交媒体呢？我们来看一下社交媒体带来的改变。

· 保守群体也逐渐开始接受了社交媒体和云端。
· 每时每刻，都有用户上传图片、视频、文字。

· 如果企业不发送动态的话，就不能让消费者及时感受到商品，同时也不能赢得消费者对于产品的信赖。

关于这一点，只要对比 2005 年与 2013 年罗马教皇就任时的照片就可以明白了。许多保守派天主教徒也都聚在一起，想看一下新教皇的样子。但是到了 2013 年，大家不满足于自己亲眼看到教皇，还想用自己的智能手机或者 iPad，拍下教皇的样子，上传到自己的社交应用当中。

人们都在及时上传照片、视频和大数据。以提交照片为主的大型社交网站一天之内可以接收到将近一亿张照片。也有许多用户会将自己一天当中的所见所闻拍成照片，附上文字，上传到自己的社交账户当中。关于第三点，可以说是用户想要知道和了解企业的想法，因此希望能够有机会与企业开展简单的交流，希望企业开通社交账户。刚开始对商品抱有一点戒备心理的顾客与消费者，会对那些诚恳介绍自家商品优点的企业抱有好感。企业只要利用好社交账户，积极与消费者进行交流和互动，就会给消费者留下较好的印象，企业与消费者之间也会实现互相喜欢（向对方展示喜欢之情，对方也会反过来展现喜欢之情）。虽然我们也看到过很多和企业管理者成为好朋友的例子，但是一般企业都会抑制这样的发展趋势。

在商品众多的今天，渐渐形成了这样一种新的趋势，即消费者在网上看到某一商品的介绍背景、底蕴以及最新的打折情况后，再去购买。最近，朋友们在社交软件中的推荐、兴趣爱好相似者的评价，也会增加消费者的购买欲。让打折活动“不动声色”地传播开来，这也是社交应用的一大特点。

对于所有的 B2C 企业来说，灵活运用社交媒体至关重要

目前很多企业都在谋求网上交流的效率化，但是也有不少企业没有时间和精力来一一应对每位消费者。其实，不论怎样，只要保证与顾客交流的及时性，即只要企业能够及时应对顾客的需求，也可以运用其他应用方式。

在英语中，我们将对于顾客的管理、运营称为CRM（customer relationship management）。要能及时与顾客进行交流，那么与此对应，公司内部业务开展也需要实现及时化。接下来说一下其中的及时化问题。

实时化 CRM

缩短提问与回答的 TAT（turn around time）时间

共享即时信息

提供即时信息（包括广告）

用手机定位到基准的位置

通过分类来提高待客竞争力

从 F1 阶层到研究“住在东京区 27 岁至 28 岁硕士毕业，单身理科女子的轻奢消费倾向”。

Turn around time（TAT）就是指在顾客提出要求后，越是能在短时间内提供服务的企业，顾客越喜欢，同时也就越有竞争力。

但是在提高应对速度这一方面会花一些成本。如果胡乱增加应对人数，不仅不能提高整个团队的工作速度，还会给整个团队工作带来混乱，降低服务质量。对于住在东京区，年龄在 27 岁至 28 岁之间单身女硕士轻奢消费倾向的调查课题，特别指定了调查对象。对于这一课题的展开，需要以她们的详细信息为线索，进行细致区分与调查。同时还需要巨大的信息处理引擎。F1 阶层与 25 岁到 35 岁年龄的女性不同，还有对精度与密度上的要求。这不是单凭人力就能够完成的，还需要运用 IT 自动化技术。在很多问题上，人类都需要人工智能的帮助。

只有极少部分 CRM 会依靠社会化媒体解决问题。因而在现实生活当中，为了花更少的成本来较好地掌握顾客的行踪，我们需要灵活运用各种手机应用，也可以依靠 IOT 实现自动化，运用人工智能来分析数据，这样我们就可以以此为依据，进一步分析市场营销趋势，从而做出最后判断了。

C3PO 型 R2D2 型：不同类型的人工智能在 CRM 上的运用

在与顾客交流的过程当中，也出现了很多拥有模拟人格，并且可以自动变化的机器人，他们可以参与社交应用，与顾客开展交流。但是想要让这些机器人完全像人一样进行策略应对的话，尚不能实现。

相信在未来，人工智能会不断进化发展，能够分析来自顾客的大量信息，同时也能选出需要人来进行应对的信息。

将来这些会讲话、拥有面部表情的人工智能，就像“宇宙大战”当中的 C3PO 一般，代替人们计算。这样的人工智能也可以比喻为 R2D2。2016 年，Facebook 开发的一款人工智能，可以将自己的面部照片与朋友进行对比，分析得出自己与哪位朋友的外貌最相似。

但是此类机器人不可能完全像人类一样工作，有时也会出现不太令人满意的情况。但只要输入正确的对话程序以及计算逻辑，依然有很多优点。比如机器人不会像醉汉一般，做出完全错误或毫无逻辑的回答，也不会欺骗消费者，对于来自消费者的重要信息，也不会漏看。

但是对于一些人工智能难以辨别的问题，比如说纠纷，可以将解决这个问题的权利交给人类来负责，在机器人的基础上进行二次判断。如果能导入这一方式的话，人工智能导入型 CRM 一定能够成功。一直以来，我们都在致力于给机器人导入正确的对话模式和计算逻辑，相信今后会有更多人工智能渗透到各个领域中，完成各种高难度的任务。

在 VRM（经销商　联络　管理）上的应用

以上都是站在企业的角度，来看企业与顾客之间的关系（即 CRM），并在此基础上引进人工智能。但是站在消费者与顾客的角度而言，也可以引入 VRM（Vendorse Relation Management）来管理和交流。上文提到的社会化媒体结构也适用于企业和选择品牌的个体。但是只要他们还想从企业手中得到广告费，就不能期待他们能够为消费者谋求免费会员，开发并改善 VRM 系统。

此时东京大学的桥田浩一教授的团队应运而生。该团队致力于开发实现 VRM，并使消费者能够保存自己的兴趣喜好，以及选择商品的历史浏览痕迹，让消费者能在更短时间内，更加便捷地找到自己想要的商品。这看起来不像是单个企业独占资源，更像是一种民主的组织方式。但同时也不避免地存在许多疑问，例如在开发上所需要的经费应该由谁来承担、怎样承担？是否需要给开发者提供奖励等等。

通过大量比对发掘众多潜在顾客

在社会人际交往上的应用

大家都有这样的经历吧。比如在 Facebook 上会推荐给大家认识老朋友，我们也会在上面看到自己想要买的商品的广告，或者有时还会出现很多好友点赞好评的企业。但是只有少部分会出现在自己的列表当中，而这到底是根据什么来进行选定对象呢？在大规模社交传媒中，往往会根据企业商品的影响力等因素来进行评分，从而推荐对象与内容。

在社交软件当中，用“表格理论”的模型来表现消费者与商品以及企业间的匹配度。“表格理论”就是由大量的点与线连接而成的具有数学研究性质的一种理论，是由天才数学家欧拉提出来的。应用在社会软件当中的模型被称为“社交表格”。在社交表格的上方，会有人与企业间的互动，比如投递的次数、评价、评论、引用的频率。与这些相对应，同一方向的线会变得越来越粗。实际上，社交网站运营者会不断进行运营与维护。

在 Facebook 上，人与企业、商品、场所、事情都被虚化成了“社交表格”上的点。点与点之间的连线越粗，“edge rank”的数值就会变得越来越大。并且“edge rank”数值越大，就越有可能显示对方的动态。也就是根据影响力来决定先后顺序。即便一开始“edge rank”数值很大，随着时间流逝，数值也会不断减小。这不同于总是单方向变化的衰减曲线，而是根据用户的兴趣来进行变化的。将来或许人工智能也会被应用到这一方面。

在广告圈中，会将拥有强大影响力的人称作“流感源”“中心人物”。很多时候企业会参考他们的话语，也会特别对待他们，让他们能为自己的商品做宣传。为了发现这样的“中心人物”，我们也可以运用“社交表格”来进行计算。还有对于朋友关系图、互相说话的方式、个人间的信息交流等也可以进行归类，从中可以看到每个类别的特征。就像图 11-3 那样，可以用圆圈来进行表示。

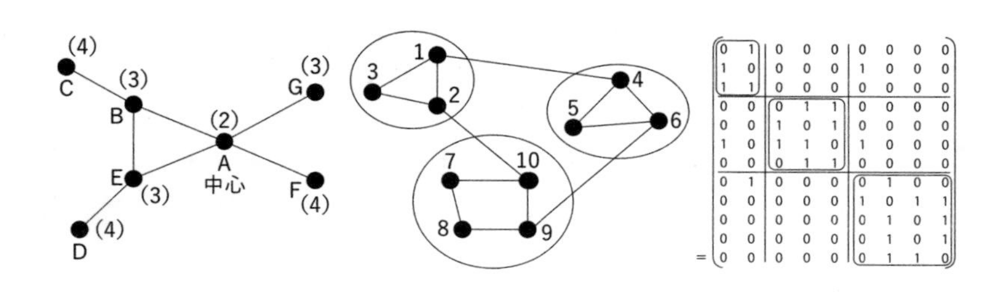

图 11-3　社会化图表示例

这些工作与其让人类承担，不如交给 AI 会更加客观，更具归纳性。虽然数字运算不是人工智能，但寻找“中心人物”必然要分析人际交往关系，从这个角度来考虑，似乎也可以被划为人工智能。不管怎样，这种方式极大地提高了社交应用的价值。

在社交应用上开展问卷调查、打折宣传活动时，我们需要从中找出会采取实际行动帮我们进行回答的人。那是因为我们想要得到有价值的数据，想要让打折活动取得成功。

人工智能匹配引擎

如果想要让问卷调查取得成功，我们需要根据问卷调查的目的、规模来挑选合适的对象填写问卷；想要让打折活动取得成功，就需要去选择过去购买过的人群。比如说，过去有过 1000 个成功案例，那么就要从 1000 万人当中挑选出与这 1000 人相似的 4000 人，这个工作是相当庞大的，几乎无法完成。即便不计成本执意推行，最终效果也无法保障。

这 1000 人当中除去每个人的购买历史以外，可能还有 50 多种不同的情况，比如年龄、性别、社交上的兴趣爱好、运动项目、企业、掌握的商品信息等。我们要从4000人当中选出最接近的人。为了避免重复，需要综合其他因素一起考虑，从全体中找出最为合适的人。在这一过程中，要进行的次数是1000乘以4000，即400万次。这个工程量也是相当巨大的。因而只有用人工智能与IT来完成这个工作。

但机器在运算的过程当中也需要额外的运算时间，并且随着次数的增加，花费的时间会越来越多。（图11–4）

Metadata Incorporated 公司在2016年2月发表了xTech这一技术。xTech能够节约很多时间。即便有10万人，也能在10秒以内得出检测结果，实现了理论上不可能的多对多比对实用化。

比对多种属性，并在庞大的数据当中找出相似的人，这一技术也可以应用于除市场营销之外的其他领域。比如分析男女的兴趣爱好，再进行自动匹配。还可以用在工作上，比如工作人员之间、买方与卖方、店铺与消费者之间、资金以及融资方之间进行匹配。运用这一技术可以有效降低风险。处理速度提升，也有时间来进行修改，最终经过多次修改与完善，可以找到最合适的匹配方式。

这样的匹配引擎还没有被当做人工智能，目前认为这是由运用数学理工知识和电脑科学衍生出来的一种计算方式。但是如果把匹配带来的便利看作是一种利益产生的话，也可以把它称为人工智能。

xTech这样的自动匹配，就像是星球大战中的机器人R2D2，具有飞快的运算速度、超高的正确率、严密的客观性，并且能够取得用户的信赖。在市场营销中引入人工智能，或许有部分人会感到反感，认为这是一种用机器代替人类来达到盈利的目的。但是只要我们知道整个过程的进展是客观、科学、公平的，那么对于消费者而言就足够了，也会逐渐选择接纳。

社交市场营销以及能满足消费者各种需求的集客营销，今后将会得到更多的发展，同时各种人工智能技术也会广泛应用到各行各业之中。市场营销自动化也会不断得到完善，市场上可以进行自动化的部分会不断得到自动化发展。将来，也有可能像之前提到的自动匹配那样，AI会大量解决目前对人类来说还是无法解决的各种问题，并且从中创造出巨大的商业价值。

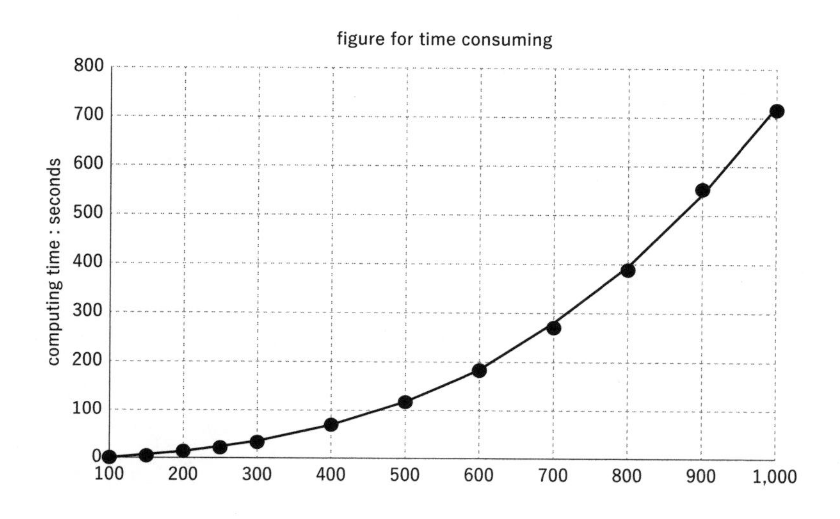

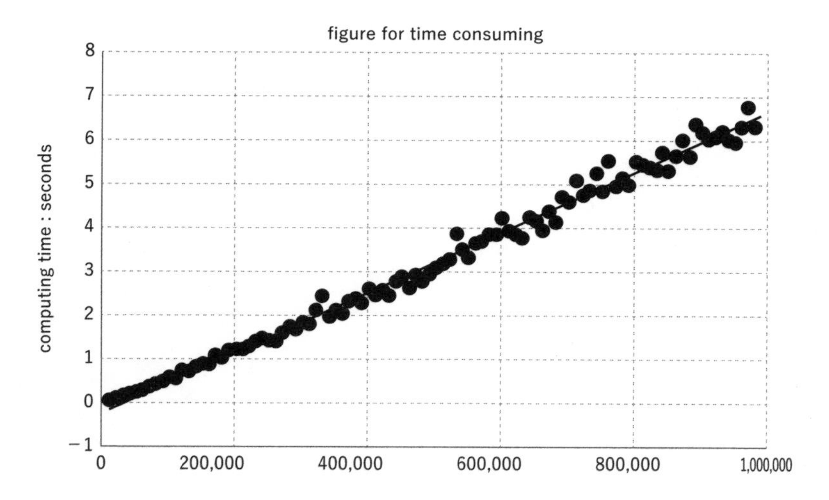

出处：Metadata Incorporated

图 11–4　大量计算时间

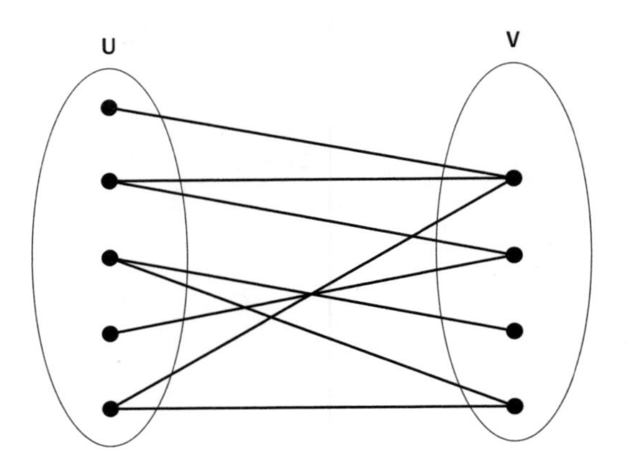

图 11-5　匹配图(xTech)

第 12 章　人工智能在农林水产业中的应用

智能农业时代还有多远？

农业从以往依靠经验、人力、隐性知识转变为以数据为基础利用科学手段进行生产，这就是“智能农业（Smart Agriculture）”。我们同样期待着林业、水产业也能够早日实现智能化。林业包括以自然林为对象的林业和以人工林为对象的林业，同样，渔业也分养殖渔业和天然渔业。但是这些都可以成为智能化的对象。在它们各自的后者，即天然林业和天然渔业领域，AI 将有更大的发展空间、带来更大的价值。农业的话与之对应的便是自古有之的狩猎业，而非畜产业。人们可以采用无人机或事先安装好的 IoT 仪器监测和管理狩猎、采集、捕鱼等生产活动，借助 IT 技术提高质量、减少丰歉之间的差距。

在农林渔产业中使用图片识别 AI 进行监控管理，既能够降低成本，又能够提升效率、保证质量。另外，IT、AI 还能够保护天然资源、防止过度消耗、进行疏苗管理。利用 AI 的视觉、听觉，甚至能够及早发现动植物的病情，预测产量、打捞对象群体的移动方向和地点。人们发现在农林水产业中引入 IT、AI 会带来巨大的价值。

在2013年日本农林水产部设立的研讨会上以及2015年3月的粮食、农林、农村基本计划中明确描绘了利用IT、机器人进行生产的智能化农业时代的蓝图。下面是对智能农业特征的一段描述，出自《推进智能农业研讨会》讨论结果的一部分（农林水产部，2014年3月）：

1. 超省力、大规模生产
2. 最大限度发掘作物的功效
3. 使人类从危险劳动中解放出来
4. 人人都可迅速掌握
5. 让消费者和需求者放心安心

人们最期待的是希望AI能够降低从事农业的门槛，使新手也能够迅速掌握高难技巧和隐性知识。这样才能够最大地发掘作物的功效。

上述5个智能农业的优点是日本未来农业发展的目标和方向，在参议院农林水产委员会调查办公室天野英二郎的《推动智慧农业发展——充分利用ICT机器人的农业》一书中对此有过详细介绍。

农业IoT不只是植物工厂：数据收集和分析

在日本农林水产部、经济产业部的支持下（补助150亿日元），不会受灾害、气候变化影响的植物工厂从2009年的50处发展到了2012年的127处，公司达200家。许多新兴企业还向海外输出植物工厂，为那些蔬菜不足的民族和地区全年提供新鲜的蔬菜。在水分、气温、光照、照射时间的精准控制下，植物工厂产出的蔬菜营养非常丰富，可以说IoT、IT技术功不可没，希望今后还能发挥更大的价值。

除植物工厂，屋外的田地也通过IoT传感器，实现了阳光照射、土壤水分、有机肥料的精准测量，自动进行营养补充。同时还降低了成本，防止歉收或过度农作等情况。新鲜有机的蔬菜不仅对人体健康有益，同时也带来了可观的收益，东京首都圈的蔬菜价格一路上扬（文京区丸悦超市，卷心菜从每棵 98 日元涨到了 198 日元）。

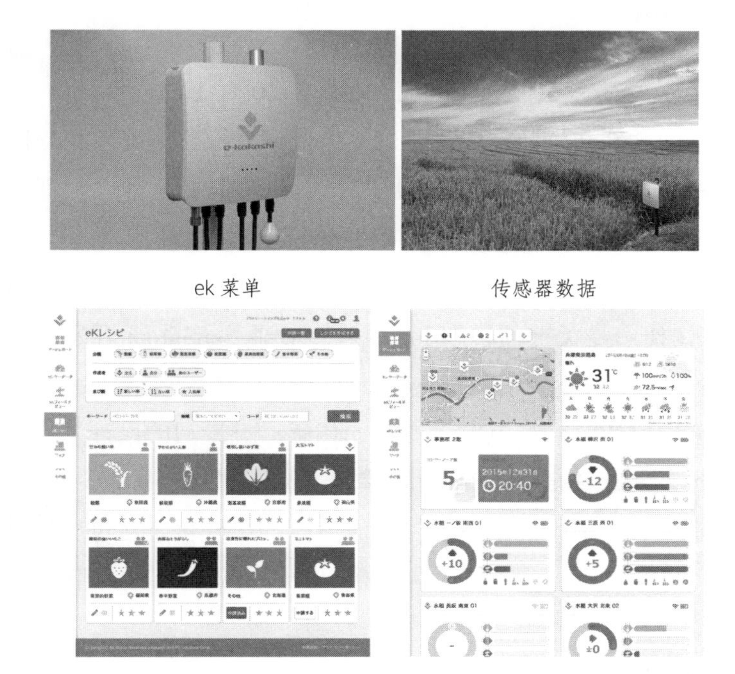

出处：PS solutions

图 12–1　e–kakashi

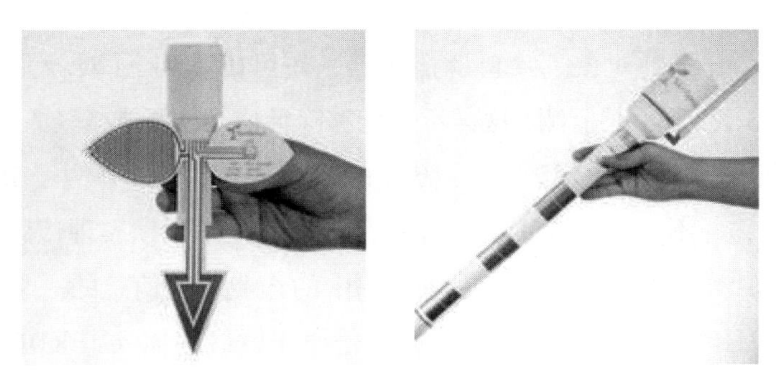

出处：sensprout

图 12–2　sensprout

PS solutions 与日立研究所合作推出的“e-kakashi”不仅配有测量温度、湿度、日照、土壤水分的传感器 IoT，还能够连接网络，远距离传输信息和作物栽培情况汇报。

经过 7 年的研发，e-kakashi 于 2015 年 10 月上市。e-kakashi 能够汇总作物栽培的全部知识和技巧，并以此为依据进行数据统计和分析（ek 菜单）。不少地方通过利用“e-kakashi”收集到的信息，进行合理化栽培和管理，形成了一种充分运用“ek 菜单”的新型农业结构。希望今后能够有更多的“ek 菜单”出现，通过网络共享，实现低成本、高效率的智能农业。

深知 AI 技术是关键的日本 IoT 风险型企业 SenSprout 开发的土壤监测系统“SenSprout”（http://sensprout.com/）一经推出就备受瞩目。“SenSprout”是一款能够检测树叶和静电容量变化的传感器。最初的设计契机源于世界水资源不足，因此 SenSprout 希望能够通过这样一款产品减少农业用水量，实时监测雨量、土壤中的水分含量、温度、降雨变化。通过利用家庭回路印刷技术，以往大型农业需要耗费 1000 万日元的成本也得以降低。

AI 养蜂、AI 养鱼

高性能、高精度的专业图像识别 AI 除了用于人类健康管理，还可以应用在对作物的健康管理和诊断中。红外线、超声波反射下的映象也是 AI 图像识别、分类的对象。除鱼群探测器，还可以利用 AI 对养鱼槽中的鱼群进行 365 天 24 小时监测，这样不仅能够降低成本，还能减轻人类的负担。

风险投资企业希望改变传统养蜂业态，其中一个例子就是“Bee Sensing”。它并不是图像识别 AI，而是通过云 AI 技术反馈整理传感信息（温度、湿度）和当场输入到智能手机应用中的作业经验信息的一种结构（图 12-3）。从日本 IBM 的金领到养蜂人，松原秀树最终加入了 KDDI 研究所，作为第八期（2015 年）的五位成员之一。

Bee Sensing 旨在通过把 IoT 引入养蜂业，利用传感技术减轻劳动负担，使人们从繁重的蜂箱管理中解放出来。松原先生表示，目前国内（日本）93% 的蜂蜜流通量都依靠进口，成本高昂，管理蜂箱人力不足，高峰期 3 万 –5 万只蜜蜂危险指数极高……在诸多原因的影响下，如果不改变原有的生产管理模式，就无法取得新的突破和进步。Bee Sensing 不仅通过利用 IoT 技术提高了生产效率，还能够自动记录保存蜜蜂采蜜地点及整个过程，从而赢得消费者的信赖。Bee Sensing 的目标是将 7% 的蜂蜜国产率提升到 50%。

Bee Sensing 使用的 AI 技术能够自动分析 IoT 自然传感器和智能手机输入的作业经验，学习什么样的自然条件下如何应对和管理，积累养蜂知识。ad-dice 公司长期致力于针对此问题的基础设施建设和 IT 技术研发，2015 年推出的 SoLoMoN 还申请了专利，被用于养蜂业中。从安置在蜂箱中的 SoLoMoN 以及业务管理应用中获取传感数据和登录信息，进行分析学习，这是养蜂业中机器学习的主要特征。在 AI 的辅助下，不仅保证了作业和管理质量，还极大地减轻了人类劳动负担。养蜂人不仅能够远距离把握蜂箱状况，与以往相比，共享复杂作业信息、新手培养等方面也将得到很大的改善。

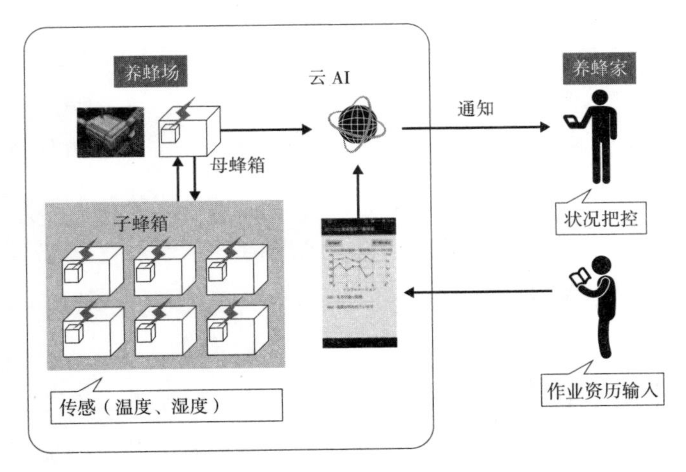

出处：ad-dice

图 12–3　Bee Sensing 的结构模式

AI 能否代替人类承担农林水产业中的繁重劳动？

我们在阅读农林水产部等日本国家部门的白皮书、报告分析时，需要注意“AI 农业”中的“AI”并非人工智能，多数情况下指的是农业 IT，即 AgriInformatics。

早在 2009 年 8 月，当“AI 农业”一词率先出现在政府报告书《关于 AI 农业的开展》中，笔者颇感惊讶，当时的副标题是“关于农业领域中信息科学的灵活运用研究调查报告”。当时尚处在人工智能低潮期，而该文中却提到了人工智能，并进行了注释，颇有先见之明。

《关于 AI 农业的开展》中提到的 ICT 领域大数据对于 AI 农业而言至关重要。下面是几段关于手艺人隐性知识形式化中大数据的充分运用以及规范化的内容（引自该报告书）：

> 3. 农业领域中充分利用信息科学的具体结构模式
>
> 3.1　AI 系统的开发 / 数据库的建立、完善
>
> ① 与农业技术息息相关的工具开发（AI 系统）
>
> ② 利用最新的数据挖掘技术解析数据库中的数据，开发新的 AI 系统，能够综合考虑市场情况和成本，为从事农业者提供精准的建议和技术指导。
>
> 数据库的建立和完善
>
> 在细化、统一决策、农作物信息、生长状态、生长环境等信息，以及 AI 系统不可或缺的数据的基础上，尽量收集信息，使数据更加丰富。
>
> 未来还需要不断开发数据库，记录保存手艺人的技艺（记录农艺家们各种各样技能的视频等）

当时，图像、视频被认为是数据库的重要素材媒体。2012 年以后，随着人工智能图像识别的不断发展，农业知识的积累、共享、加工、应用飞速进步。通过深度学习可以自动识别图像、视频中的引申含义、共同点、与其他视频的差异等，进而匹配标签、自动进行分类，极大地提高了检索

的便利性。

3.2　AI 系统应用领域的扩大

3.2.1　中开发的 AI 系统和数据库使得 AI 的应用领域更加广泛，功能更加丰富。

① 管理农业经营的系统

积极研发新的系统，IT，结合各种管理信息，及时为农业者提供各种判断决策所需的信息，辅助农业管理。

②向作业自动化、无人化方向迈进

下面是关于 AI 系统和数据库应用的几点设想

· 植物工厂环境维护自动化

· 继承手艺人技艺的机器人

· 测试机器人

③其他

在开发 AI 系统的基础上，促进 AI 系统的进一步自动化，为作物栽培者提供技术支持（家庭菜园）。

只有积极利用农业大数据改善农业经营，使机器人学习各种技艺（隐性知识），促进农业作业自动化、高效化，才能拯救少子化日本的未来。植物工厂环境控制参数也在朝着最优化、自动化方向发展。希望刚刚踏入这个领域的新手也能快速掌握栽培的技巧要领，自给自足的超小规模农业、家庭菜园能够进一步普及。

上文中，天野先生的《推动智慧农业发展——充分利用 ICT 机器人的农业》中提到了 7 个智能农业的要素：

（1）AI 农业［注：即利用 IT 技术形式化的“技艺（隐性知识）”］

（2）精密农业

精密农业指的是，精准把握田地、农作物的状况，精准控制，并根据相应的结果制订下一年度计划，确定一系列管理方案，促进农作物产量、保证质量的农业系统。

（3）网络

（4）信息终端

（5）云计算

农业领域的应用软件与其他领域的应用一样，也在不断向 Cloudbase 过渡，近年，利用 Cloudbase 农业应用软件提供服务的企业在不断增加。

（6）远程传感器

随着 IoT 的普及，期待利用传感器等通信设备（M2M：Machine to Machine）得到的大数据解析结果，促进农业的进一步发展。

（7）机器人

开发产品包括：机器人拖拉机、机器人插秧机、联合收割机、机器人助手、植物工厂中的收割机器人、搬运机器人、牛舍中的挤奶机器人。

还有目前正在研发中的自动驾驶拖拉机，可以参考自动驾驶汽车的技术来进一步研发。

人工智能如何促进智能农业发展？

在上述两份报告中还介绍了智能农业的实现和普及、高成本（导入 AI）、安全性、从事农业者对于 IT 技术的适应，以及 IT 技术的保守作业工时、机器人的安全性、数据标准化等方面的难题。这些问题之间有时又存在关联。比如，我们可以尝试规范数据构成，取代高成本设计，通过量产和普及等方式降低成本。

人工智能的贡献主要体现在上文提到的图像解析和隐性知识形式化、促进智能农业发展等方面。人们希望通过深度学习等机器学习方法，积累知识，提高技术水平，从而解决一直以来成本居高不下的难题。编程、系统开发以及如何集合出色的模范数据，农业知识是当前需要面对的课题。

我们发展对话型机器人等高度交互的人工智能技术，不是让农业从业者熟练掌握专业的 IT 技术，而是希望 IT 技术能够自然地融入农业从业者的生活工作中。通过交流和提供知识，降低成本，提高农业管理精度，保证安全性，获得农业从业者的信赖，使之能够安心地投入智能农业生产，这才是我们的目标。而创造这样一种环境和氛围也是人工智能技术的责任与义务。

第 13 章　间接业务也会受到影响

至今为止，我们一直在用核心部门和服务类部门对企业的部门和员工进行划分。上一章主要向大家介绍了企业和生产主体引入 AI 来发展服务本身的内容。从中我们可以看出，AI 不仅适用于产生服务、为消费者提供服务的直线部门（企业中与生产、销售等直接性活动相关的部门），即研究开发、制造、生产、采购、销售、交货、业务支持等过程，其在职能管理等方面也会发挥重要的作用。

制造业中常见的工厂机械化、服务生产现场自动化等难以进行信息处理的传统职能业务并没有因以往的 IT 技术而得到发展。所以通过导入 AI，提升生产效率，为职能部门创造更大的发展空间也是我们一直期待的目标。

以往，负责解决各种问题，处理各项业务的综合部门、运用专业知识的法务和财务部门，以及常常被认为需要八面玲珑、应对各种人情世故的人事劳资管理部门仅限在文件管理、邮件、群软件等方面会用到 IT 技术。可以说 IT 只在形式上影响了企业，并没有从业务或本质上改变企业内部的结构，而这也就是 AI 今后需要面对的课题。如果能够通过利用 AI 提升生产效率和精度，完善人才配置和薪资结构，调动全体员工的热情和创新力，那么之后所带来的意义和价值一定不可小觑。

但是目前 AI 尚不具备责任感、人格、沟通能力、谈判交涉能力，所以无法代替经理承担责任。至少在 2016 年这个阶段还没有实现。因此在数据化、算法尚不成熟的人才匹配方面如何灵活运用 AI 技术是我们接下来需要探讨的课题。

AI 技术在人才匹配方面的应用

任何企业都会面临人事、劳务关系的烦恼，如果处理不好团队结构，不能把合适的人放在合适的位置，所有业务都会受到影响。而大企业需要应对数千甚至数万人的匹配安置问题，可以说非常耗费人力和时间。即使有相关的数据资料，所要承担的计算量依然非常庞大。

所以，以往我们在对员工的性格、业绩、技能、期望等信息进行整理汇总的基础上，综合考虑员工的自我分析和上级评价、管理意愿，按照相应的公司规章制度来进行经理等职位的评选和晋升。

另外，从 20 世纪 80 年代起，以日本电气股份有限公司（NEC）为代表的不少日本企业在技能量表制度的影响下，纷纷通过 SPI 职业考试来考察应聘者的各项技能和性格。但是我们至今还没有听说过哪家企业会认真分析数千、数万人的原始数据，在进行所有数据重组匹配后决定团队人员编制的新闻。

原因想必不用多说，仅凭人力是无法承担庞大的计算量（甚至需要花费数百年）的。因此，当时人们采用把信息分成两类，制作出一份表格的方法进行计算。左侧罗列出 1000 名候选人的基本信息，右侧是 1000 家招聘企业的信息。然后根据左侧的技能、性格、业绩数据去连线寻找右侧与之符合的企业要求。

这样就会形成 1000 × 1000 条直线，即 100 万个数据。同时还需要尽可能地使每一位候选人都有与之匹配的企业和岗位。之后再从数百万个数据中随意提取数百个数据，求其总计分数。从数百个组合中选出总计分数最高的搭配，其中的困难可想而知。

1980 年，在上述严格的测评制度下，人们发现了一种人数 + 项目要求数的 3 次方的快速计算方法，至今仍为很多企业所用。虽然这种方法不错，但是当数据规模很大时，也是非常耗费计算时间的。

如表 13–1 所示，10 位派遣员工各具特点，需要帮助他们与 10 家招聘企业进行匹配，依靠人力，计算量至少需要半天时间，而如果由机器承担，则只需 1 秒（2010 年阶段的机器运算速度）。如果 10 位员工和 10 家企业变为上千名员工和千家企业，则需 100 倍的 3 次方，即 100 万秒 =278 小时 =11.6 天的时间。而如果两方数据又扩大到 1 万对 1 万，则需耗费 1 万的 3 次方，即 1 兆秒 =31710 年的时间。

由图 13–2 可以看出，2016 年 Metadata Incorporated 利用 xTech 进行的匹配更加节省时间，精确度高达 99.5% 以上。

实际上，当数据增加时（表中 x 轴的 edge number），我们可以把 xTech 匹配法与同样使用高速计算机的传统“3 次方”方法（右侧图表）进行结果对比。与以往传统方法（参照图 13–1 下）1000 人规模需花费 700 秒相比，利用 xTech 技术，10 万个数据也只需 6.8 秒（参照图 13–1 上）。而对于上文提到的 10 万人对 10 万家企业匹配表再也不用等待 3 万年，甚至不到 10 秒就能得到结果。

即有史以来第一次出现了能够匹配人才原始数据（技能、性格、业绩、成绩、评价等）和招聘方要求的计算机。虽然 Metadata Incorporated 没有把这种技术定义为 AI，但不可否认的是，这就是一种近似于 R2D2 的能够完成超大计算的超级计算机。

目前深度学习的学习结果不明确，也无法自动调整各项因素的重要性。而 xTech 技术则能够自主调整 TOEIC 得分等候选人的各项技能重要度，并根据综合分析，为企业提供建议，调整相应的薪资福利。

对于人事而言，表面暂且不论，本质上还是非常看重应聘者外形、谈吐、声音以及个性是否匹配的。而 xTech 技术正好能够满足招聘方的需求，不仅可以提供基本信息的匹配度，还能够提供候选人的外貌、个性、声音等信息，通过深度学习识别匹配度记录到数据表格中，通过不断调整各项因素的比重，不断进行尝试，为双方提供最匹配最满意的结果。

表 13–1　10 位派遣人才与 10 家招聘单位的匹配情况

人才 vs 公司
10 人　10 家

姓名	年龄	TOEIC	时薪（以上）	可工作时间	出勤天数
A	25	800	1,500	M;Tu;W;Th;F	2
B	35	300	2,000	M;Th;F;Sa;Su	3
C	40	700	2,000	Tu;W;F;Sa;Su	4
D	30	100	1,000	M;W;F;Su	3
E	50	500	4,000	W;Th;F;Sa;Su	4
F	80	0	500	M;Tu;W;F;Sa;Su	5
G	20	400	10,000	Sa;Su	2
H	33	600	1,300	M;Th;F;Sa	3
I	42	500	1,700	M;Tu;W;Th;F;Sa;Su	5
J	27	900	3,000	M;Th;F;Sa	3

?

企业	年龄要求（以上）	年龄要求（以下）	TOEIC（淘汰指数）	TOEIC（以上）	时薪	工作时间	天数
a 餐厅	20	40	0	300	1,000	Tu;W;Th;F;Sa;Su	5
b 办公室	20	70	0	200	1,000	M;Tu;W;Th;F	4
c 英语教室	20	80	500	700	1,500	M;Tu;W;Th;F;Sa;Su	3
d 土木工程	20	30	0	0	1,200	M;Tu;W;Th;F;Sa	4
e 销售	40	60	0	400	900	M;Th;F;Sa;Su	5
f 补习学校	20	30	500	600	2,000	M;Tu;W;Th;F;Sa;Su	2
g 保洁	20	60	0	0	1,000	M;Tu;W;Th;F	4
h 便利店	20	70	0	400	1,100	M;Tu;W;Th;F;Sa;Su	5
i 煤炭中心	20	50	300	500	1,200	M;Tu;W;Th;F;Sa;Su	4
j 家教	20	50	500	700	3,000	M;Th;F;Sa;Su	3

候选人姓名	公司	双方达成工作时间	年龄符合程度（0.1 or–0.1）	TOEIC 符合程度	时薪符合程度	出勤天数符合程度	相互匹配度（综合分数）
A	b 办公室	;Tu;M;W;Th;F	0.1	3	0.33	1.75	5.18
B	i 煤炭中心	;Sa;M;Th;Su;F	0.1	–0.4	0.4	0.92	1.02
C	a 餐厅	;Sa;Tu;W;Su;F	0.1	1.33	0.5	0.25	2.18
E	c 英语会话教室	;W;Sa;Th;Su;F	0.1	–0.29	0.63	0.92	1.36
H	e 销售	;Sa;M;Th;F	–0.1	0.5	0.31	0.13	0.84
I	f 补习学校	;W;F;Tu;M;Su;Th;Sa	–0.1	–0.17	–0.18	2.9	2.46
J	h 便利店	;Sa;M;Th;F	0.1	1.25	0.63	0.13	2.12

出处：Metadata Incorporated

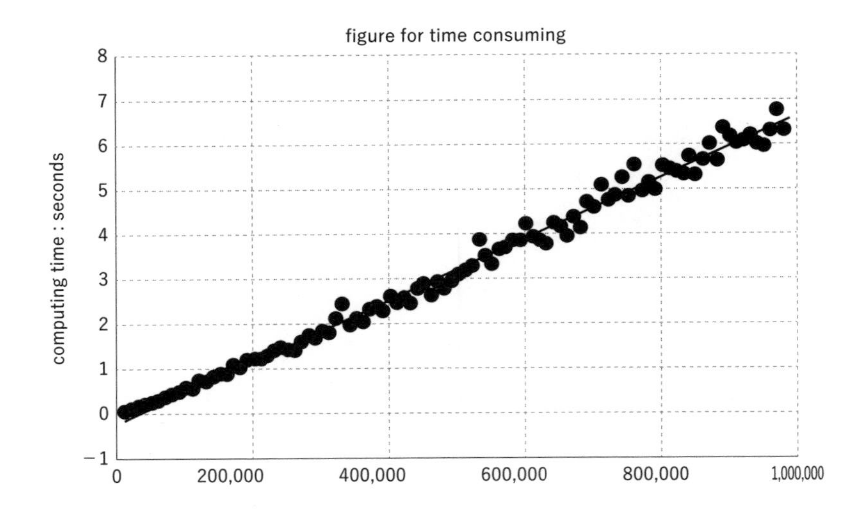

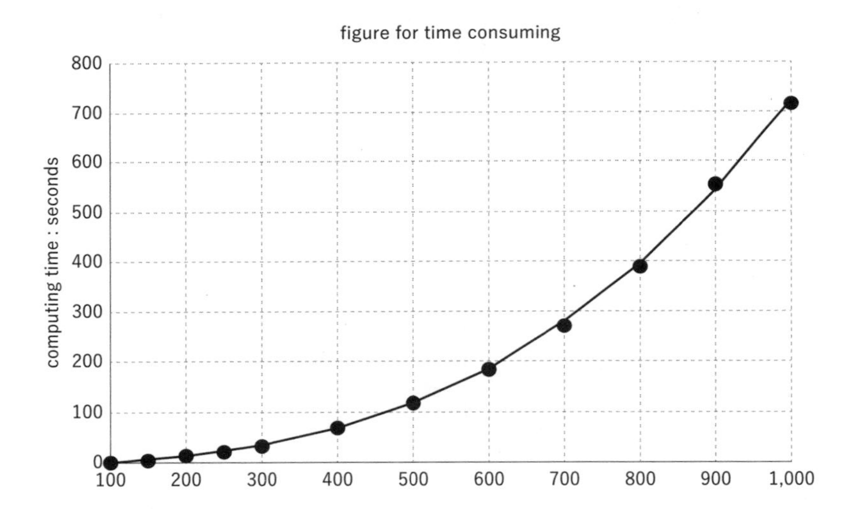

出处：Metadata Incorporated

图 13–1　计算时间大幅缩短

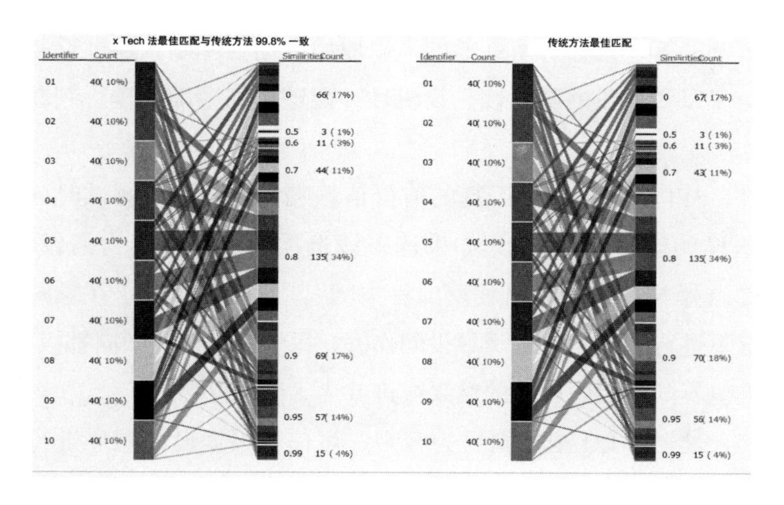

出处：Metadata Incorporated

图 13–2　xTech 法最佳匹配

人事相关的具体 KPI 实施政策和问题

但也有一些人对此提出质疑，认为无论速度多快地处理庞大数据，也无法决定所有技能、性格、过去经历、工作表现等因素。人类在短时间内能够记忆的信息量非常小，所以永远不可能超过 xTech 的水平（读者可以试着计算一下上文提到的 10 人对 10 家的匹配数据）。人事、人员安排的目的是：

- 决定业绩评价和薪酬待遇
- 防止人才流失

仅仅通过对应聘者各项因素的客观评定来寻找最高匹配度的人才，数据未必完善，也未必是正确的人事采纳标准。

但即便如此，通过仔细比对 xTech 提供的匹配结果，对于选拔潜力人才、人事调动等还是会有所助益的。以原始数据为基础，通过反复比对分析，避免了以往选拔的随意性、投机性，能够更加精准地进行判断，实现人尽其才。

另外，SPI 鉴定结果是否真的值得信赖呢？进行性格测试时，相信肯定会有这样的应聘者存在，“如果选择该选项则会被认定为消极、内向，那么还是选择与真实的自己相反的答案吧”。这样就变成了在隐藏真实自己的情况下进行测试。通过诱导设问作答，每个人的回答倾向都极不稳定，评判基准也不同，因此得出的结果或许并无多大意义。

而相比之下，EQ 测试则更为客观、可信。根据设问顺序进行作答避免回答倾向变化，增加不同问题和内容的数量，减少答题时间，无形中给作答者施加压力有助于保障答案的真实性。在美国，一些与人事 AI 相关的新兴风险企业还会通过做游戏来考察候选者，候选者会在不知情的情况下完成 10 项性格指数测验，从而更加真实地呈现自我。

招聘方需求条件的明确

从上文可以看出，目前我们对于应聘方的性格、业绩、特点等方面的信息已经做到了精准化和明确化，下面我们再来探讨一下招聘方的需求条件。笔者于 1993 年—1994 年曾在美国波士顿生活，当时有一件事情令笔者切身体会到文化差异。当地公司招聘时的职位要求（job descriptions）非常具体详细，会按照 1、2 这样的排序方式罗列出详细要求和条件，甚至还会出现“you will be responsible……”这样的字眼。每项职责和要求以及绩效标准都会清晰地列出，包括 2 年之后满足该条件即可晋升，考核不通过即会被解雇等信息。

相比之下，多数日本企业会选择委托人才介绍中心（猎头）招聘职员时，通常只是“请帮我们寻找合适的人才”这样一句简单的嘱托，既没有说明招聘岗位的职责，也没有说明人才具体需要符合哪些条件，这样极有可能造成人员与岗位的不匹配。虽然笔者并不赞同崇洋媚外，但至少在人才招聘（岗位描述）这一点上，日本应该向美国学习。不妨通过 xTech 技术以 excel 的形式清晰地列出各项要素进行分析计算。

由此，才能进一步推进大数据时代的科学经营（基于事实的经营管理）。把主观的评价和标准设立交给深度学习，在间接业务中引入原始数据和计算，或许这才是企业提升竞争力的法宝。

AI 还可用于制作值班表

正如上文所述，AI 在招聘、人才派遣等方面能够发挥很大的作用。与之相应地，xTech 还可以用于受各种条件制约的值班表中。据报道，香港地铁有限公司由于员工和业务众多，在制作值班表时就采用了 xTech 技术。虽然不知道该公司具体运用的方式，但为我们今后处理员工和业务时提供了一个方向和思路。

人事是一项高风险高回报的业务。人事部的员工需要反复处理庞大的数据。高性能匹配智体还能用于团队建设中，匹配默契的员工会划为一个团队，这样既有利于团队和谐，也有利于提升生产效率，实现人尽其才，促进企业繁荣发展。

如果公司内部匹配失败，没有合适的人才，就会很快进行补招。如果某个人才非常适合某个岗位，xTech 就会立刻以数据为基础，对其性格、业绩、详细信息进行判断，确保人尽其才。而本人也能够通过数据直观地看到自己是否真的适合该公司或团队。

甚至在营销中也少不了 xTech。它能够通过在公司内部构建虚拟的消费者和用户，来挖掘真实用户群的消费行为和动向。这样通过对人类心理的分析和把握，也更加有利于企业对顾客的维护和管理。B2B 企业通过发掘与自己商品、服务匹配的公司，了解他们的发展状况和市场数据，从而实现更加高效的 B2B 营销。

第Ⅲ部

人工智能何去何从

第 14 章　AI 研发趋势

大国逐鹿，如何抢占 AI 高地？

在信息处理学会杂志《信息处理》2016 年 1 月刊卷头语“研究的出口战略”中，曾介绍了产业技术综合研究所所长辻井润一先生关于日本 AI 研究现状和与之形成鲜明对比的欧美、中国的一些趋势的解读。

上一次人工智能热潮结束后，笔者在美国 MIT（麻省理工学院）AI 研究所工作了一段时间，深深体会到日、美彼此之间竞争与合作的关系。当时，不论是在半导体还是在计算机领域，日本始终位居世界前列，而后又凭借以推理机为核心的第五代计算机开发项目一度给欧美及中国造成不小的压力。但是在特色软件开发，特别是人工智能领域中，美国依然是一个极为强劲的竞争对手。同一研究所苦心钻研、精益求精的马文·明斯基博士、使视觉认知模型化的天才学者戴维·马尔、致力于新一代学习模型研究的托马索·珀乔博士……笔者至今对他们孜孜不倦、潜心研究的身影记忆犹新。世界上多数 MIT 研究者都经历过这样一个过程，在 colloquium 非公开报告中发表自己尚不成熟的想法，然后遭到来自各方的反驳和质问，双方展开激烈的交锋，也正因如此，知识的创造力才能够被不断激发出来。

在大数据时代的今天，多数包含SNS、图像共享服务在内的全球化云服务运营商们都选择把公司总部设在美国。20世纪80年代开始，日本不少企业凭借不懈的努力和对知识技术的苦心钻研，IBM、微软、Oracle等传统软件制造商在世界IT领域异军突起。但是今天，他们却面临来自实力强大的后起之秀谷歌、脸书等新兴云服务提供商的挑战，与以往相比，显得有些吃力。也就是说以欧美为主的全球化IT企业对日本企业的重视有所下降。

2003年至2005年，时值复印机制造商理光股份有限公司欧洲研究所和中国研究所成立之际，笔者作为代表，曾在中国顶尖的清华大学做过演讲，面对台下信科院的70多位博士生，笔者说过这样一句话："让我们共同携手推进AI研究！"信科院是为了培养能够立即投入产业研究，承担软件开发工作的高水平研究者而与软件学院合并设立的一个新兴学院。而中国的大学信科院学生人数大约是日本的40倍。

早在20世纪80年代，占据哈佛等美国各大名校的亚洲留学生以日本为主，而现在中国留学生的数量早已遥遥领先。笔者经营的Metadata Incorporated中就有一位来自中国湖南省的同事，当年的高考成绩位居全省第4名（湖南省每年的应届考生多达50万人）。这位同事流利的英语口语和深刻的思想常常令公司里不少日本同事汗颜。他曾坦言，希望为AI研究奉献一生，而第一步就是拿下东京大学博士学位。

再把目光转向欧洲。欧洲没有像日本、美国一样起起伏伏，也没有受到AI低潮的影响，始终一步一个脚印地致力于基础研究。说到这里，我们不能不提到从事智能信息处理研究的世界顶级研究企业DFKI（GmbH德国人工智能研究所）。在第二次人工智能热潮的象征——日本第五代计算机开发项目的影响下，即使预算一直在缩减，依旧能够保持从容，潜心技术开发，取得了很多成果。笔者与成立DFKI（Deutsches Forschungszentrum für Künstliche Intelligenz）、设计出mp3的夫琅禾费研究所（在德国有50多家分公司）接触的两年多的时间里，深深感受到了他们的创新和动力。正因为抱着一种投身于工业、科技研究的信念，才能够不受外界因素的影响，不忘初心，一丝不苟地致力于基础研究。这样真挚严谨的治学态度，从所长到年轻的博士学者身上都可以看到。

DFKI 研究所所长兼任凯撒斯劳腾大学、萨尔大学教授，还同时创立了多家分立公司。另外，Warstal CEO 还常年担任诺贝尔奖评选委员会委员一职，在过去的 30 年里，作为 AI 研究者，始终高度重视基础研究。从 DFKI 和理光研究体制的事例中不难看出，不论是以往还是现在，欧洲始终保持着自己的节奏。德国 AI 研究界的优点之一就是分散在全国的产业群能够始终坚持自下而上的管理模式，积极在全国范围内推进产学联合、风险投资企业培养。还有一个优点，即能够耗费数年，从零开始，积极推进 OS（Operating System）、ERP（Enterprise Resource Planning）、“Industrie4.0”（工业 4.0）等计划。对于日本而言，是一个很好的范本，应该吸取他们的优点加以借鉴，共同合作共同发展。

日本、欧洲、美国和中国的 AI 产业对比

基于笔者上述 30 年的切身体验和支撑第三次人工智能热潮的深度学习的特征、大数据以及 IoT 的特性，下面笔者想向大家介绍一下关于 AI 产业化、普及化的六点看法，以及日本、中国、美国、欧洲在这方面的异同（表 14–1）。

表 14–1　日本、中国、美国、欧洲在 AI 产业应用方面的对比研究

	日本	中国	美国	欧洲
1. 深受危机感支配的竞争意识	△	○	◎	△
2. 大数据持有度、有效利用度	○	◎	◎	△
3. 软件专业学科的人员数量	×	◎	◎	○
4. 硬件开发和服务化	○	◎	○	○
5. 接受机器人和 AI 的基础	◎	○	○	△
6. 哲学、宗教观下的未来蓝图	×	△	○	◎

很遗憾，受到 AI 低潮期的影响，日本从事 AI 的研究人员数量大幅减

少。与视 IT，特别是软件开发人员为建筑家、设计师、艺术家的欧美和中国相比，以往的日本大型企业常常会借软件 QC 等语言，把开发者看作工厂的组装工。因此笔者认为应该尽早去除这样的不良传统，提升对研究开发者的重视。我们的媒体人也应该肩负起自己的责任，呼吁扩大 AI 研究人员的比例，保障现在和未来日本的 AI 开发，这样才能够引起全社会的重视。

从文化、科学传播、信息量等方面来看，大西洋要远远小于太平洋，欧美之间的结合和联系更加紧密。欧美、欧亚、美亚之间的制造业往来和水平在不断扩大，日本也应该紧跟趋势，新型上市风险投资企业应该不断促进新业务新服务的发展，大型传统企业不如效仿时代周刊的封面《老则从子》，学习借鉴新兴企业的发展模式和思路，紧跟潮流，携手发展，这样，在 AI 技术领域才能够获得胜算。

在第五代计算机项目的作用下，分散在各个领域中的人才又重新聚集到 SNS 等非公开网络上，全社会形成鼓励创新的风气，产生更多新的想法，只有这样才能在国际竞争中赢得胜算。

日本人擅长有形商品的生产和实业，我们不妨利用这个特点来考虑服务。即使某个服务的形态、步骤、内容暂时落后于对手，通过努力相信也会有一跃而起反超对手的那天。世界上所有的服务都可以通过 URL 或者智能手机下载，所有的服务消费者也就都能够体验到并且给出评价。

日本社会之所以能够接受、认同机器人和 AI，是因为从铁臂阿童木开始，日本就有这种人类制造机器人的文化背景。还有一个重要的原因，即老龄化、少子化的背景下，很多国民又不愿接受也不适应异国文化习俗，与欧洲相比，日本在移民和难民的接受问题上都比较困难。所以为了解决人力不足的问题，很多管理人员、劳动者只能引入机器人和 AI。

关于“6. 哲学、宗教观下的未来蓝图”是欧洲的传统强项自不必说。不断深入思考，不断试验，即便无数次失败，也不放弃对神经元网络的探索，始终坚信未来和心中的信念，这才是欧美能够在新世纪的科技领域取得重要地位的原因。正因为 AI 的界定还比较模糊，所以关于它的未来发展、理念以及支撑这些因素的宗教观、人生哲学才显得尤为重要。但遗憾的是，很少有日本人能够把理念和实践完美结合。乘着AI热潮的人有很多，但是能够为了世界的发展，冲锋陷阵，克服纷争的新兴经营者很少。不得不承认，与欧美相比，日本在投资机构、金融机构、长期支持等方面比较欠缺。

另外，每个国家在基础研究、产业应用公费资金等方面也有所不同。虽然人才也很重要，但是作为基础和前提的资金也不能小觑，比如投资1500亿日元的第五代计算机、笔者所在的耗费150亿日元的知识数据库开发项目电子词典研究所，都离不开庞大的资金支持，虽然政府不可能承担所有费用，但是1000亿日元的出资也是非常可观的。

BMW长期致力于从车内看风景的图像识别研究，在此基础上，德国的汽车制造商进一步深入探索，经过一系列的合作，迅速推动了实证实验的发展。但是在时而无视交通信号、人车混杂、汽车喇叭声24小时不断的都市很难推广自动驾驶车，对技术的要求也非常高。那么如果反过来，比人类车技卓越（即使车间距很短，也能够高速行驶）的自动驾驶汽车是不是能够在一定程度上减少事故的发生呢?

通常认为，网络用户达到2000万人只是一个试验阶段，用户超过一亿人才能被视为真正的服务。而中国的用户数目极为庞大，大约有6亿人口注册了SNS，会员人数为2000万，服务尚处在试验阶段（α版），还不能说明真正实现了盈余。笔者看到这样的评论时不禁感到惊讶。因为平台的规模越大，薄利商业模式盈利的可能性就越大，所以对于那些试图通过SNS上大规模应用来谋求发展和突破的新兴风险投资企业而言，既是机遇也是挑战。

AI所产生的新服务在规模效益的作用下实现盈余对于汉语、英语圈的服务提供而言也可作为参考。自然语言型AI依赖于对日语、英语、汉语等语言的语义解析，因此IBM英语版沃森上市后的两年又推出了日语版本，朝着全球化方向迈进。虽然目前我们已经做到了通过自然语言提取、利用人脑中的知识，但是要想自然语言型AI自动获取庞大的个性知识还需要很多年的探索。

另一方面，由于菜单本地化无需花费过高的成本，因此笔者希望日本企业能够在不依赖自然语言的图像识别型 AI 服务方面进一步探索，向汉语圈、英语圈扩展。与以往梅田望夫在《网络进化论》中提出的纯粹 IT 服务不同，识别从 IoT 传感器中获得的原始数据、现场智能手机拍摄的照片是图像识别型 AI 服务应用的起点。其中包括现实世界和多种混合的元素，日本不妨充分利用 AR 技术（Augmented Reality）等这些在商业或艺术领域中擅长的元素来进一步发展。

虽然 IoT 的初期投资很重要，但只要人人都拥有智能设备，我们无需巨大的资本也能够通过 AI 手段诞生出更多创意，更好地推进应用市场上的全球化服务。

从专用 AI 到通用 AI 的实用化之路

“强势 AI”派、“弱势 AI”派之间的合作

我们期待试图通过机器复制人类的“强势 AI”同时能够带动相关领域和研究的发展与进步。人类的搭档 AI 和强势 AI 的研究者经常会在神经认知科学的研究中通过信号读取脑内语言，并与概念、语义相结合，进而阐明复合知识表达。

回顾第二次人工智能热潮，在毫无自然科学依据的前提下，学界常常出现诸如《像人类一样工作的人工智能》等充满主观色彩的论文。而且，在先行研究中，没有确定应用目的、评价尺度，也没有任何实验，就开始探讨 AI 的原理、方式或开发手段的研究也是层出不穷。而在今天，第三次 AI 热潮下，再现实验中的软件、学习过程中的大数据都逐渐得以开放（至少是以研究为目的）。因此，评价的公平性和再现性与其他领域相比，至少保证了较高的水平。

Facebook、国内 SNS 等网络服务的庞大服务器软件每天都在不断调整、扩展、升级，它们被称为“永久 β 版”。而对于用户而言，只要是免费的

服务都会接纳。这样，随时都会有新的 AI 功能加入。比如，在 SNS 照片合集中，发现了投稿者朋友的照片，“这是哪位？”这时智能功能会自动为图片添加标签。用户输入的文字减少了，SNS 运营者通过优化广告标识和扩大营业额，坐享的利益远远大于用户。Facebook 的图像识别精度也由此大幅提升。Face+book，或许由于名字的作用，在精度方面也加强了技术投资。不论怎样，AI 功能的好坏需要由用户评价。

超出实用水平的专用 AI 功能的发展或许对于通用 AI 的进步也会有所帮助。在第二次人工智能热潮以前，逻辑编程派、“知识至上”派、神经元网络派、遗传算法派层出不穷，极为混乱，关于哲学、宗教的争论也是屡见不鲜。当时和如今的第三次 AI 热潮一样，AI 的定义模糊，优劣基准、评判尺度也没有明确，诸如《像人类一样工作的人工智能》等强调心理学实在性（psychological reality）的论文很多。其中，追求通用 AI 的“强势 AI”和主张专用 AI 的“弱势 AI”彼此相持，两者分歧颇大，不少观点认为应该分开研究。

在第三次人工智能热潮的今天，不如让我们一起把目光从以往的强调全脑体系、具有通用知识的 AI——“强势 AI”，转向认为 AI 可以作为一种工具用于产业应用中的“弱势 AI”上。然而那些认为去除“强势 AI”“极端技术奇点”，可以不顾网络大数据的图像识别服务，仅仅从哲学的角度探讨 AI 未来的观点未免太过愚蠢。我们决不能闭目塞听，拒绝接受任何关于具体专用 AI 应用的新闻，不如每天从各种关于通用 AI 的新闻中发现“强势 AI”研究的突破口，发掘技术，一点点促进研究的进步。笔者认为通用 AI 和专用 AI 派与其对立，不如相互融合共同发展。

机器人阿尔法狗（AlphaGO）获得成功的事例

说到让机器人学会解读对方，从专用 AI 向通用 AI 过渡的案例，不能不提到机器人阿尔法狗。2016 年初 *Nature* 杂志上发表了一篇论文，介绍了机器人阿尔法狗在 3 月的围棋大战中以 4：1 的成绩战胜了世界顶级棋手的过程，一时间成为焦点。

DeepMind公司的哈萨比斯博士在接受关于AlphaGO采访时曾直言“专用AI和通用AI正在越来越接近”。NHK以AlphaGO为主题做了一期特辑节目，过于夸大了阿尔法狗的功能，突出表现它的自主学习能力，给观众带来了误导，虽然节目并无恶意，但煽情主义的拍摄，断章取义的剪辑，让许多观众误以为具有自我意识、能够自律的AI很快就会上市，或者已经诞生了。

哈萨比斯博士与DeepMind的20位员工曾联名在*Nature*上发表论文“Mastering the game of Go with deep neural networks and tree search”（*Nature* 529,484–489,28 January 2016–doi:10.1038/nature16961），下面让我们一起来简单地解读一下：

训练深度学习把握整体，学习对战局势（在下出对自己有利的一步后的棋局），这种观点早在2014年起已受到很多研究者的关注，同时也被证实在一定程度上颇具成效（战胜新手）。DeepMind公司在网上公开了大约300万组对战数据，对于深度学习而言，这是有史以来最大规模的一次学习。之后再利用一直以来的机器学习手段进行强化训练，提升AlphaGO之间对战的获胜率。通过蒙特卡洛法（从50多年前开始，日本大学信科院的必考统计法，2006年起应用于围棋领域中），战胜了99.8%的程序，在欧洲冠军赛Fan Hui上获得二段五连胜的成绩。*Nature*杂志用了两页对此做了详细的介绍。下面是利用算法数字对具体技术内容的分析。

第一步（局势评价）：

利用13层CNN（Convolutional Neural Network），以在KGS围棋服务器电脑围棋房间进行的16万场高级棋手对决、3000万个数据为基础，输入所有下棋数据，制作能够预测下一步棋的CNN1。需要50个GPU；耗费3周时间。预测精度达57%。

第二步（自己下棋学习）：

还需花费一天时间自己与自己对决（上述CNN作为初期值），进行强化训练（Reinforcement Learning）。与强化学习前的CNN1相比，强化学习后的 CNN2 的精度提升到了 80%。

第三步（从生成的对决数据中计算此局获胜概率）：

CNN3：从上一步自动生成的庞大对战数据中计算此局获胜概率。这一过程被称为 Value network。中间通过 CNN1 自己对战自己，随机走棋，然后利用 CNN2 预测下一步棋，如此反复，逐一生成 3000 万局数据。随机走棋后的实际棋局和比分作为教师数据，利用 CNN2 预测下一步棋，从而实现高精度的 CNN3（Value network）。这时仍需要 50 个 GPU；耗费 1 周时间。

通过组合 CNN1、CNN3 以及模拟技术"蒙特卡洛算法"决定实际如何走棋。这也是 20 多位研究者不断摸索和实验的结果。

在挑战欧洲冠军赛时需要 1202 个 CPU、176 个 GPU、反映 3000 万局数据的预测器和探索器。从中可以感受到谷歌的强大财力支持。但是只要我们掌握其中一种技巧，费用就能够降低。GPU（300T Flops）最多不超过 50 个，投资最多不过数百万日元即可建好实验设备，nVidia 公司 2016 年起以 1400 万日元的价格公开发售性能只有深度学习一半水平的超级计算机，这对于普通公司而言颇有借鉴意义。而 20 位研究者对于课题的研究和深入是外人无法取代的。

50 个 GPU、300T Flops、1 秒 300 兆的计算速度，相当于日本超级计算机"京"的三十分之一。那么 300T Flops，1 周时间的计算量究竟有多大？计算速度 1 秒 300 兆，则 1 周 =3600 秒 / 小时 ×24 小时 ×7 天 =60 万 4800 秒，约 1.8 垓。这样庞大的计算需要进行 2-3 次，在正式比赛中，大于上述计算量 4 倍的计算机从重新生成的数千万局教师数据中生成推荐的下一步走棋位置（Value Network），然后逐一参照对比，选出最合适的答案。

以上是以 DeepMind 发布的论文为依据，对 AlphaGO 结构的一些解读。事先形成世界公开的对弈数据和自己对战的胜算比率数据后，在对弈中可以实时进行参照探索，从而选择下一步棋的走法。但这并不能说明机器"具备了和人类一样的感觉，能够边理解分析边思考下棋"或"能够按照自己的意志进行学习”。甚至可以说这正好证明了相反的结论或评价。AlphaGO 属于“弱势 AI”，以前，IBM 的深蓝机器人击败世界顶级的棋手加里卡斯帕罗夫时，天才语言学家、认知科学的先驱者乔姆斯基博士曾对明斯基博士说过这样一句话，“推土机的实力的确远远超过人类最强的举重选手，但这又有什么值得惊讶的呢”。所以我们对于 AlphaGO 也应该抱有一颗平常之心。

虽然如此，但笔者认为 AlphaGO 还是可圈可点的。整个 AlphaGO 团队一直坚持利用专用 AI 对战。过程极为困难，因为训练用的数据目前在全球范围内已经全部用尽了，需要自动生成大量新的数据来支撑自己与自己的对决。由此，AlphaGO 从庞大的能得分的位置数据中选择最终胜算最大的位置，在这种结构下，数据和计算方法就实现了分离。笔者希望 AlphaGO 不是 DeepMind 最终的作品，期待未来他们能够设计出与通用 AI 相结合的更多更好的产品。虽然这些数据是围棋中专用的，但是每个步骤的计算方法和组合方式都是比较普遍的。

虽然替换掉数据，不改变 AlphaGO 的结构并不能解决其他问题。但是如果针对其他问题调整改变数据量和记号，则可以从以往的数据中生成新的数据，进行模拟实验（相当于自己与自己对弈），然后利用结果进行事先预测，这样或许可以适用于解决各种问题。

从这个意义上而言，AlPhaGO 可以说是一次利用专用 AI 探索通用 AI 的尝试。这样想来，了解 AlphaGO 的实际状态后有助于更好地认识更多观点，上文提到的哈萨比斯博士的话似乎也就不那么深奥神秘了，正如其字面意义，我们在追求正确的方向。

产业的清规戒律：劣质 AI、伪造 AI 的乱象

希望第三次 AI 热潮不会重蹈覆辙，不是不堪一击的泡沫，能够在工业应用中实现更好的发展。这也是笔者创作此书的最重要的一个原因。“目前 AI 已经做到了与人类无异、能够利用人类的思考方式和与人类一样的

能力解决问题（具有责任感、创新力）、应该让 AI 掌握一切人类应该学习的知识”“30 年之内 AI 必将超过所有人类”……对于目前 AI 技术的发展而言，诸如此类的谣言其实非常危险、可怕。

实际上，AI 并未做到真正理解自然语言，还有很多不完善的地方，而用户对于它的期待越高，失望就会越大，甚至对它的精度也会产生怀疑，这样 AI 在其他产业的投资应用也会受到影响。

而对于亲眼见证过第二次 AI 热潮从高度繁荣到泡沫崩溃的人而言，现在这些没有经历过 AI 寒冬期的研究者只知道讴歌当世的春天，鼓吹 AI 无限发展的可能性。

另外，明明并未使用任何高级的 AI 技术，只是具有普通检索推荐功能，却被商家大肆宣传，打出“搭载 AI，技术至上”的口号，把 AI 当做流行语一样消费，不免令人担心 AI 是否有一天会像 Gartner 光环曲线一样高潮之后无人问津。第二次人工智能热潮时，诸如“搭载模糊控制系统（深度学习系统的原型）的洗衣机，轻松去除各种污渍”的家电广告也是风靡一时。还有知识管理、知识运用在管理营销类图书中广为流传时，类似“只要买下这款软件，轻松掌握知识管理”的推销话术更是炒得沸沸扬扬。而今天与以往一样，同样面临着这些问题，我们不仅需要认真对待 AI 本身的训练和学习，还要对业务的解构（unbundle）与重构 (rebundle)、人类扮演的角色和教育等进行重新定义和审视，只有这样才能真正发挥出 AI 的作用，提高生产率。而当今那些没有潜心投入，只靠炒作鼓吹“利用 AI 技术可以解决一切问题”的 IT 企业不免令人担心。

甚至还有不少企业的产品和服务只是 AI 的仿制品（打着 AI 的名号，却没有使用任何人工智能技术，产品不过是简单的程序设计），却宣称“配置了最前沿的人工智能”，把 AI 炒作得神乎其神，对于核心技术本身的介绍却含糊不清。笔者希望这些企业能够真正利用 AI 解决问题，踏实地做好技术研究，不要失信于市场和消费者。

与上一次人工智能热潮相比，新兴风险投资企业增加了不少，值得我们注意。作为用户需要养成火眼金睛的能力。那么怎样才能够识别出谁是真正的AI，谁又是AI仿制品呢？基本上对于那些宣称“人工智能……”“有人工智能技术作保证，品质自然不用担心”的商家都要小心警惕。

AI的分类、定义千差万别，那些借AI之名，把自己的技术和质量炒作得神乎其神的企业都难免有夸大之嫌。它们极有可能向消费者隐瞒了相关信息。而能够直接告知消费者“主要只利用了深度学习技术，但是品质是可以保证的。通过前期处理或后期处理，精度会有一定提升”“还可以进行追加训练（增加功能），简单方便”“消费者能够使用的这些功能的精度究竟能够达到多少？精度达到95%以上属于优秀”的企业是比较值得信赖的。但是多数商家不愿耗费成本改善技术水平，提升精度，只靠欺瞒没有做功课或完全不懂专业知识的消费者来赚钱，非常缺少职业操守。

另一方面，消费者真正使用后，就会感到没有宣传的那样高级，不能满足自己的需求，无法为自己提供专属的选择，致使消费者对AI非常失望。通过用户的应用界面，如果能让消费者感受到不同于以往的出色功能和体验，那么对于今后了解、识别AI相信会有所帮助。

第二次AI热潮时，本来AI会走向实用化，社会和产业会朝着良好的方向发展，然而在守旧派的阻碍下，探索与发展被迫中断。更糟糕的是，这一切只在日本发生了。与此同时，海外AI技术正在不断普及和壮大。而本来在全球化的今天，不可能只有日本自己在AI技术方面落后。尽管一直以来都是由海外企业开发出主要服务和产品，掌握着主动权。

为了扭转这种局面，正如上文所述，日本可以改变调整技术结构，努力形成高质量的数据。幸运的是，AI技术研究团体有义务公开深度学习等程序，而且大部分都可以免费用于商业中。这样，通过整理、维护训练用的数据，也能够决定应用的目标和实用精度。但是商业化不仅需要大学开放资源，还需要谷歌和脸书的许可。

单凭终端用户使用应用软件并不能保证形成高质量的训练数据。以ImageNet为首，在某一领域取得突破，实现精度大幅提升离不开大规模高质量的数据。五万名研究者耗费六年时间，使WordNet的名词与ImageNet的1370万张图像匹配。这些研究者极为优秀，很多甚至已经取得了或正在准备 Ph.D。他们群策群力，共同制定匹配标准，尽量做到零误差。这样的品质管理堪称专业水平。

值得注意的是，活跃其中的 RealWord 公司是一家上市的外包公司，它使得 AI 训练数据的制作和修改、词典的编纂、检测开发过程中输出 AI 的正误等远程兼职实现了组织化。或许今后制作对话型机器人对话脚本等受托业务会不断发展，在“CROWD 机器人技术”的背景下，可以提供“AI・机器人・机器学习 × 外包：通过外包扶植培养 AI・机器人”等服务。对于 AI 开发者而言，以下三点极为关键：

- 通过系统处理即可弥补人类难以判断的部分。
- 952 万名会员高速工作。
- 人工智能和机器学习各个环节的充分利用。

通过 7 年外包业务运用的知识经验，选择合适的负责人，组建团队，分配工作，根据系统和抽样分析来检测结果。还可以针对顶名公司检测是否有错误结果混入或者是否有责任人逃避责任。

客户企业开发训练所必需的 AI 技术时，如何确定谁才是第一责任人就成为了难题。以往，RealWord 公司也是停留在介绍员工的合作生产状态中。通常我们认为与员工签订合同、制作作业指南、交付管理货物、招聘和选拔员工、检验产品都属于客户企业的责任。与之相对地，可以说承担品质管理业务的员工利用系统与作业者交流，进行指挥即是一种“微型任务”，需要承担更大范围的责任。实时注意到机器自己无法修改的数据，按名义归并不同符号等等不规则作业内容的管理离不开高度专业的知识和经验。而且根据业绩和评价选拔、培养合适的作业者也需要花费很多成本。

所以共享开放、低成本提供这些知识和经验是产业复兴的一条捷径。目前公开的大多数深度学习主机虽然都是可以免费用于商业的，但是只有经过收集整理庞大的正确数据，在训练中反复试验，耗费大量成本，才能通过具体识别和分类课题使用数据。由此，保证一定精度的专用图像识别系统作为“完成学习的深度学习”具有很大的经济价值。

融入 AI 的产业重组和行政服务改革

由三菱综合研究所的比屋根一熊主编的《35 家领先人工智能的上市公司》《经济学家》（2016 年 5 月 17 日刊）中曾提到过产业领域：

- 综合服务（日立制作所、NEC、富士通、NTT 数据）
- 汽车（丰田汽车）
- 制造（FANUC）
- 信息系统（新日铁住金、IT holdings、SLOS Technology、Jigsaw、Focus systems、ISID 电通国际信息服务、Universal entertainment）
- EC(乐天)
- 市场（Asia：合作方元数据：VoC 分析、Brain pad、hyperlink、lock-on、Albelt、science and engineering、recruit holdings）
- 广告（cyber agent、freak-out）
- 安全（UBIC、FFRI、Data section、E-guardian）
- 数据解析（Technos Japan、Broadband tower、Intage holdings）
- 图像解析（Morpho）
- Web service（Gunosy）
- AI 开发业务支持（Real World）
- 自动翻译（Rosetta）

AI 在“汽车”领域的应用指的是自动驾驶，在“制造业”中指的是提升工厂生产效率的 IoT（Industrie4.0 技术基础设施），在“广告”领域则指的是决定广告投标的价格，在 AI 的众多应用中既有脱离正业的应用，也有多行业间的应用，比如利用对话型机器人管理顾客等，在各个行业中导入通用性极高的 AI。

推荐、匹配中大数据解析结果的结构不仅限于EC，还可以在很多行业中应用。同时也广泛应用于图像解析所需要的监控（变化的检测、有害和不法行为的检测）中，可以说AI技术有可能渗透到各行各业的业务之中。当然，在病毒检测、法务、医疗、翻译等领域也少不了专用AI的作用，最近很多企业都开始引入深度学习，希望能够进一步提升精度和工作效率。

AI在公共部门中的应用

公共部门是一个独立于其他行业的领域，主要包括政府、自治体下属的公共事业和机关，公共部门内部同样离不开IT技术。因公共部门具有特殊性，需要保证大量公开的情报数据和信息，近年随着这些公开的API和数据的不断扩大，人们期待第三方或民间团体能够产生充分利用这些公开数据的服务。因此，近年，由自治体和一些行政机关主办或合办的编程马拉松（当场可以设计出简单程序的团队。半天时间或集训）、创意马拉松（不仅编程还要有创意和想法）等活动也是层出不穷。

日本总务省（主管有关国民经济及社会生活基础的国家基本体系的中央行政机构）智囊团、行政信息系统研究所在2016年初夏发布的报告书《关于人工智能技术应用于行政领域的研究调查报告》中对人工智能在行政中的应用和分类做过探讨，具体如下：

- 人工智能技术在行政领域中的应用范围和程度如何？
- 究竟应该怎样引入人工智能技术？
- 有哪些关于导入人工智能技术的课题？

既存服务在行政中的应用主要体现在通过用户使用场景来获得需求，因此很多人希望将AI应用到省厅各个部门和业务中，提升服务质量（精度、业务速度）。

- 咨询、投诉应对业务

· 拨款、发放补助金的效果预测

· 新政策宣传（大众的反映和看法分析）

· 言论公开（解析、汇总自由回答）

· 项目管理业务（通过分析邮件、日报及时发现潜在的风险）

· 信息安全监察业务（防止信息泄露、提升精度等）

在普通的民营企业中也有类似上述业务。可以说 AI 技术影响了 CRM、顾客咨询窗口、预算制定、宣传、市场营销、项目管理、合规等方面的精度提升和正确决策，甚至是销售额和利益的增加。如果政府机关能够率先进行证实评价，公布结果，那么相信对于改善多数企业经营而言会有很大的帮助。

AI 在特定省厅、自治体、行政机关中的具体应用如下：

·“自治体、法务、税务、保险等政府部门受理窗口”的各种手续办理业务（接待员）。

·“内阁府”灾害管理业务（图像识别有误时难以及时处理，这时需要 AI 发挥作用）。

·“金融厅”金融监督业务（财务状况、交易情况、整理分析受过行政处分的金融机构的数据，提取处分对象的信息等）。

·“警察厅”拘留所的管理业务（通过 AI 图像识别监控可疑、逃亡、自杀等行为，防患于未然）。

·“国家公安委员会”监察业务。

·“公共职业安定所”业务办理窗口（从窗口影像数据中解析求职者的困难及时解决，提升精度）。

·“农林水产省”谷物和小麦的供需分析业务（提升精度，反馈调整库存和价格）。

·“国土交通省”城市规划阶段的交通预测业务（预测分析地域特点、以往的情况和交通实际状态等，选择制定相应方案）。

·“国家机关修缮业务”通过传感器和图像识别，高度精准地检测建筑老化程度和异常情况，及时维修，保证安全，降低成本。

·“法务省/入境管理局”出入境审查业务（通过高精准图像识别，检测风险）。

·“财务省”国有资产调整计划、考察、分析业务（同上述国家机关修缮业务。在目录、评价、价格报表制作方面也会发挥作用）。

·“国税厅”与税款相关的咨询业务（提升Q&A精度，降低成本，普及税务知识）。

·“专利厅”申请文件的审查业务（评价申请内容和意义，提高流程速度，提取判定结果，实现专利申请业务的高效化。同时还能够自动检测申请项目和图表的匹配度，自动审查申请内容不合格的地方）。

·“文化厅”国家文化设施管理业务（从设施使用者的图像监控数据到他的性别、年龄、位置等个人信息都可自动检测，促进设施内部配置的不断优化）。

其中，针对内阁府、专利厅，横跨政府机关的言论公开等业务，笔者已结合听证会等相关信息，阐述了AI应用的可能性。另外，我们还应该以横跨多个业务领域的大数据为依据，通过AI发现共通的内容和元数据（年月日、地点、人名、公司名、事件名等），找出那些没有受到法律庇护的受害者和事件，消除上下级行政的弊端。通过发现与民间数据之间的联系，还能够使得公共福利、服务涉及不到的部分得到关注。实际上，与报纸数据等其他民间信息源相对应的，也有不少通过Metadata Incorporated公司的5W1H提取API自动输出元数据，与国家（产业技术综合研究所）所有的大量卫星图像数据紧密相关的事例。

通过行政业务收集的大数据能否得到充分利用？新服务能否正常运作？既存服务能否得到改善（高速、低廉、丰富等）？这些还需要我们详细调研。行政机关、自治体、民间团体等率先推进数据公开时（即创意马拉松，参与者利用提供的素材，当场策划构思新服务创意进行发表答辩，最后宣布结果进行表彰）还是在 2012 年，而如今类似这样的活动在逐年增多。

通过利用 AI 技术，自动分类未整理的原始数据，发掘与其他数据相关的部分（5W1H 元数据），提供情报，从照片、声音和视频数据中迅速把握灾区状况，以及公共设施老化和受损程度，以便迅速开展对灾区群众的救助。

另外，相信在不久的未来，我们通过 AI 技术，还能够帮助政府拟订方案，预估趋势和行情，不断优化，审查案件，自动匹配，提升精度和工作效率。预测的下一步就是创造。相信未来我们会充分利用创造型 AI，不断调整现行政策和以往政策的一惯性，形成新的服务创意、概念和政策模型。

AI 语境下怎样发展教育、培养人才？

第二次 AI 热潮时，促进日本 AI 发展的一部分原因在于人工智能开发领域汇集了众多顶尖人才。很长的一段时间内，日本在自然语言处理、声音识别、指纹识别方面一直位居世界第一。笔者在调往国家 AI 项目中心和 MIT 研究所工作之前，一直在 NEC 研究所工作。在迫江博士（后任职于九州大学教授）的 2 级 DP 匹配下，自然语言表达的声音识别和全球警方使用的指纹识别、核对系统逐渐走向实用化，还诞生了世界上首个中间语言表达方式——机器翻译（笔者当时是负责日语解析的村木一至部长的团队成员）。

优秀的团队更容易做出成果，这实际上是以逻辑和数学公式为基础的 AI 应用，某种意义上也是 AI 的田园时代。第二次 AI 热潮后期流行的神经元网络和模糊控制、遗传算法以及第五代计算机开发的中心——以逻辑编程为基础的推理机开始渗透到各行各业之中。但是仍然存在精度、规模，以及成本过高等诸多现实问题没有解决。热潮后期，美国企业逐渐开始形成以大数据为基础的统计方法和机器学习，巨大资本投入单一事业的决定使得美国迅速获得了发展。

而之后在激烈的国际竞争中胜出的北美研究开发团体动力主义常与产业、大学、政府合作切磋，成为了20世纪90年代身处AI低潮期的日本继续发展，推进实证评价和独创性的原动力（貌似日本企业还开发出了超越谷歌和苹果的IT服务）。

20世纪90年代后期，日本掀起了知识管理热潮，旨在推动全日本谷歌化的“智能谷歌日本（SVJ）”构想风靡一时。这场运动的核心人物之一是原日本开发银行洛杉矶分行行长（后任职于法政大学教授）的小门裕行（笔者也参与其中）。2001年前后（时值IT创业投资热潮），笔者作为技术支持，帮助小门教授在法政大学租借了一间实验室，为年轻的经营管理者讲授新技术开发所必需的知识，设计XML和以一对一营销为题材的新讲义。

优秀的学生和研究者

说到目前日本对IT研究者的培养体系，特别是高等教育中的IT专业、计算机学科，质量暂且不谈，单从数量来看也远远落后于欧美和中国。中国大学信科院的录取人数多于日本大学40倍，不少大学甚至还专门设立了注重实践、培养IT技术开发人才的软件学院。而日本，在传统观念的影响下，很多研究生认为研究员的社会地位要高于技术开发者，因此很多人毕业后选择留校任职而不愿在企业从事技术开发。因此产业界想要求得发展，开发出新服务和产品极其不易。

至于现在学生的学识资质方面毋庸置疑，比较乐观，并没有任何落后。这只要联想到现在学生的英语水平远远高于30多年前的学生水平即可明白。

比起纸笔，他们更熟悉屏幕和键盘，能够运用电脑快速解决问题，一天内能够浏览数百篇相关报道，从博客中提取重要信息，甚至可以开着数百个浏览器，更改开发中的代码。他们与前人相比，拥有丰富的知识储备，同时也更加擅长交流和沟通。

在激烈的国际竞争中，各国都在谋求自身的利益与发展，都希望自己能够成为技术标准的制定者。诸如“吃小亏占大便宜”的论争也是接连不断，但是从目前来看，具有强大的交涉力、谈判沟通力、合作力、创造力的人才并不多见。然而大型企业想要在世界科技竞争中获得一席之位，成为技术的领军者，必须要培养出这样的年轻人才。这些观念和看法源自各国激烈的讨论结果以及软件模块开发过程中的真实体验。

新的教育观点

为了促进先进 AI 技术和健全的商业发展，创造新的商业模式，需要能够培养出高素质高水平的新型人才的教育。作为上述 X-tech 的一种，教育领域的 EdTech 和 LearnTech 在充分利用 AI 本身方面意义重大且卓有成效。不论是商业还是社会发展都离不开教育。上学的时候苦于学习，始终无法提高学习效率，难以掌握正确学习方法的成年人想必大有人在。

我们应该逐渐根除填鸭式、灌输式教育体系和方法。在这种教育模式下培养出的学生没有任何创新能力，只会像机器一样听命工作，在未来极有可能会被 AI 取代。

今后，随着 AI 技术不断完善，生产效率不断提升，像机器一样从事简单重复性工作、无法承担创造性业务的人们极有可能失业。而造成这种结果的原因多半是由于我们的义务教育阶段或入职培训、职场成长阶段一味追求对一种作业的“熟练”。这种畸形的教育体系和制度应该承担主要责任。

未来社会真正需要的是能够理解事物本质、懂得取舍、抓住时机准确判断、运用并创造知识的灵活人才。单纯地死记硬背永远不会胜过 AI。当然，这里的“灵活”指的并不是不着边际、耍小聪明，而是能够审时度势、统筹全局推进工作、善于应变的人才。

文科、人文科学、艺术领域的人才培养更加重要

文科，特别是社会科学人文领域、艺术领域的人才培育更为重要。自

然科学、工学领域需要的不是懂得 AI 技术会计算的人才，而是像深度学习应用系统一样能够统筹全局、谋划未来、创新意识、具有超强的领导力和理解力的天才，从而引领教育的改革。

所以我们或许应该扩大人才辈出的艺术系的招生名额。据说美术、设计专业的毕业生深受互联网公司的追捧。雅虎日本等公司提供给艺术设计专业的毕业生的待遇甚至高于程序员。今后随着深度学习应用领域的不断扩展，训练创造型 AI 生成具有创意的作品需要这样的人才发挥他们独特的艺术能力。

学会追问“为什么”才能不输给 AI

学会追问“为什么”，学会结合不同的人、物、事深入思考查明彼此间的因果关系，这是我们战胜 AI 的关键。

由于 AI 没有动机、责任感、伦理观等，它不会被任何人操控，也无法自己发现问题，思考解决问题的方法。在人类与 AI 共存的今天，我们更应该意识到这个问题的重要性，努力发挥人类的优势，才能不输给 AI。步入社会后，不，在学生时代我们就应该努力合理地为自己的决定承担责任，自己合理分配娱乐、学习、工作的时间，养成积极向上的人生观和做事态度。首先，家长、老师和前辈应该学会放手。当孩子们遇到困难时，不是第一时间伸出援手，而是放手让他们自己体会失败，自我反思（像强化机器学习一样，使他们留下深刻的印象），激发他们坚持到底的决心，帮助他们自主学习技能，一步步走向成功，体会其中的成就感。

自己发现问题，自己（不是等待他人帮助，而是学会自己主动按下按钮）思考框架解决问题，以主人翁的强烈责任感不断试验探索。为了培养这种能驾驭 AI 的人才，中小学教育阶段就应该有意识地加强对学生这方面的教育。

每个人都是独立的个体，每个人都具有自己的优势。我们真诚地希望有更多优秀的老师出现，40 人的班集体，每个孩子的好奇心都能够得到尊重，他们有自己的答案和思考，能够不拘泥于书本，主动发现问题，解决问题。那些死记硬背的知识和运算就交给 AI 和 IT 吧。

让我们给予孩子自己思考的快乐（越是与标准答案不同，越是具有独创性的答案越应该得到大家的赞赏和表扬）和自己运用知识进行创作的经历吧。我们的目的不是让他们获得进步后沾沾自喜，而是让孩子们对先人的成果和智慧更加敬畏，激励他们更加努力地创新。

只有这样，未来才会产生更多不输于 AI 的人才，他们懂得借助 AI 的力量，促进社会更好地发展，产生更大的附加价值，创造更多的财富。如此，人类将更加集中于人类应该做的事情上，从事自己喜欢并擅长的工作。因为兴趣是最好的老师，会让你不断钻研，提升效率，不断进步。所以我们之后要做的就是努力研究 AI 匹配智体，早日实现人尽其才，每个人都能够在自己喜欢的岗位上发光发热。

教育领域也需要充分发挥专用 AI 的作用

上述美好蓝图的建立离不开 AI 和大数据的充分利用。学习个别知识、运算等单一技能需要一对一个别指导，即 AI 的辅助。

笔者认为，今后在教育领域引入 AI 最有助于人才培养和个别指导。在创造性的土壤中需要广博的学识、基础知识、背诵能力、创新能力。这看上去似乎与前文的创造性培养模式矛盾，实则不然。在发挥创造性的过程中需要大脑高度运转，就像缓存一样需要瞬间从大脑中提取思考素材。瞬时联想的记忆能力是创造性的最佳搭档。从目前来看，AI 尚不具备脱离人类，独立、自主的能力，也没有掌握人类常识和基础知识的能力，更不具备同情成绩差的学生，以简洁易懂的方式为他补习的能力。可以说至少在未来几年还不可能出现。

因此，按照人类制定的方针、课程，梳理基础知识，导入“教育专用 AI”或许有助于义务教育阶段的改革和发展。“教育专用 AI”能够无限复制、随时运转，所以可以实现对学生的一对一辅导。即使在只有一位教师，数十位学生的情况下，也能够实现实时指导，准确把握学生难以理解的知识点，开出不同处方（比喻说法，形容针对每个孩子的个性指导），统筹全班学习进度，这就是机器的优势所在（超强的记忆力和多台同时运转工作的能力）。

如果日本的补习学校导入AI作为老师的助手辅助学生学习，那么对于今后AI技术的开发也会有所助益。教师讲解（为什么要学习这门科目）后，AI可以作为助教对学生进行个别辅导。在大学教室里，教授讲解完当堂的内容后，余下时间往往会留给研究生助教辅导学生，检查学生试卷，为个别学生答疑，今后这个部分也可以由AI来承担。当一部分学生难以理解某个问题时，老师看到学生疑惑的表情后会立刻走到他们的身边解答，我们也可以训练AI学习这种模式，从而使AI真正能够应用于教学，扩大AI的能力。

实际上，目前东京都世田谷区的Qubena补习学校就做到了智能化。他们利用数学平板PC教材进行教学，每个学生都有属于自己的学习进度，真正实现了因材施教。"Qubena"通过收集、存储、解析每个个体的信息（答案、解题过程、答题速度、集中程度、理解程度等），有针对性地进行辅导和培养。与传统的灌输式教学导致学生陷入单方机械的训练不同，通过Qubena，老师能够实时了解学生究竟对于哪些概念还比较模糊，或者哪些知识点掌握得比较好，哪些知识点没有很好地吸收，这样才能够帮助学生更好地解决问题，提升成绩。

之后日本做过一次教学实验，把"Qubena"导入小学6年级至初中1年级的第一学期。结果原本14周的教学内容不到2周就完成了。参与的学生的考试成绩甚至高于全校平均分。"Qubena"每月8次课，一次课50分钟，每月学费7000日元，不到家教的四分之一，可以说比多数补习班的学费都要低。

按照上述教学进度，中学3年的数学内容只需96小时即可完成，余下的时间可以用于参加更具创造力的活动，或是和朋友交流，或是积极参加体育、艺术、志愿者等课外活动。在AI的辅助下，未来社会需要的是不受制于AI，能够熟练运用、指挥AI的人才。虽然这听起来像是反语，但是笔者认为正因为在教育、学习中充分发挥了AI的作用，才能够取得这样巨大的进步。

有选择地开发能够为每个个体带来幸福的 AI

从目前来看，未来还无法产生具有意识、自我、欲求的 AI。因此，应该开发什么样的 AI？究竟应该怎样利用 AI？这是我们人类必须要面对的课题。

AI 的人格、财产权、居住权、职业选择权何时能够被社会认可？这是坚持 2045 年 AI 的知识总量会超过人类的技术奇点论派无法回答的问题。我们究竟应该创造出什么样的 AI 或者工具？这是人类需要一直思考的课题。至少从目前来看，AI 还不能成为具有财产权、可以自由支配金钱的消费者，那么人类用户、消费者能否接受 AI？也有人认为应该根据市场原理来决定。但是在道德伦理面前人类也无法保证永远不会犯错，而且如果由市场原理来决定 AI 的发展，那么具有野心的国家极有可能把 AI 用作战争的武器，果真如此的话破坏范围将十分巨大，威胁人民的生命，造成难以控制的局面。因此有必要在认真讨论的基础上制定 AI 相关的利用准则和标准。

不论好与坏，AI 受开发者的意图，以及训练数据（想起了微软的学习型对话机器人 Tay 的差别发言）的支配。同时也会受到市场评价的影响。因此我们需要开发出能为用户带来幸福的、消费者愿意花钱购买的 AI 及含有 AI 技术的产品或服务。那么实际究竟能否按照我们的意愿或设想发展呢？我们要像亚当·斯密在《国富论》中提倡的“看不见的手”那样，遵从市场的自我调节吗？我们不妨通过高级跑车保时捷公司（Porsche）的董事长奥利弗·布鲁姆先生说过的一句话来思考这些问题。引自第 8 章 URL 报道：“保时捷的车主都想自己驾驶汽车。”

部分保守派顾客不愿被夺去驾驶的乐趣，所以只要未来还允许自动驾驶汽车和普通汽车一起上路，那么对于企业而言，市场需求仍很广阔。或许将来会划分自动驾驶汽车和人类驾驶汽车的专用通道和区域。自动驾驶汽车非常安全，哪怕车间距非常短小，也能够高速行驶。因此自动驾驶汽车的专用道路总面积并不会很大，剩下的土地即可用于其他用途或作为人类驾驶汽车专用道路使用。目前无论是从技术层面还是法制层面，我们都无法保证自动驾驶汽车和人类驾驶汽车共用车道。

对于企业而言，可以像特斯拉那样，从自动改道开始逐渐向人类驾驶省力化方向迈进，但是就目前而言，我们无法保证一条车道上所有的汽车都是自动驾驶汽车。驾驶途中，极有可能突然驶来一辆人类驾驶的汽车。因此这种交替驾驶的体系作为用户界面研究的一项课题可以说非常棘手。

而且对于用户而言，实际上这种类型的汽车非常难以驾驭，只有运动神经发达，通过了新型汽车驾驶考试的人才能够驾驶。但是这种高性能跑车在那些平时驾驶时常常双手脱离方向盘、脾气急躁、追求刺激、喜欢在高速公路上飙车的人中间还是具有一定市场的，因此未来也不是完全没有可能面市。

展望自动驾驶的全貌，目前在相关法律制度尚未完善的情况下能够实现普及的当属工厂内物流系统。2016 年 5 月，Ground 公司与岗村制作所合作，共同推出了自动搬运机器人“Butler”系统，进一步推动了物流机器人系统的发展。即使不需要完备的相关法律、法规，财产保险的范围和类别也是绕不过去的问题。以往设备保险减小的风险和新兴生产线带来的风险不断增强，这些风险如果能通过二次保险得以抑制，那么促进“Industrie4.0”发展的物流机器人系统就有可能会早一天实现。

相关责任自然应该由负责自动驾驶汽车运行的出租车和轿车租赁公司承担。乘客之间发生争执影响到驾驶安全时怎么处理？只有一名女性乘客独自乘车时是否会开启保护措施禁止其他的乘客再上车？当前只有具备常识会思考的人类驾驶者能处理此类情况。但是只要获得许可，做好监控，及时向公司、警察局报备，建立好维护乘客安全的制度体系，自动驾驶也是不输于人类的。出发地限于站前出租车等候区、营业场所等众目睽睽的地点，服务只限于白天，这些以往的惯例也会得到改变。

租用汽车、共享汽车时，承借人这时是汽车驾驶合同的主体，也有可能会成为非乘车合同的成员。自动驾驶商业化并非完全没有可能，因为至少当前，负主要责任的运营公司和车辆制造商对于服务的瑕疵和设计上的缺陷要承担一定责任。不习惯驾驶的车型极容易导致交通事故的发生，所以临时利用自动驾驶汽车还是有好处的。

2016 年 2 月，美国交通运输局宣布承认自动驾驶汽车的人格。但是自动驾驶汽车不是用来观测的气球，所以这个决定不免有些轻率。《国际版权公约》中关于“人类控制方向盘驾驶”的规定不是对驾驶方法和驾驶主体的规范，而是对谁应该承担法律和社会责任的确定。日本政府规定出租车公司承担 100% 的责任，同时确定了以 2020 年自动驾驶出租车的实证评价和社会实践为目标的发展方针，可以说还是比较客观可行的。

说到责任，具体而言，如果自动驾驶时发生交通事故，导致行人死亡，那么 AI 是否会被判入狱？答案当然是否定的，因为 AI 不是行动自由的人类，没有基本的人权和财产权，不是责任主体，承担刑罚没有任何意义。2016 年 5 月，日本最老的大象花子去世了，享年 69 岁。花子生前曾经意外踢到两名饲养员并致其死亡，但是并没有因此被判死刑或终身监禁。所以更不用说让没有生命的 AI 承担责任了。所以主要责任人应该是乘车的“监护人”——人类和出租车运营公司的董事。如果因为他们没有做出明确指示或没有采取回避行动而导致重大事故发生，则应认定其存在重大过失，视情节可以判决死刑或终身监禁。

第 15 章　AI 与人类的未来：深度学习将淘汰人类？

关于技术奇点

技术奇点论（实际上，该理论比 AI 的定义更加模糊，虽然笔者目前还无法用科学严密的定义代替它）认为 2045 年 AI 的智力总量将超过人类。正如序言所述，笔者对此实在不敢苟同。

技术奇点论的信奉者们坚信“正如生物能够自我进化，AI 也能够发挥它的智力，实现自我进化”（指获得语言等根本的进化）。对此，笔者想指出：“根据达尔文的自然选择学说，生物不会自我进化或自我设计。”还有一部分 AI 研究者则认为，AI 是另一种“智慧”，从不同出身和行为进化到如今的 AI，不同于生物的进化轨迹，有可能是由于某种契机引发的自我进化。

与人类大脑相比，软银的创始人孙正义曾表示，十年之内计算机的 CPU（中央处理装置）晶体管数会超过人脑内神经细胞的总数，因此 AI 的能力也会逐渐赶超人类。在 3D 完全立体配线的人脑中，一个神经细胞平均会与 2 万个神经细胞相连，这与最多只和邻近的几个晶体管相连的普通 CPU 相比，难度系数完全不同。就像看到别人难过自己也会感到伤心一样，以实时反应刺激的镜像神经元为首，各种丰富多彩的元件和未知的构造共存于大脑之中。另一方面，与通过血清素等化学物质数毫秒之内即可传送信息的神经细胞相比，晶体管甚至只需不到数十亿分之一秒的时间即可向周围的元件发送数据。

深度学习利用高速硬件和软件，实现了庞大并列计算（但 CPU 内约有数千个运算单元 CUDA 处理器），成功模仿了人类大脑。但是，深度学习自身能否被 100% 准确把握？能否超越设计者的能力？自己又能否改变自己的基本构造（虽然无法预测学习结果的输入输出数据）？针对这些问题，目前还没有科学依据能够给出肯定的答案。

技术奇点论、“学习”“预测”“推论”“感觉上的理解”……这些词汇没有真正在 AI 专用定义中出现，反而混在人类的“学习”“预测”中被滥用。对于这些词汇的定义我们应该认真确认，谨慎使用。对于 AI, 我们既不能过度期待（或惶恐），也不能过于轻视，而应该为了人类的幸福而充分开发利用它。

想必大家通过阅读第 I 部关于识别猫品种的部分，已经摆脱了过去一些道听途说的观点或认识，对第三次 AI 热潮的重心——深度学习的本质或许也有了一定的理解。AI 从外界的刺激中高速、大量、识别事物的特征（即输入图像、声音、单词等），通过“专业图像识别任务”，不断积累经验，超越人类，由此，计算机会越来越成为人类的帮手。

工具最初超过人类的部分能力是很正常的。否则它也就失去了作为工具的意义。数十万年前或数百万年前，人类的祖先第一次利用三米长的木棒作为工具打落树上的果实，从那时起，工具就已经超过了人类五体的能力。所以，AI 作为工具的一种，我们探讨它能否超过人类的能力毫无意义。自诞生起，工具就带有它所承载的功能，所以 AI 当然会超过人类。但是也不至于像 S · 霍金等名人以及技术奇点论的信奉者们所鼓吹的“人类终有一天会被不断训练的深度学习等人工智能抹杀淘汰”那样夸张。

CNN（Convolutional Neural Net，卷积神经网络）、RNN（Recurrent Neural Net，循环神经网络）作为深度学习的代表，目前最擅长的领域当属“模式识别”，与其说它是模仿人脑思考的人工智能，不如说是一种判断刺激的视觉或听觉能力。而判断的理由绝不是一朝一夕就能够形成的，需要基于“含义”“目的意识”“价值观”“因果关系推论”（这是4世纪前的AI热潮、第五代计算机开发的目标）等信息去判定。甚至要和人类的大脑一样高度运转。那么这样的“强AI”需要具有自我意识、好奇心、厌恶、反感、冲动等一切情感、责任感、猜忌心、同情心，以及讽刺等语言行为，会通过独特的方法，读懂对方的缺点、不服气、自尊心等情感。只有具备了这些人格，才能够真正理解对话型机器人，才能具有说服力。

如今很多工作都需要与人沟通的能力、交涉力、说服力。这些人类的工作，一定程度上可以由人工无脑（有限机器控制）AI通过模仿表面的对话数据来代替人类完成。但是要想AI面对突发的事态也能够准确理解和应对，则需要在技术层面上做出很大的突破，至少从目前来看，我们还没有能力实现。

AAAI等国际学会的从事AI研究开发的专家们目前关于AI的质疑主要有以下几点：

- 和普通的程序一样，bug会威胁用户的网络安全。
- 怀有恶意者提供的数据所带来的学习结果会损害相关人的利益。

第一点不是AI独有的问题，所以第二点是我们研究的关键。2015年，谷歌的图片应用误把一对黑人男女标记为大猩猩，一度引来社会舆论的谴责。这是开发者以及所属团队所造成的错误。与CNN等AI算法没有任何关系，因为它们并不具备“种族歧视”的意识。

在深度学习刚刚走向实用化的今天，AI本身尚不具备意识和伦理观。因此我们需要尽量避免设计者的恶意、瑕疵、考虑不周所导致的超出社会道德容忍限度的错误。而深度学习会像伦理编程或数值计算一样按照设计者的意图（只要没有bug）工作，因此问题分析起来并非易事。哪怕只投入少量追加数据，结果也会发生很大的变化，而且往往在这种情况下，理由也并不充分。根据任务，我们无法判断这究竟是bug还是方法的问题，改善手段也并不明确。因此我们必须要明确数据提供者、数据筛选整理者、训练神经元网络者、评价优化者之间的责任界限。特别是，如果用户得到了指定的追加数据，导入重新学习的结构，那么这时用户也应该承担确保精度的责任，需要彼此相互理解。

难以预测的机器人、AI 失控

自电影《终结者》上映后，关于未来人类将被人工智能驱逐的流言就不绝于耳。甚至连 S・霍金博士、微软创始人比尔・盖茨、电动汽车特斯拉和 Paypal 的创始人埃隆・马斯克都认为未来 AI 将是人类最大的威胁。对此，许多 AI 研究者和技术者不得不苦笑表示："至少在未来很长一段时间，AI 都不可能具有意识、价值观、善恶心、抢夺他人生存权以求壮大自己实力的野心。人类一方面训练 AI 程序学习人类的判定结果，一方面又担心数据垃圾以及软件 bug 的处理。"由此可以看出双方对 AI 认识的巨大差异。

如果真的对未来 AI 感到担忧，不妨参考一下以机器人为题材的著名 SF 小说家艾萨克・阿西莫夫提出的"机器人三原则"。在阿西莫夫 30 多年的创作生涯中发表了一系列关于机器人的科幻作品。他以此为经验提出了著名的"机器人三原则"，具体如下：

阿西莫夫的"机器人三原则"

第一条：机器人不得伤害人类，或看到人类受到伤害却袖手旁观。

第二条：机器人必须服从人类的命令，除非这条命令与第一条相矛盾。

第三条：机器人必须保护自己，除非这种保护与以上两条相矛盾。

文中还描绘了比较简单的机器人遵从第一条原则救人的行为。机器人想要救助倒下的人类，但是迫于有害气体的影响，只能先按照第三条原则，保护自己暂且离开，然后再原路返回救人，但是有害气体依然存在，不得不重复刚才的行为。

计算机重复行为背后的原因

有不少人质疑无论技术怎样发展，机器人三原则也无法实现。为了遵守条约，机器人需要不断研究、评价无限种可能性，就像一个框架问题。为此也有部分学者认为只有发展专攻特定问题的人工智能才能解决。

2015 年诞生了专门用于日本象棋比赛的计算机程序。日本象棋程序为了降低对决中的计算量，没有存储过去的庞大比赛数据，重复走棋位置，省略了对每一步棋的位置和整个棋局做出评价分析，最后输给了人类。

对此，很多棋手和专业人士认为不论自己是否遇到了王手（日本象棋术语，直接攻击对方王将的一手棋），单从棋盘上即可一目了然，不该犯错。避开王手是日本象棋的基本规则。可以说，从保护自己这个原则来说，类似于机器人三原则中的第三条。开发者每次都要从零开始设计程序，这次却因疏忽导致机器在真正比赛时败给了人类。

在计算机科学领域，为了找出最漂亮的解决方案，往往需要在遵守一些制约条件的同时不断构思解决问题的步骤（算法）。比如怎样在一天之内以最短路线拜访所有的顾客？（参照图 4–6）这个问题看似简单，实则计算量非常庞大。

如果需要在 30 座城市之间往来，那么即使是超级计算机“京”仍需要耗费 1000 万年的时间。

所以需要进一步优化深度学习和刚刚开始发售的量子计算机的技术水平，利用与现有原理完全不同的方法解决问题。或者像人类一样在合适的常识范围内，通过分析一些解决案例来进一步探讨。那么这时就不能要求机器遵守“机器人三原则”了。

正如维基百科所示，设计者阿西莫夫所提出的“机器人三原则”仅限于具有自我意识，能够自主进行判断的机器人。

机器人三原则仅适用于具有自我意识和判断能力的自律型机器人。不包括动漫中经常出现的搭乘型机器人等不具有任何意识或判断能力的交通工具。另外，由于现实社会中无人攻击机等在人类指挥下具有杀伤力的军用机器人不具有自我意识和判断能力，所以也不包含在内。

但是直到2016年，对于自我意识、自我等概念仍然没有一个科学的界定。因此，诸如脱离这些定义框架的约束，为了让包含家电在内的所有机器能够适用三原则，不如进行个别设计的观点比较具有说服力。但是让所有机器都能够遵守机器人三原则真的那么容易吗？

机器人遵守“机器人三原则”面临的困难或责任有哪些？

实验结果表明，“机器人三原则”中的第一条实际执行起来非常困难。由第一个条件编制的“伦理型机器人”能否防止扮演人类的机器人掉到窟窿里呢？英国布里斯托尔机器人实验室的学者 Alan Winfield 和团队曾做过这样一个实验。结果当只有一个“受害者”时，“伦理型机器人”能够出色地完成救助任务。但是当扮演人类的机器人增加到两台时，“伦理型机器人”会陷入两难的境地，没有办法做出抉择，导致时间耗费在机器式的理性思考上，会出现两台机器都未能救出的情况。

当然人类面对这样的状况，很多时候也会“逐二兔者不得其一”。同时还会受到价值观和思考速度（计算机的计算速度）等因素的影响。那么计算机（人工智能）就真的不会出现这些问题吗？实际并不乐观。从实验结果中我们可以看到，在很多日常事例中，机器人三原则遵守起来都非常困难。不论计算速度有多快，不论可以利用多少大数据，AI在初次面对伦理问题的解决时肩负起责任（做好有可能入狱的心理准备）果断抉择绝非易事。

图 15-1　遵守机器人三原则绝非易事

再来举一个自动驾驶的例子。当前方绿灯准备行驶时，距车五米远的路上突然冲出一个追足球的小孩，这时自动驾驶汽车来不及急刹车，只能调转方向盘。但是右转会与前方的车相撞，左转又恰巧会撞到一对正在走来的老夫妇。不论怎样都有可能造成人员伤亡。这时究竟该如何抉择？

如果是 AI，这时很有可能会进行高速运算，依据车险、对方的年龄、过失相抵的概率、以往裁定记录、推测结果等进行判断，选择一个刑期、赔偿金额等损害最小的对象所在方向。但是超高速计算机（AI）如果选择避开年富力强、高收入（即使未来我们的技术能够做到瞬间通过人脸识别，得到上一年度此人的财务状况等资料，估计也不会通过审核）的年轻人，而把方向盘调转到老人一边，决定的瞬间无疑是对他人生命的左右，在道德层面上必将面临巨大的争议。训练不足或数据错误造成 AI 的错误判断应该由谁来承担责任？如果任凭神经元网络的构造在一定条件下允许致人死亡又会怎样？

详细解读牛津大学的预测：机器将取代哪些工作？

在介绍了 AI 在教育、人才培养等方面的应用后，笔者还想谈一谈关于 AI 在“拿人当机器用的职场”中的应用。这样形容职场虽然有些刻薄，但是曾经有很多职业都需要依靠单纯的体力劳动。日本昭和时期，劳动人口达到了顶峰。当时一种叫做电话接线员（后来逐渐走向消失）的工作非常普遍，主要负责进行电话切换业务。

追溯到古代，很长一段时期，远距离传递信息都需要依靠飞脚（传递紧急文件、金银等小件货物的搬运工，源于律令制的驿马，镰仓时代在京都、镰仓间曾有快马）等人力完成，还有很多动物无法承担的劳动也需要依赖人力和肉体劳动。现代社会，生活和工作的界限比较明确，人们可以按照自己的兴趣选择工作和休息，尽情地发挥自己的能力。然而在没有劳动法的时代，每天纯粹工作十小时以上的人绝不在少数。实际上，就连在现代社会，随着薪资的降低，非正规雇佣不断扩大，贫富差距日益明显，也有可能导致体力劳动者和贫困人口的数量增加。

2013 年，牛津大学从事 AI 相关研究的 Michael A Osborne 副教授和 Carl Benedikt Frey 研究员合著的一篇论文《就业的未来》一度引发社会不小的关注。日本学术界也对这篇论文做了介绍，但是各种版本的翻译鱼龙混杂，为了吸引大众眼球，不仅标题被改为了《未来 10 年即将消失的职业》或《走向灭亡的职业》《你的职业已经被淘汰了！》等，甚至在内容上也做了修改，删减了很多原文中的前提和概率的计算方法，只保留了最后的猜想和结果。之后日本国内陆续也发表了一些诸如类似的调查报告或美国政府宣布未来 10 种工作将被淘汰的文章。

牛津大学的 Michael A Osborne 副教授和 Carl Benedikt Frey 研究员针对 702 种职业做了详细的调研，在模型化和计算机模拟实验的基础上，得出了结论，即目前白领阶层的一些业务和事务性工作未来有可能会被机器取代。表 15-1 是根据牛津大学的报告所列举的部分有可能被计算机取代的工作。

从目前来看，“保险审核专员”“销售员”等具体需要与人打交道或考察真实性的岗位至少到2023年还无法实现100%机械化。这些岗位在英国被认为是既没有权限又没有裁夺权的岗位。

表 15–1 部分未来有可能被计算机取代的工作

职业	概率	原因
电话销售员	0.99	Telemarketers 完全按照事先给出的脚本推销
文件管理・检索员	0.99	Title Examiners,Abstractors,and Searchers
裁缝	0.99	Sewers,Hand 即便是复杂的布料和设计，机器也能完成
保险承保人	0.99	Insurance Underwriters
报税编制员	0.99	Tax Preparers
银行开户专员	0.99	New Accounts Clerks 银行业务中最单纯的操作
数据录入员	0.99	Data Entry Keyers 会被数据联合、OCR（AI）取代
保险申请和合同处理专员	0.98	Insurance Claims and Policy Processing Clerks
定货登记员	0.98	Order Clerks
信贷员	0.98	Loan Officers
保险审核专员	0.98	Insurance Appraisers,Auto Damage
银行柜员	0.98	Tellers
采购专员	0.98	Procurement Clerks
进出货物流管理员	0.98	Shipping,Receiving,and Traffic Clerks
信用分析员	0.98	Credit Analysts
部件销售员	0.98	Parts Salespersons
索赔调解员和申请审查员	0.98	Claims Adjusters,Examiners,and Investigators
司机和体力劳动者	0.98	Driver/Sales Workers
法务秘书	0.98	Legal Secretaries
簿记员、会计／财务类事务性工作人员	0.98	Bookkeeping,Accounting,and Auditing Clerks

出处：Carl Benedikt Frey and Michael A・Osborne, “The future of employment:How susceptible are jobs to computerization?,” Sep17,2013

从表15–1可知，其中不少岗位属于金融、会计、法律（与裁量权表里一致）等领域。出乎意料，这些领域的专业性和个别接待能力（与裁量权表里一致）反而比较弱小，从目前来看（2013 年），容易被 IT 图像或对话型机器人取代，可以说具有划时代的意义。或许是由于全球公布了表 15-1 数据的原因，三菱东京 UFJ 银行和瑞穗银行逐步开始调整业务接待模式，部分窗口业务将交由机器人和 AI 负责。

在 702 种职业中，未来被计算机取代的概率达 90% 以上的岗位有 171 种，概率达 80%—89% 的岗位有 93 种，70%—79% 的有 51 种，60%—69% 的有 56 种，50%—59% 的有 32 种。相反，概率不到 1% 的岗位有 49 种，包括需要通过创造性思考解决问题的工程师、社会福利工作者、担负教学育人使命的老师、分子生物学家等研究者、心理咨询专家、护士、康复训练师（概率为 0.28%）、紧急事故指挥官等。这些工作都需要运用到价值判断、感觉、感情、审美意识等，因此还不能由计算机承担，只能依靠人类去创造价值。

笔者在前文曾为大家介绍过采访机器人、写稿机器人，那么新闻工作者未来是否会被取代呢？在 702 种职业中并未提到新闻工作岗位。出色的新闻工作者需要很好地了解和把握采访对象的心理，引出更多信息，就这一点而言其工作类似于心理学者（实践上）的工作，因此概率可以视为 0.43%，即未来基本不会被计算机取代。对于 AI 而言，这种需要推理、想象没有形成体系的背景，大胆做出假设，形成画像，甚至不惜以谎言引出对方真实想法的工作目前还没有能力去承担。

诸如需要迅速推测判断对方、管理指挥下属的刑警队长 First-Line Supervisors Of Police and Detectives（0.44%）、报刊编辑部主编、主任等管理职位被计算机取代的可能性非常低。这些岗位可以说是典型的劳神劳心、需要超强的沟通力和灵活力的职业。与之相比，侦探、基层警官 Private Detectives and Investigators（31%）、Detectives and Criminal Investigators（34%）等定型岗位被代替的可能性相对较高。这是因为这些业务会被解构（unbundle），约三分之一的工作会走向机械化。当然未来 100% 会被机器取代的交通安全管理员（负责维护控制路口通行车辆）是例外。

随着各种新式工具、自动化装置的发展和普及，成本的不断降低，未来会有更多岗位走向消失（上文提到的电话接线员只是冰山一角）。随着生产效率的不断提升（即使每年增长缓慢），新式工具和机械带给人们的不安，极有可能引发劳动者的抵触，掀起反机器运动（卢德运动），这是自工业革命时代以来不变的规律。

实际上，虽然整个社会的生产性提高了，但是整个劳动市场的规模却在缩小，所以新业务、新岗位一时难以被大众接受，会有部分人因此而失业或收入减少。最近，据说美国不少企业为了走出 2008 年 9 月雷曼事件的阴影，积极导入自动化软件，提升业务效率，因此导致部分中产阶级白领失业，美国政府随后发表“万众一心、克服困难”的宣言，鼓励大家携手渡过难关，但半数以上白领的薪资始终没有恢复到从前的水平。

在新式工具的辅助下普通人也能够从事创造性的工作，提升工作效率和收入

导入 AI 技术后，除机械化、生产效率提高之外还会发生其他不同的变化吗？提起机械化，或许很多人都有会有一种误解，认为就是具有人格的机器取代了体力劳动者。实际上，目前的 AI 既不具有财产权、刑事责任，也不具有主动与他人交流的能力和动机，只是一种工具。或者说是一种能够单纯依靠头脑工作的强劲工具和生产资料（包括娱乐、教育目的）。

另一方面，随着今后 AI 的不断发展，不难想象一部分才华出众的、具有创造能力的人会具有更多的机会和成长空间，而那些普通人能否适应创造性的业务呢？脱离了以往所从事的岗位，加之年龄因素的影响，能否胜任新的创造性工作呢？自己本身没有任何特别的艺术才华。这些疑问和不安或许是 AI 登上时代舞台的附属品。针对这些问题，笔者认为首先要学会利用 AI 等新的工具群，把它们视为自己的助手。其次要学会思考，学会发现问题，在利用 AI 和新机器的同时努力尝试解决问题，这样才能胜任 AI 无法承担的创造性工作。

比如，上文曾提到过的“VoC 分析 AI 服务器”，通过 AI 支持，分析顾客的情感以及机器学习语义分类，实际上是一种新型 AI 产品定位功能，下面让我们一起再次回顾一下（图 15–2）。

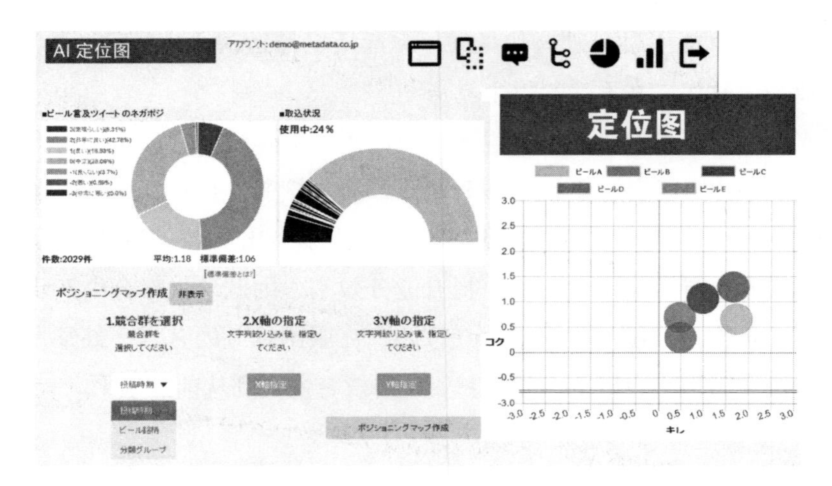

出处：Metadata Incorporated

图 15–2　AI 产品定位图：VoC 分析 AI 服务器自动生成产品定位图

解析原始自由文本，从得到的图像中发现顾客的选择倾向和对手品牌的差异。深入调查不同表达和属性，自动分类，形成区分对象群和竞品群的 x 轴和 y 轴。这里，分析者会利用 AI 没有的常识知识和趋势动向进行判断分析。通过大致浏览包含 x 轴、y 轴内容在内的自有文本，修改数值（消极积极指数），按下画像制作按钮，即可得到一份基于原始数据的产品定位图。这里，机器就像 R2D2 一样，进行大量运算，处理庞大的语义信息，在人类常识辅助的基础上，呈现最完整最全面的竞品分析，对于经营者而言，有助于未来开辟基于新需求的蓝海。

具有解决问题意识的人即使不依赖于数据科学家也能通过“VoC 分析 AI 服务器”解决问题。“通过分析语言背后的含义，能够找出隐性关系和数据分类、分布，与计算数表通用的电子数据表等工具（如 excel）相比，使用起来非常方便简单。”一位年近七旬的数据分析初学者这样评价道。

由此，随着促进创造性发展的“弱 AI”的普及，人类的能力会不断提升，也会逐渐更加适应创造性的业务。而与此同时，在这些变化的背后是生产效率十几倍的增长以及成本的降低。以往因成本过高无法分析的大量闲置文本会被重新处理，市场上一批新的业务将诞生，这样也会直接避免失业现象的出现。从新的知识产物分析结果中做出基于事实的分析和判断，整个社会的生产效率也会逐步提升。

如今提起“未来人们会逐渐向具有创造性的工作转变”，通常都会解读为机器承担单纯的事务、信息处理，人类集中负责更具创造力的工作。在信息爆炸的时代，未来终有一天，人们读不完的大量邮件和 web 新闻会由软件代替我们完成，机器会从庞大的信息数据中提取有用的信息，比如地址簿、营业数据中的重要内容等，那么这一天是否会在 2020 年实现呢？

在广告领域，说到“创意”，通常指的是富有吸引力的广告文案（精悍的短文或图像）。昭和时代，诸如“吉日启程”这样成为一代人经典回忆的广告并不多见，但是随着数字化的发展，P4P 按效果付费的广告兴起，一家企业可以视效果，选择变换多个版本的广告文案。

做到“创造性的量产”绝非易事。与一对一营销、大批量定制（mass customization）一样，如果不能充分发挥 AI 和大数据的作用，实现“创造性的量产”恐怕只是痴人说梦。

创造者收集素材，AI 处理、分析大数据和庞大的信息，这样就能够节省大量的时间，使人们从劳动密集型工作中解放出来，从而利用剩余的时间，从事自己喜欢的工作，进一步加工更丰富的数据，开拓更具创造性的业务。

生活的智慧在于凡事多问“为什么”

在机械化时代，普通人若想不被机器打败，灵活运用 AI，迅速适应新知识和创造性的业务，法宝之一就是要保持一颗好奇心，遇事多问“为什么”。“为什么”是 5W1H 之一。即何人(Who)、何事（What）、何时（When）、何地（Where）、如何（How）、为何（Why）。它们分别叫做疑问代词、疑问副词。其实还有很多类似疑问词如哪个（Which）、多少钱（How much）、多少个（How many）、多长时间（How long）等。

疑问词 which，正如“Which book”（哪本书）的用法一样，带有从已有认知中进行选择的意思。乔姆斯基的继承者，著名语言学者理查·凯博士在 1994 年初夏的学会演讲上曾指出，关系代词 which 的用法（The book which）和语序颠倒的疑问词用法（Which book）之间具有一定关系。是把二者结合在一起的指示参照功能，即共通的认知功能在语法中的体现。

从 5W1H 上可以看出，人类超越了以往单纯认知事物名称的阶段（2015 年，识别物体名称的深度学习 CNN），把两种事物结合在一起进行识别，以一个事件中的多个相关者和属性作为考察对象进行总结思考极为重要。正如我们常说的“何人何时在何地做了什么？进展如何？”5W1H 即在某个时间点和某个场地发生的与人或物相关的某个事件共同的元数据。一个事件中的要素或属性就是 5W1H，从而形成联结事件和要素的基本结构。

“为什么”（Why）是疑问句的基本构成之一，表示对联结两个事件的因果关系的询问。事实上，不论是自然现象还是社会现象或经济指标的变化，其内在原因我们几乎不可能一眼看出。看到行星闪烁，便好奇“为什么会是这样”的开普勒直到 1609 年、1619 年发现开普勒三大定律时都未能破解行星运动的终极秘密。或许正因为人类未能揭晓行星运动的奥秘，所以日本人才把行星称为“惑（疑惑）星”。

开普勒三大定律：

其一（轨道定律）

每一行星沿一个椭圆轨道环绕太阳，而太阳则处在椭圆的一个焦点中。

其二（面积定律）

从太阳到行星所连接的直线在相等时间内扫过同等的面积。

其三（周期定律）

所有行星轨道的半轴长的三次方与公转周期的二次方的比值相等。

在浩瀚的宇宙空间中不会刻着这些法则。科学的本质实际上就是把复杂的现象用简单明了的数学公式呈现出来。据说日本江户时代的天文学家麻田刚立也曾发现过第三条定律。

开普勒的三大定律揭示了行星的运动规律，并使人们能够准确预测下一个时间点的运动状态。但是为什么会有面积定律和周期定律呢？由 f=ma（物体的加速度跟物体所受的合外力成正比，跟物体的质量成反比，加速度的方向跟合外力的方向相同）和惯性定律得到的牛顿力学“角动量守恒定律”就是面积定律的本质原因。行星的公转周期与极半径没关系，只与赤道半径有关的第三条周期定律也是从牛顿力学推导出来的。不，或者可以说，艾萨克·牛顿是在自己发现的地面运动规律和开普勒发现的天体运行规律的基础上，突然觉察到支配宇宙空间的规律和地面上物体关系的法则是一样的，从而诞生了万有引力定律。

也就是说，为了阐明行星运动的原理，开普勒发现了三大定律解决了表面上的“疑问”，而把这一定律进一步推广到所有物体运动中，并与引力作用相结合，用公式解开了深层“疑问”的是牛顿。

或许在不久的未来，AI 就能够从行星运动的图像数据以及原始大数据中再次发掘出新的开普勒定律（又或许这样的 AI 已经初步诞生）。因为随着技术的发展，人类从销售额、经济指标等身边的大数据中提取重要特征，发掘内部潜在的规律和公式，重新定义或描述模型已经不再是难事。

那么未来 AI 能否进一步深入思考下去呢？比如“为什么会发生这样的情况”。看到苹果从树上掉落，猜想“为什么月亮不会落到地球上？不对，月亮和苹果是一样的，都会落下来！行星和太阳的关系也是如此！”甚至像牛顿一样也取得重大发现呢？对此笔者不敢妄言。

其实大部分人认为自己是不可能像牛顿那样取得重大发现的。因为通常我们看到的只是苹果和月亮，不会去进一步思索、探究为什么月亮不会落下来。但是我们在生活和工作中往往会遇到很多突发状况，这时恐怕多数人都会忍不住去反思自己应该如何应对？为什么会发生此类情况？以求尽快解决问题。

日本昭和时代，工人针对工厂部工作提出建设性意见的QM（质量管理：Quality Management）运动盛极一时。随后甚至逐步扩大到了政府机关和公司中，比如现金结算时零钱一点点整理起来往往非常不便。当时有一位高中毕业的总务处女办事员就想到为什么不能更快更好地完成这项工作呢？她这样想着，忽然发现雪米饼罐头的直径和高度正好相当于10日元硬币直径的10倍左右。把10日元硬币丢入铁罐内哗啦哗啦地左右摇晃，这样很快即可铺平，也就是"正好是100枚！那么把整个罐头填满则有1000日元！"她因此受到了日本品质管理学会的表彰。

开发出能够发现开普勒定律的AI并不困难，但是开发能够通过放在一旁的罐头，联想到高速数钱方法的AI却并不容易。

正如上文所述，AI目前无法像人类一样具有人格和能力（严格地说，甚至包括从味觉、触觉到繁殖等等），未来实现的可能性也并不高。何谓人类的意识？何谓野心、愿望、不安、动机？怎样科学地再现和产生这些能力（或让AI具有这些能力），我们不得而知。

上面提到的日本品质管理学会的例子，实际上离不开大脑内部的作用。"为什么会这么麻烦呢？"在抱怨的同时，无意识地不断思考"有什么更好更有趣的工作方式吗？"发现事物之间存在某种相关性时，要懂得反问自己"为什么"，不妨试着把不同层面不同领域的事物结合起来思考问题（语言、光源、气味等），这样才能产生创造性的想法和成果。

懂得提问"为什么"也可分为不同等级和深度。既有"为什么迟到？""因为早上起晚了"这样具体的回答，也有能够结合事物状态的抽象回答和反思。那么对于对方的提问，应该回答到什么层面比较合适呢？从目前来看，要想开发出能够根据常识、对方的反应做出精妙回答的AI任重而道远。

刚才关于迟到的例子，如果是母亲问自己的孩子"为什么迟到"，像上面那样辩解式的回答恐怕只会火上浇油，令母亲更加生气。如果我们能够收集到不同家庭日常对话的例子（大数据），那么AI则可以以此为参照，计算、选取“在之后的对话中或许这样回答更好”的模板。但是这样又不同于当事人真心反思，或认识到自己的问题后歉意地回答。

那么是否可以在深度理解的基础上，通过因果关系把不同程度或层面的事物（现象）结合起来考虑问题呢？笔者认为这需要视人类价值观和真实的情绪而定。在悉尼一家麦当劳店打工的查理·贝尔曾诚实地提出了自己的疑惑：为什么很多食物都烤得不均匀呢？然后这个疑问被层层传达，营业部、投资部……引起了公司各个部门负责人的重视，大家都及时反思，尝试更好的解决办法，最后甚至连公司的CEO（最高经营者）也对这个问题表示了关注。

从这样一个事例中我们可以看出，人类（或公司）想要产生具有创造性的想法，顺利解决问题，不断创新离不开“为什么”。而我们实际上不需要AI的辅助，也是有很多线索和方式可以去深入思考“为什么”的。

懂得凡事多问“为什么”的人，即便未来很多工作都会被AI取代，也依然能够胜任其他行业和岗位。实际上培养孩子的好奇心（比如，为什么天空是蓝色的？）、健康的竞争意识（比如，以前辈为榜样不断努力），以及不满足于现状、渴望追求更好的环境、喜欢创新的内在品质远比研发AI更为重要。

家庭教育也好，学校和社会也好，应该努力为孩子创造良好的成长环境，激发孩子的自信心和好奇心，让孩子学会遇事多问“为什么”，学会深入思考和探究。

另外，笔者所在的法政大学研究生院创新管理研究专业，有一门叫作“社交媒体论”的课程，每年都会给同学们布置同样的题目：

题目1：请列出将来你经商时的顾客群体。使用社交广告的制作工具逐步明确锁定顾客群并阐述如此锁定的原因。

题目2：出示所采用的广告创意（图像或文章），并陈述为什么它能够吸引自己的潜在顾客点击观看。Facebook中什么样的内容和功能能够满足顾客，为顾客所接受？请列出2–3点。

针对第一个问题，学生首先需要设定、思考自己针对的顾客群所存在的问题和烦恼，然后理清大致思路，划定一个商业领域。在此基础上，依据不同年龄、性别、学历、收入、职业、居住地、兴趣爱好、消费倾向等数据选择合适的广告文案和推广语。通过不断实验论证自己的观点。

在这一过程中，很多人（包括笔者自身）就会意识到自己存在的问题，比如自己的生意所针对的是哪个群体？自己可以帮助他们解决哪些困难？等等。需要学生不断思考，追问自己具体的细节（比如，“为什么他们是该笔生意的顾客？”）和结果（针对一系列的“为什么”作出回答），才能出色地完成这份报告。

针对第二个问题，或许AI目前也无法回答。深度学习能够做出或合成与之前顾客喜欢的画面风格类似的广告。但是AI无论如何也无法回答出为什么自己自信作品会吸引顾客点击。或者对于顾客点击进入主页以及设计出的新内容、功能，表现出喜悦和满意等情感的AI，从目前的技术水平来看，笔者认为还无法开发出来。

不言而喻，在启发人类解决问题和创新方面，AI和大数据可以发挥很大的作用。但是距离换位思考，学会站在用户的角度看问题，深入开发出更多功能，满足用户要求的AI还有很长的一段路要走。在这一过程中，如果我们能够先开发出掌握各种物理现象和牛顿力学、电磁学的专用AI，甚至可以答出难度超高的东大入学考试物理题，懂得把理论和实践相结合的AI，那么可以说我们在科技的道路上又迈进了一大步。

海外大型企业垄断生产资料？

以卢德运动为首的机器威胁论、机器人威胁论实际上忽略了宏观经济。也就是说，机器如果代替人们承担单纯劳动和繁重劳动（体力劳动），对于人类而言其实是一种解放。同时生产效率、GDP、资产，以及社会全体的财富都会增加。人类的劳动时间，特别是繁重劳动的时间也会大幅降低。

因此实际上机器和机器人的发展既不是政府、金融界对底层人民的剥削，也不会导致社会收入分配不均，而是使人类从繁重的劳动中解放出来，从事更具挑战性、创造性工作的机遇和转折点。甚至在不远的未来，人们即使依靠基本收入，也可以生活得快乐充实。

所以笔者认为从宏观经济学角度来讲，我们完全没有必要对未来 AI、机器人的发展感到不安或惶恐。即便想开发出具有恶意、对人类构成威胁的 AI，其中的困难绝不是常人可以想象的。目前对于研究者而言，真正需要担心的是软件 bug 会给人类带来的危害。从事先设置一系列不会视自己为敌人的控制回路，即可看出人类在考虑量子计算机等数百种先进结构时的犹豫。

一个懂得不断探索、不断反思的人其实很容易战胜 AI，从而通过充分利用 AI，开发出杰出的成果。所以，请大家不要再相信那些所谓的 AI 威胁论、悲观论，不如静下心来，利用有限的时间思考一下怎样才能过好只有一次的人生，怎样能让宝贵的生命更加充实、具有价值。

但是当我们正沉浸在人类未来即可从繁重工作的环境中解放出来的喜悦中时，又不免过于乐观了。笔者忽然想起一个悲观的消息：谷歌未来是否真的会垄断全球的“劳动力”？

如果 AI 能够代替人类承担全部或部分生产性作业，则 AI 既是 365 天 24 小时可以保质保量工作的生产资料，也同时具有劳动力的特征。AI 可以 365 天 24 小时不知疲倦地工作，还可以通过云画面菜单自由决定增员和裁员。也有人认为比起耗时耗力的人类教育，通过导入神经元网络，即可随时掌握新的知识技能，这样的深度学习型 AI 对于我们而言无疑非常有益。

谷歌或许是打算在线上提供高收益低竞争的图像识别和学习零件，因此通过公开高性能深度学习智体作为商用开放资源，以期获得事前评价。实际上，升级的用户界面和一些周边功能也会更有助于智体的使用体验和效果。用户企业通过手上的小数据把一些专业图像识别之间的区别上传到云中，如果能够垄断云 AI 提供服务，则可以掌握全球数据，大规模高精度开展以各种大数据为基础的识别。

附加小数据之前所提供的识别服务被称为 pre-trained model。假名汉字转换的用户词典如同内部非公开的标准大词典一样。ImageNet 是人类共有的宝贵财富，但如果其他企业在商业易用程度、价格、定制、更新、版本升级、速度等方面无法超越谷歌的话，大规模高精度“词典”未来将会被垄断。

实际上，2015 年后半年谷歌曾公开了最新的深度学习“TensorFlow”的编码，全球用户可以免费使用。这既不是慷慨大方的表现，也不是谷歌故意往对手身上撒盐，而是谷歌深知与软件和算法相比，真正的精髓和价值在于训练 AI，使 AI 变得更加“聪明”所需的“数据”更有价值。所以谷歌才会为全球 10 多亿人口无偿提供检索引擎、广告、云邮件 gmail、版本升级等数十种服务，而服务器中存储的大数据却并不会公开。即使不再涉及原著作权，但如果进行特征提取，还是离不开数据。

不论怎样，通过云技术提供在性能、精度、价格上都极具优势的 AI 服务，就像黑洞一样会吸收全世界的“劳动”需求，而那时极有可能有一家公司（地球上有且只有一家）会垄断所有 AI 服务。当然，目前由于保守服务提供体制的原因，具有类似人类的身体，可以现场作业的机器人（Physical Robot）不会突然取代所有劳动。机器目前针对的还是白领阶层所承担的信息加工业务。

AI 能否成为劳动者？我们首先需要思考何谓“能够自律、自发工作的人类本质”。这里，问题并不在于上文中提到的财产权等法律身份，关键是本质上 AI 的“劳动”能否等同于人类的劳动。人类和 AI 的本质区别有哪些？我们可以从对“为什么工作”的回答中，略知一二。在《“为什么我们必须要工作？”——答学生问》（安达裕哉著）中，对于接收实习生的企业经营者给出了以下 6 个回答：

1. 工作才能赚钱，投入才会快乐。

2. 工作才能明确目标。

3. 工作才能相识。认识不同的人和事，人生才会改变。
4. 工作才能获得知识。
5. 工作才能获得信赖。
6. 工作才能获得自信。

其实这些回答本来指的是AI。即“4. 工作才能获得知识”，随着学习数据的增加，能够做到的事情也会增加。从而随着业绩的提升，才会被更多的人和其他AI信赖（“5. 工作才能获得信赖”），担负更多的任务。但并不会因此产生“6. 工作才能获得自信”，或深深的价值感，比平常更加努力工作。让AI具有人生目标，像人类一样产生金钱欲望，具有财产权，能够做到自律，会怀着感恩的心情看待每一次的相逢，这是SF小说的梦想。至少从目前来看，人类未来难以开发出这样的“强AI”。另外，即便技术层面上能够做到，生产这样的“强AI”，就如同人类的繁衍，会导致世界人口数量剧增，恐怕社会难以认同和接受。

所以就目前而言，后半部分，即“4. 知识”“5. 信赖”“6. 自信”对于AI来说不过是一种比喻的说法。AI不具有任何自我意识而产生的满足感。也就是说AI是一种没有人格的工具和生产资料，而不是劳动力。

人类劳动力具有主动权（就像按下开关、握住方向盘一样），能够运用AI技术，提高生产效率。正如上文所述，在少子化、老龄化日益严重，生产效率亟待提升的日本，AI无疑是最好的工具。通过利用、修理、租赁新的工具，开发新的业务和岗位，整个人类将共享生产效率的提高所带来的经济利益，承担更具创造性的工作。

结果，在市场经济的作用下，与其说是对劳动力的独占，不如说是全球化公司逐步对信息加工、识别、分类的AI生产资料的合法垄断。那么我们应该怎样对抗这种趋势？

其一，加强保护，承认原始数据所有者对提取数据特征的著作权。垄断者往往不承认原始数据所有者对自家AI智体自动提取特征的著作权，也不允许所有者利用。另一方面，各国法律不同也使得垄断问题更加难以解决，这样消极保守的制度体系下，不利于AI研究开发和发展，也会造成研究者和消费者的抵触。

其二，的确，如果只有一家公司得天独厚，那么成本会大大降低。自家公司识别作业的成本与人工成本相比不到百分之一，可以说是微不足道。正如存款利率是0.01%，还是0.0005%，实际上不会有太多人在意一样，与可以100%承担一个劳动者工作的AI所需的成本相比，业务的解构（unbundle）和重构（rebundle）、维护、支持、故障检修等人力成本更大，因此从另一个角度而言，日本国内AI从业者（从事“深度学习系统销售”等支持业务的公司，包括Metadata Incorporated）的市场份额还是比较乐观的。

实际上，能够产生巨大附加价值的是商业创意。商业创意需要明确在何种状况下何人在做何事，怎样去安排和改善。比如由老年人健忘衍生出新的创意和概念，开发能够防止他们遗落物品，陪伴他们讲话，视觉识别精度极高的AI。这种层面或阶段的创意比较常见，如果日本能够引进国外迅猛发展的服务，加以借鉴和创新，或许会具有很大的竞争力。

正如智能手机缩小了商品市场一样，IT也在不断深入到各个领域之中。在海外竞争中，为了保护国内产业，据说日本在医疗和健康管理领域对于AI的应用都采取了一些保护政策。如果按照护送船队方式（指统一弱小金融机构的步伐，避免过度的竞争，实质地保证金融机构全体的存续和利益的战后日本金融行政）的速度来开发硬件，那么在医疗器械中配置可以识别分类医疗、看护关系等一切图像的深度学习或许也要等待审批了。申请许可需要耗费数年，那么不仅AI会过时，在精度、性能、价格等方面也必定会输给海外类似的云服务。比如眼底图像识别检查服务，日本国内承认批准的前提是需要有服务器。而海外的数据中心则相反，那么对于哪方更为不利呢？答案无疑是国内的业者。

在AI应用机械方面如果做出过多的制约和保护，在激烈的国际竞争中确实不利于产业本身的发展。无论是对于服务使用者还是产业本身，都是不幸的。Word、Excel的上市和购买无需日本中央省厅的批准。那么同样，笔者也希望眼底图像和胸部 X 线图像、超音波断层影像、MRI 图像等的识别精度能够不断提升，成本能够不断下降，不受任何限制，自由竞争。因为他们终究只是辅助人类的工具，所以最终判断和责任的承担、工具的使用还是应该属于医生、医疗机构等。笔者希望那些借助 AI 炒作或鼓吹 AI 威胁论的媒体、学者等能够结合 AI 的现状，客观理性地看待 AI，思考问题。

派遣、外包文化下以 AI 为前提的重构与解体将加速

最后笔者想再来谈一谈日本的一点优势。出乎意料的是，与其他国家相比，日本的派遣业非常发达。而在此基础上，在各个领域都具备出色的管理能力和专业知识储备的外包企业也在加速发展。

笔者的好友，知名企业顾问神田昌典先生，2012 年时曾在自己的新书《谁是未来十年的潜力股》中大胆设想“到 2024 年，公司将从此消失”。

对此，他在书中给出了以下三点理由：

1. 公司不愿再花钱培养人才，因为公司业务已经开始走向衰退。
2. 公司没有从无到有的经验积累。
3. 员工一旦离职，公司荡然无存。

对于每个个体而言，笔者认为只有不断加强学习，才能胜任新的岗位需求，积极参加志愿者和社团活动，积累社会实践活动经验，提升组织策划能力，具备团队合作精神和意识，才能在社会发展中立足。而企业或者说构建组织项目团队，负责管理和指挥，从业务流动中产生价值的主体又该何去何从呢？

在前文中，笔者曾谈到一旦引入可以 365 天 24 小时无休止代替人类承担劳动的 AI，既存业务流通有可能会面临解体（unbundle）和重构（rebundle）。可以说，这并不是单一 AI 市场和 AI 产业能够做到的，同时也不能在既存体制和秩序的框架下随意导入 AI。

业务的解体与重构不是由于导入 AI。我们希望通过拆分、重组具有不同个性、特长的人们所承担的工作，从而实现人尽其才，为社会全体创造利益和价值。在这种情况下，除非公司业务类似传统综合百货商店一样繁杂，否则一个人的工作量不会过重。我们可以根据个人体力和集中力，安排周一、周三、周五工作，其他几天由兼职志愿者（有偿）协助承担，或者每半天轮一次班。如果可以利用 IT 技术在线上工作，甚至可以每工作一小时即可休息。另外，如果对交货期没有实时化的要求，有时甚至可以提供只有人类才能完成的监察、检测等工作。这样，随着社会整体对于兼职、兼营业务的宽容，我们既可以在原属企业工作，同时也可以通过外包，接受其他非机密性业务，在一定时间内创造新的成果和价值，传统社会思维和共识也会受到冲击。

由此，与国外相比，日本发达的派遣业和承担外包的企业群体即可充分发挥他们的优势，分割庞大的工作业务，更好地利用专业知识和 IT 系统使不同劳动者和业务达到最佳匹配状态，实现人尽其才。

开发 xTech 的 Metadata Incorporated 也拥有多对多最佳匹配智体。还有很多旨在扩大销售的企业能够针对数十、数百家派遣公司，提供人才和业务管理软件、系统，这为日后更多具有个性、更细化的派遣企业和外包企业的诞生与发展创造了条件和基础。

除了人才选拔、评估、派遣，外包公司通常还需要负责实际管理和指挥（不少企业甚至把一切业务完全甩手给外包公司）。通过实际业务分析，测评人才胜任指数，把与相关岗位最合适、最匹配的人才（兼职）推荐给企业，或者 100 人每周 15 小时确保一定时间工作，承担相应业务。可以说，这样利用自己十多年来的专业知识进行品质管理，承担各种业务，进行系统开发的外包公司未来极有可能成为引领解构与重构时代的管理型企业。

值得一提的是，为了开发实用 AI 系统，在提供筛选、加工优质数据，制作训练数据以及自然语言 AI 专用词典，改变、增加对话脚本的“CROWD 机器学”的 RealWorld 公司、Allied architects 子公司中，还有一类被称作 Refue14 的公司，负责吸引全世界的插画家和设计师到外包结构体系中，制作创意社会化广告等。他们希望外包能够推动AI服务的发展，细化、分配好只有人类能够承担的工作，促进品质管理，高效运营。未来，品质管理本身质量的提升以及成本的降低必定会越来越离不开AI的作用。

以往，派遣公司给大众留下的印象一直都是“克扣劳动力”的黑心企业。而如今却能够根据每个人的个性、特长、能力、期望（工作环境、工作内容等），为大家推荐最佳匹配的岗位和企业，用心记录和提取雇主企业的数十、数百条具体要求，尽量满足各方的需求，已经逐渐成为了促进人尽其才、多方双赢的智体。

过去，很多日本企业招聘时往往不会给出明确的采用标准，并且不重视员工与岗位是否匹配（甚至有诸如让极具创造力、研究能力的高端人才从事单纯体力劳动这样极端的例子出现），这也是导致当时社会全体幸福度（GHP）偏低的原因之一。

曾有一家大型企业的人才制度极不合理。一位擅长软件开发的人，只因不是名校出身，被公司安排负责COBOL系统，面对自己不感兴趣的大型计算机，两三年之后只好选择辞职。所以笔者认为日本企业应该改变以往的人才制度，重视人才与岗位的匹配，把人才的筛选、评估、匹配等外包给专业人才中介，这样社会整体的幸福度才能提升。

医院、铁路、大型酒店等往往需要“排班”。有一少部分公司过于追求用数学理论式的计算方法和AI来编制排班表（有时会耗费大量计算时间）。

在AI不断发展，人类与AI共同作业，分担工作，业务流程不断解构、重构的今天，能够在一小时内绘制出最佳匹配图的系统至关重要。一小时后需要安排好人员工作，离不开高速匹配。1985年的最佳匹配算法用N表示参加人数、公司数的总和，则需要N^3左右的计算时间才能做出最佳匹配表。如果10：10（10个应聘者和十家企业）时只需1秒（实际更快），10万：10万（十万名应聘者和十万家企业）时需要1万的三次方=1兆秒。1兆秒约31710年。而通过xTech进行匹配则最多只需6.8秒（10万：10万），几乎做到了实时化。人才服务公司有时会接到诸如“为什么只给我们公司推荐了这几个人（AI）？还不到我们需求的一半”这样的投诉电话，那么这时中介方不妨如此回答：“请您稍等，如果贵公司可以把时薪再调高 50 日元（不超过 10 秒），我们可以立刻额外介绍给您 30% 的人才。”

有时也会出现人才匹配表上不匹配的人实际上非常适合某个岗位的情况。或许是由于候选人在进行自我评价时过于谦虚，也有可能是由于候选人的某种技能在就职后还有上升空间……所以匹配算法在某种程度上存在随意性。而通过深度学习则能够学习、识别候选人的面部和声音等信息，为企业提供他们最喜欢最匹配的人才。

或许在未来，劳动者会成为工作提供的主体，而不再是单纯找工作的一方。劳动者与 AI 之间相互独立，相互依存，在老龄化、少子化的时代，要想提高生产效率，使所有服务覆盖社会全体成员，则必须要以解构和重构为前提，积极推动 AI 的发展和应用。利用 IT 技术进行排班管理的香港地铁运营公司和美国拉斯维加斯的米高梅大酒店（1 万名员工负责管理、运营 3000 个套房）就是走在前沿的代表。

与欧美诸国相比，在人才匹配、外包、专业知识储备上具有优势的日本急需提高白领阶层的生产效率。而笔者认为日本的竞争力或许就在于大众对于机器人和 AI 的接受和包容。

本书纠正了“优秀的 AI 未来必将取代你的工作”等错误观点和误解。以上也仅是笔者的一些粗浅领会，如果能使 AI 在提高生产效率、改善服务、促进社会全体生活水平提升方面有所助益，将不胜欣慰。

图书在版编目（CIP）数据

人工智能改变未来：工作方式、产业和社会的变革 /（日）野村直之 著；付天祺 译. — 北京：东方出版社，2018.6
ISBN 978-7-5060-8245-7

Ⅰ.①人…　Ⅱ.①野…②付…　Ⅲ.①人工智能—研究　Ⅳ.①TP18

中国版本图书馆CIP数据核字（2018）第093326号

人工智能改变未来：工作方式、产业和社会的变革
（RENGONGZHINENG GAIBIAN WEILAI GONGZUOFANGSHI CHANYE HE SHEHUI DE BIANGE）

作　　者：［日］野村直之
译　　者：付天祺
责任编辑：陈丽娜　刘　峥
出　　版：东方出版社
发　　行：人民东方出版传媒有限公司
地　　址：北京市东城区东四十条113号
邮　　编：100007
印　　刷：北京汇瑞嘉合文化发展有限公司
版　　次：2018年6月第1版
印　　次：2018年6月第1次印刷
开　　本：710毫米×1000毫米　1/16
印　　张：19
字　　数：268千字
书　　号：ISBN 978-7-5060-8245-7
定　　价：68.00元
发行电话：（010）85924663　85924644　85924641